機器分析 1
ハンドブック
●有機・分光分析編

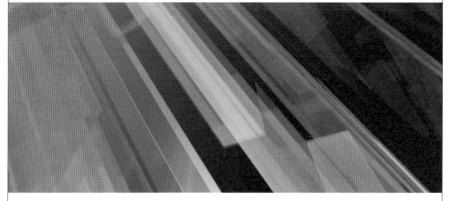

川﨑英也・中原佳夫・長谷川健 編

Handbook of
Instrumental
Analysis

化学同人

JN101529

執筆者一覧

1章　田村耕平（日本分光光分析ソリューション部）
　　　専門は分析化学（主に赤外・ラマン分光），有機化学

2章　平野朋広（徳島大学大学院社会産業理工学研究部）
　　　専門は高分子合成，高分子キャラクタリゼーション

2章　浅野敦志（防衛大学校応用科学群応用化学科）
　　　専門は高分子構造，NMR分光学

3章　川﨑英也（関西大学化学生命工学部）
　　　専門は界面コロイド化学，分析化学

3章　山本敦史（公立鳥取環境大学環境学部）
　　　専門は環境分析化学，食品分析化学

4章　森澤勇介（近畿大学理工学部）
　　　専門は分子分光学，分光分析化学

5章　高柳正夫（東京農工大学）
　　　専門は分子科学，分析化学

6章　水谷泰久（大阪大学大学院理学研究科）
　　　専門は振動分光学，生物物理化学

7章　河合明雄（神奈川大学理学部）
　　　専門は光化学，レーザー分光学

付録　奥野恒久（和歌山大学システム工学部）
　　　専門は物理有機化学，有機結晶化学

付録　楠川隆博（京都工芸繊維大学大学院工芸科学研究科）
　　　専門は分子認識化学，超分子化学

付録　中原佳夫（和歌山大学システム工学部）
　　　専門はナノ材料化学，分析化学

「機器分析ハンドブック」シリーズ刊行にあたって

『機器分析ハンドブック』シリーズでは，化学研究に欠かせない分析機器を，はじめて扱う初心者にもわかるように，3分冊で解説しました．日本分析化学会近畿支部の有志の先生方の編集により，それぞれの機器の専門の方々に執筆していただくことができ，初学者から現場の研究者まで，幅広いニーズに応えられる内容になっております．

【有機・分光分析編】
赤外分光法
NMR 分光法
質量分析法
可視・紫外分光法，蛍光
近赤外分光法
ラマン分光法
ESR 分光法
スペクトルによる化合物の構造決定法

【高分子・分離分析編】
有機元素分析
ガスクロマトグラフ法
高速液体クロマトグラフ法
薄層，カラムクロマトグラフィー
電気泳動
動的光散乱法（DLS），ゲル浸透クロマトグラフィー（GPC）
表面プラズモン共鳴（SPR）
旋光度と円偏光二色性法(CD)
電気化学

【固体・表面分析編】
熱分析法
試料準備
原子吸光分析法
ICP 発光・質量分析法
蛍光 X 線分析法
X 線回折法
X 線光電子分光法
光学顕微鏡
電子顕微鏡
プローブ顕微鏡

　本シリーズの前作ともいえる『第2版　機器分析のてびき』シリーズ（1996年）の刊行から約四半世紀が経ち，その後継として新たに本シリーズが書き下ろされました．令和の時代も，分析機器の発展は続いていきます．本シリーズがその一助となることを願っております．

2020 年 3 月

化学同人編集部

まえがき

　現在，機器分析は自然科学分野や工学分野において欠くことができないものとなっている．分析機器の著しい進歩により，高感度・高分解能分析が実現し，極微量試料でも化学物質の構造決定や定量が可能になり，これが科学の発展に寄与した．分析技術および機器開発は，「これまで見られなかったものを視る」ことを可能にすることで人類の発展に大きく貢献してきた．分析技術および機器分析に関連するノーベル賞受賞者が多いことからも，寄与の大きさがわかるだろう．

　本書『機器分析ハンドブック1　有機・分光分析編』は，有機化合物の分子構造解析や定量法を学ぶ理工系学生向けのテキスト，あるいは分析機器を使用する企業の初中級者のための機器取扱いの案内書となることを念頭において，機器分析に関する基礎的な事項をまとめたものである．本書では，有機化合物の機器分析として用いられる分光法(紫外・可視分光法・赤外 / 近赤外分光法・ラマン分光法・蛍光分光法)，磁気共鳴法(NMR・ESR)，および質量分析(MS)を取りあげた．

　本書では，「基礎から学ぶ」ことを第一に考え，それぞれの機器分析法の原理・装置の概要・特徴をていねいに解説した．本書の大きな特徴は，機器分析の測定・操作方法や測定の際の注意事項，試料の前処理，およびスペクトルの読み方などについて，図や写真を多用して理解できるようにしたことにある．そのため，機器分析を用いて測定する際のキーポイントが何であり，どのような点を注意して測定し，データをどのように解析すべきかを理解できるきわめて有用な機器分析ハンドブックとなっている．なお，高分子・分離分析や，固体・表面の分析については，シリーズの『機器分析ハンドブック2　高分子・分離分析編』，および『機器分析ハンドブック3　固体・表面分析編』を参照されたい．

　大学で研究を始める学生や，企業で機器分析の業務にかかわる実務者にとって，本書が実験の現場で基本に立ち返りながら参考にしていただけるハンドブックとしてお役に立てれば，編者一同にとって望外の喜びである．

　おわりに，本書の趣旨を理解してご執筆いただいた著者の皆さまに深く感謝を申し上げたい．また，化学同人編集部の大林史彦様には，本書の企画からの出版に至るまでお世話になり，御礼を申し上げたい．

2020 年 3 月

有機・分光分析編　編者
川﨑　英也
中原　佳夫
長谷川　健

● 目　次 ●

※付録「スペクトルによる化合物の構造決定法」を化学同人ウェブサイトからダウンロードできます．

付録のダウンロードのご案内

付録「スペクトルによる化合物の構造決定法」をダウンロードできます．下記 URL へアクセスしてください．QR コードからもアクセスできます．

https://www.kagakudojin.co.jp/book/b482362.html

さまざまなスペクトルから構造を決定する流れが，練習問題形式で分かりやすく例示されています．

1 赤外分光法

田村耕平
（日本分光光分析ソリューション部）

1.1 はじめに

　赤外分光法 (infrared spectroscopy) は，測定対象 (サンプル) に赤外線を照射し，その吸収を測定する手法である．赤外線の吸収の起こる波長帯域を分析することで，分子結合の振動や回転に関する情報が得られることから，分子の構造解析に用いられる．加えて，吸収量を見ることで定量分析にも利用されている．なお，赤外線を意味する英単語である「infrared」に由来して「IR」と呼ばれることが多い．

　赤外分光法は，学生実験では合成した物質が想定したものであることを確認するために使用されることが多いが，実際の用途はそれだけにとどまらない．工業分野・研究分野では，①受け入れた原料が適正なものであるかを確認したり (確認試験)，②製品が規格を満たしているかを判定したり (品質管理)，③異物混入が起こった際や不良品の原因特定 (不良解析)，④加熱冷却しての時間変化追跡などへの活用例があげられる．使われている業界も医薬品・食品，高分子，化学，半導体，犯罪捜査など多岐に渡っており，工業分野・研究分野ではなくてはならない分析手法の一つである．

1.2 赤外分光法の原理

　光は電磁波としても振る舞い，その波長によって分類される (図 1.1)．これらの光はその波長に応じたエネルギーをもっており，物質に照射することで反射・屈折・散乱・吸収などの現象が起こることが知られている．可視光線より波長の長い領域の赤外線は，近赤外線・中赤外線・遠赤外線に細分化される．このうち中赤外線と呼ばれる波長が 2.5 μm（2500 nm）～ 25 μm（25000 nm）の領域は，主に原子間の結合の振動 (分子振動) に対応するエネルギーをもっている．

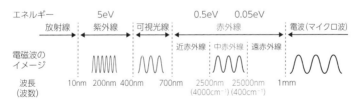

図 1.1　光の波長による分類と赤外線

　このため，赤外線を物質に照射すると，赤外線の一部が吸収されるとともに分子振動が誘起される．それぞれの分子振動に対応するエネルギー位置で吸収が起こり，その波長は分子振動の種類 (官能基) に固有である．よって，物質ごとに特有の吸収パターンを示す．これをプロットしたものが赤外吸収スペクトル (図 1.2) である．スペクトルの縦軸には主に吸光度 (absorbance，一般に Abs と表記する) が用いられるが，一部では透過率 (transmittance，一般に ％ T と表記する) または反射率 (reflectance，一般に ％ R

と表記する）が用いられることもある（1.7.1項参照）．横軸には波長の逆数である波数（cm^{-1}，注：国内では「カイザー」ということもあるが，国際的には「ウェーブナンバー」などという）が用いられている．波数表示は，スペクトルの見やすさや，波数と光のエネルギーが比例関係になる点で波長表示より優れている．したがって，本章では以降すべてのスペクトルの横軸に波数を用いる．分子構造ごとの吸収が起こる波数の詳細は，1.6.3項を参照していただきたい．

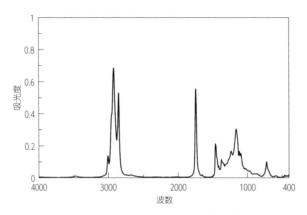

図 1.2　赤外吸収スペクトル(食用油)

1.3　赤外分光法で分析できること・できないこと

1.3.1　有機物の定性分析

　有機物は数多くの化学結合をもつため，含まれる官能基や結合の種類に始まり，結晶性・配向性・シス-トランス異性体・水素結合・置換基の位置などを調べることもできる．実際の分析では，より詳細に解析するため，ラマン分光法，NMR，質量分析法，元素分析などを併用することがある．

　また，既知物質のスペクトルとの比較による定性(同定)もたびたび行われる．なお，既知物質やデータベースに採録されたスペクトルとの比較方法については，1.6.4項に詳細を記している．

1.3.2　無機物の定性分析

　無機物も有機物同様に化学結合をもつが，多くの無機物の吸収は遠赤外線の領域(400 cm^{-1}より低波数側)に現れる．この領域を測定するには大がかりな装置が必要になることから有機物ほど盛んには利用されていない．また，金属単体は赤外線を反射してしまうため分析できない．

1.3.3　気体・液体の測定

　専用の気体セルを用いることで，気体(ガス・蒸気)の測定も可能である．ただし，赤外線の吸収は分子の振動に伴って双極子モーメント(分子内の電荷の偏り)が変化する場合に限って起こるため，窒素分子(N_2)や塩素分子(Cl_2)などの等核二原子分子は赤外分

光法では分析できない点に注意が必要である．なお，等核二原子分子はラマン分光法(6章)で検出可能である．

液体も 1.5 節で述べる種々の手法で測定できる．注意点としては，赤外線を強く吸収するガラス容器を使用できないこと，水も赤外線を強く吸収するため希薄水溶液などの分析も困難であること，などがあげられる．こうした分析ではガラスや水の影響を受けにくいラマン分光法(6章)が用いられることがある．

1.3.4 定量分析

含有成分の濃度定量や反応進行度の定量的な評価を行うことができる．この場合は基本的にスペクトルの縦軸を単位のない無名数の吸光度 (absorbance) とすることが必要である．1.7.1 項に詳細を記す．

1.3.5 微量物の測定

測定手法を適切に選択すれば，サンプルが純品の場合は数 µg 程度でも十分測定できる．しかし，添加物や不純物が測定対象の場合，目的物質が一般に数％程度含まれていないと検出することは難しい．

1.4 装置の概要

赤外分光測定に用いられる装置である赤外分光光度計には，主に分散型赤外分光光度計 (以下，分散型 IR) とフーリエ変換赤外分光光度計 (以下，FT-IR) の 2 種類がある．以下にそれぞれの特徴と仕組みを述べる．

1.4.1 分散型 IR

分散型 IR は，光源からの光をサンプルに照射した後，回折格子（グレーティングともいう)やプリズム，およびスリットといった光学素子により波長ごとに分けて(分光という)，分光された光を検出する．装置の構造 (光学系) は 4 章の可視・紫外分光光度計と基本的に同じであるので，そちらも参照してほしい．

分散型 IR は装置の構造が簡単であり FT-IR より安価なため，1954 年に国内生産が開始されて以来，1980 年代までは赤外分光光度計の主流だった．しかし，全波数領域を測定するのに数分かかることに加え，分光されたごく一部の光を検出することから光源からの光の利用効率が低いという課題があった．このため，FT-IR の台頭も相まって最近では活躍の場は少なくなってきている．

1.4.2 FT-IR

FT-IR とは，「Fourier transform infrared spectrometer」を略したものである．回折格子やプリズムを使わず，代わりにフーリエ変換という数学的処理を用いてスペクトルを得るものであり，コンピュータの処理能力の進化とともに急速な発展を遂げた．

(1)装置の概要

一般的な FT-IR の概略を図 1.3 に示す．FT-IR は，光源・干渉計・試料室・検出器からなる光学系と，増幅回路と AD コンバーターからなる電気系から構成される．こ

れに加えて，信号演算と装置制御を行うためのコンピュータ(PC)が必要となる．

　光源から出射した赤外線は入射孔(アパーチャー)を通って干渉計に導入される．入射孔は干渉計に入射する光をなるべく完全な平行光に揃えて，光を干渉により変調させるための機構である．

　干渉計は，移動鏡，固定鏡，ビームスプリッター（以下，BS）の三つの光学素子で構成される．BSは半分の光量を透過し半分の光量を反射する光学素子で，BSを透過した光は移動鏡側に，反射した光は固定鏡側に進む．移動鏡は時間経過に伴って図1.3の太線矢印方向に移動する．次いで，移動鏡および固定鏡でそれぞれ反射した光は再びBSに戻る．この際，BSと移動鏡およびBSと固定鏡の間の光路差（距離）が時間経過に伴って変化するため，光の干渉が移動鏡の位置（または時間）の関数として得られる．この関数はインターフェログラム(interferogram，以下，IF)または干渉図形と呼ばれる．試料室を通過した後のIFは検出器で検出され，電気信号に変換された後に増幅回路・ADコンバーターでデジタル化される．その後，IFはPCでフーリエ変換を行うことでスペクトルに変換される．なお，通常は移動鏡が片道1回動くごとに1本スペクトルが得られる．

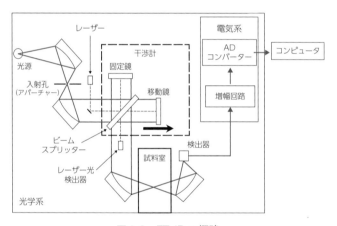

図1.3　FT-IRの概略

(2)フーリエ変換とは

　レーザーのような単色光(一つの波長のみの光)を移動鏡が移動し続ける干渉計に入射させたと仮定すると，時間を横軸とした単純な余弦波(cos関数)が得られる (図1.4a)．次に，二つの波長の光(二色光)を移動鏡が移動し続ける干渉計に入射させたと仮定すると，二つの波長が重なり合った合成波が得られる(図1.4b)．

　一方，FT-IRの光源から出射される連続光（測定するすべての波数領域で連続的に強度をもつ光）を干渉計に入射させると，BSから移動鏡までの距離とBSから固定鏡までの距離が等しい場合は，すべての光が強め合う．しかし距離が等しくない場合は，各波数の光が複雑に干渉し合うため，図1.4 (c) のように時間経過に伴い急激に減衰する干渉波(連続光のIF)が出力される．

　実際の装置では，光源からの連続光とともに単色光(632.8 nm（赤色）のHe-Neレー

ザーが主に使われるが，最近では半導体レーザーも使われる）も同時に干渉計に導入する．この単色光はまさに図1.4（a）に等しく，この単色光の強度が強め合う点を検出することで，移動鏡の位置を制御する物差しとして使用される（注：つまり，この単色光（レーザー）は，サンプルに照射するためのものではないので，得られるスペクトルには直接的に影響しない．このレーザーを光源としてスペクトルが得られていると誤解されることがあるので注意）．

　次いで，電気信号として取り込まれた連続光のIFはフーリエ変換によって波数ごとの信号強度に変換される．すなわち，ここでいうフーリエ変換とは，図1.4右の状態（縦軸が強度で横軸が時間のIF）から図1.4左の状態（縦軸が光量で横軸が波数のスペクトル）に戻す数学的処理に相当する．

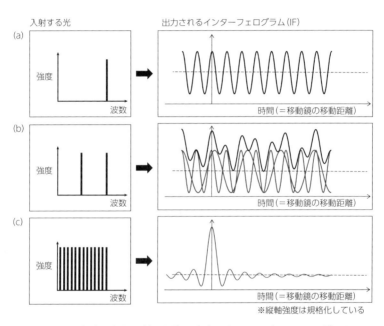

図1.4　干渉計に光を入射した際に出力されるインターフェログラム
(a)単色光の場合，(b)二色光の場合，(c)連続光の場合．

(3)赤外吸収スペクトルが得られるまで

　サンプルを試料室に入れて測定したスペクトルには，光源の波数ごとのエネルギー分布，BS・検出器などの光学素子の光学的特性，大気中の水蒸気や二酸化炭素などの吸収の影響が含まれている．これらの影響を除去するために，試料室にサンプルがない状態でスペクトルを測定し(図1.5左上)，次いでサンプルを試料室に入れて測定を行う(図1.5右上)．これらをそれぞれシングルビーム測定という．バックグラウンドスペクトルとサンプルのシングルビームスペクトル(それぞれBおよびSとする)を得た後,図1.5に示す計算をすることで縦軸を吸光度としたスペクトル(図1.5下)が得られる．

　一般的なFT-IRでは，フーリエ変換の処理やバックグラウンドスペクトルとサンプルスペクトルの演算は自動で行われるので，これらの計算処理を測定者が実際に行うこ

とは少ない.

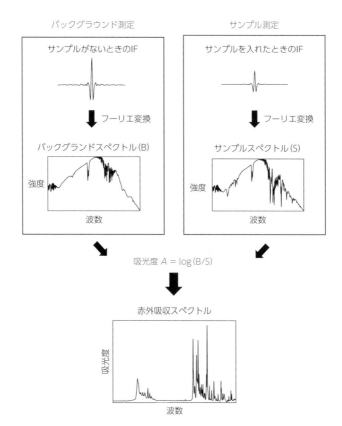

図 1.5　FT-IR でスペクトルが得られるまで

(4) FT-IR の利点

　上記のように FT-IR は複雑な構成や計算処理を要するものの，分光素子やスリットを使っていないので明るく，結果として低いノイズレベル（注：スペクトルの質を表す尺度として，信号強度 (S) とノイズレベル (N) の比をとったものがよく使われる．S/N もしくは SN 比と呼ばれる）のスペクトルが得られる．加えて，波長スキャンを行う分散型 IR より非常に短時間でスペクトルが取得できる．具体的には，移動鏡を高速で走査することで，装置によっては 1 秒間に数 10 本のスペクトルを取得して高速の経時変化を追跡することも可能である．つまり FT-IR は，測定に時間がかかり感度も低いという分散型 IR の課題を解決した装置といえる.

(5) FT-IR 特有の測定条件

　FT-IR は，移動鏡を動かして得られる干渉波 (IF) をフーリエ変換してスペクトルを得るというプロセスを必要とするため，分散型 IR とは異なる測定条件の設定が含まれる．ここでは代表的な設定項目である，①波数分解，②積算回数，③アポダイゼーショ

ン関数，④ゼロフィリングについて説明する．

なお，実際に装置を使う際は，下記の説明だけでなく，FT-IR メーカーの取扱説明書や研究室ごとに作成されている手順書も参考にして分析を進めるとよい．

①波数分解：横軸データ間隔の細かさを設定する項目で，移動鏡を移動させる距離と関係がある．移動鏡を長く移動させればさせるほど高い（より細かい）分解が得られる．しかし，その分測定に時間がかかるため，一般的な有機物の測定では，分解 4 cm^{-1} または分解 2 cm^{-1} 程度で必要十分である（注：FT-IR の場合，分解○ cm^{-1} とは，○ cm^{-1} 間隔で並んだ 2 本の線スペクトルを 2 本と認識できる，あるいは幅が○ cm^{-1} のバンドを検出できるということを意味する．このため，実際に得られるスペクトルの横軸データ間隔は設定した分解の値に対して 2 倍細かい）．一方，気体測定では分子の振動だけでなく回転の影響が含まれることに起因して幅の狭い鋭い吸収バンドが多数現れるため，1 cm^{-1} 以下の高い分解を設定することが多い．

②積算回数：移動鏡が片道 1 回動けばスペクトルが 1 本得られるが，これを繰り返して得られる複数のスペクトルを積算して平均化することでノイズレベルを低減できる．平均スペクトルを得るための測定回数を設定する項目が積算回数である．ノイズレベルは積算回数の平方根に比例して改善する．つまり，積算回数 1 回に対して，4 回ならば 2 倍，100 回ならば 10 倍ノイズが低減される．積算回数の適正値は装置の性能にもよるため一概にはいえないが，合成した化合物が正しくできているかの確認程度であれば数回で十分なことも多い．一方，微量な添加物の検出や薄膜試料など，微小なバンドを評価する場合は，数 100 回以上の積算を行うこともある．

③アポダイゼーション関数：フーリエ変換の積分範囲は本来無限大である．しかし，移動鏡を無限遠まで移動させた IF を得ることは不可能である．このため，得られた IF をそのままフーリエ変換すると完全な計算ができず，吸収バンドの裾が波打つようなスペクトルとなってしまう．これを防ぐため，IF 全体に特殊な形状の関数を掛ける処理を行い，できる限りスペクトルに不都合が生じないようにしている．この処理に使うのがアポダイゼーション関数である．長方形の形状の関数，三角形の形状の関数や cos 関数ベースのものなどが存在し，長方形関数はバンドがよりシャープに検出され，三角形関数ではノイズが軽減される．これに対して cos 関数ベースのものは，両者の中間の性質をもつことから一般的に多用されている．このように，アポダイゼーション関数はバンド形状に直接影響を及ぼすので，データ間でピーク強度などを比較する際には同じ関数を使わなくてはならない．

④ゼロフィリング：データを滑らかに表示させるための設定である．①で述べたように移動鏡を長く動かせば IF のデータポイント数が多くなり，フーリエ変換して得られるスペクトルの横軸波数間隔はより細かくなる．一方，ゼロフィリングは，実際に取得した IF の両末端に強度が 0 のポイントを追加することで見かけ上の IF の点数を 2 倍以上に増やす処理を行う．これにより，本来のデータより横軸波数間隔がより細かいスペクトルが得られるというカラクリである．ここで注意したいのは，ゼロフィリング処理をして得られるスペクトルの横軸波数間隔は細かくなっているが，IF に

有意なデータポイントを追加したわけではないので，実際の分解は向上しないということである．あくまで，セロフィリングはスペクトルをより滑らかにするために行う処理である．

1.5　各種測定法と注意事項

赤外分光測定（以下，IR測定）を首尾よく行うために重要なこととして，①適切な光学系（測定手法）の選択，②サンプルの適切な前処理があげられる．本節では測定法ごとの特徴と注意事項について述べる．IR測定では，解析以上にこうした前処理が重要である．

IR測定における測定手法には多くの種類があるが，赤外線をサンプルに透過させる「透過法」と，赤外線をサンプル表面で反射させて測定する「反射法」に大別される．以下の表1.1・表1.2にサンプルごとに適した測定手法の大まかな分類を示すので参考にしてほしい．それぞれの手法について，透過法は1.5.2項，反射法は1.5.3項で概説した．

表1.1　サンプルに応じた主な測定手法（透過法）

測定手法	必要な付属品	測定対象	特徴・注意点
KBr錠剤法	錠剤成型器・サンプルホルダー	粉砕可能な固体	最も標準的な透過測定法 吸湿性のある試料には向かない
ヌジョール法	組立セル・窓板	粉砕可能な固体	吸湿性試料も測定できる 炭化水素の情報は評価できない
ドロップキャスト法	窓板・ホルダー	揮発性有機溶媒に溶ける固体・不揮発性液体	適度な厚みにする必要がある 含水物の測定時は窓板に制約がある
液膜法	組立セル・窓板	不揮発性液体	窓板に試料を挟んで測定する 含水物の測定時は窓板に制約がある
溶液法	固定セル	溶液中の添加物 揮発性液体	粘性の高い試料には向かない 定量分析にも用いられる
ガス測定	気体セル	希ガス・等核二原子分子でなく，セルや窓板を腐食させない気体	濃度によってセルの長さを変える必要がある 定量分析にも用いられる

表1.2　サンプルに応じた主な測定手法（反射法）

測定手法	必要な付属品	測定対象	特徴・注意点
全反射法（ATR法）	ATR付属品	ほとんどの固体・液体（粉末・弾性／粘性物質・不溶不融物質など）	厚みを問わず分析できる・表面分析である 試料によってプリズムを選択する必要がある 定量分析にも用いられる 加熱測定や配向評価ができる付属品もある
拡散反射法（DR法）	拡散反射付属品	粉末・粉末化できるもの 表面修飾したもの・触媒	粉末そのものだけでなく，表面修飾や付着物の有無などを高感度に検出できる
正反射法	反射付属品（低入射角度）	表面が平滑な物体	スペクトルが微分形になるので，定性分析時はK-K変換が必要
反射吸収法（RA法）	反射付属品（高入射角度）	金属板上の薄膜・付着物	極薄膜を最も高感度で測定できる 膜が厚すぎると吸収が飽和してしまい適用不可

1.5.1 測定にあたっての注意事項

各測定法に共通していえる注意事項をいくつかあげておく.

(1)大気の影響

IR測定では, 光源から検出器の間にあるすべての物質の赤外吸収が検出されるため, 大気中の主に水蒸気と二酸化炭素の吸収の影響を受ける. バックグラウンド測定とサンプル測定の間に呼気などにより水蒸気や二酸化炭素の濃度が変動した場合には, スペクトルに水蒸気や二酸化炭素の吸収バンドが見られることがある (図1.6a). これを軽減するには, バックグラウンド測定とサンプル測定を時間をあけずに行う, こまめにバックグラウンド測定を行う, 装置内部を赤外吸収のない窒素ガスなどで置換して(パージという)測定をする, データ処理 (1.6.1項参照) により大気による影響をスペクトルから差し引くなどの対策がある. なお, 一部の装置では大気の赤外吸収の影響を取り除くために装置内部を真空にする機構が設けられている.

(2)サンプルの厚み

一般的な有機物を透過法で測定する場合, サンプルの厚みが10 μmを超えると, 赤外吸収が強すぎて吸収飽和が起こり, ピークが頭打ち状態になることがある (図1.6b). このような状態では, 正確なピーク波数位置が検出できない, データ処理が正しくできない, などの問題により定性分析精度が著しく低下する.

定性分析に耐えるスペクトルを得るには, 着目している波数領域の吸光度がおおむね2以下の範囲内に収まるように濃度を低くしたり, サンプルの厚みを薄くするなどの対策が必要である.

なお, ATR(全反射)法は表面分析手法であるので, サンプルの厚みの制約は受けない.

(3)サンプルの表面状態・粒径

吸収のない波数領域でのスペクトルの縦軸(ベースライン)は, 理想的には吸光度が0

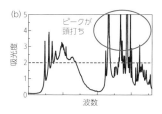

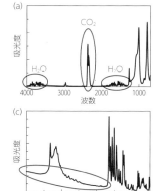

図1.6 悪いスペクトルの例
(a)大気の影響を受けている, (b)吸収が飽和している, (c)ベースラインが曲がっている.

で平坦となる．しかし実際には，サンプルの粒径が波長より大きいことやサンプル表面の荒れによって光の散乱が起こり，ベースラインの曲がりが生じ，ピーク位置特定が困難になることがある（図1.6c）．また，屈折率を変動させるカーボンが含まれていてもベースラインに曲がりが生じる．

　対策としては，サンプルを十分にすりつぶす，ベースラインを補正する（1.6.1項参照）などがある．

1.5.2　透過法

　透過法では，サンプルを適切な濃度に希釈したり，厚みを調整したりする必要がある．このため，サンプルを再回収することが難しい．

(1)KBr（臭化カリウム）錠剤法

　主に粉末の定性分析に用いられ，細かく粉砕した粉末を KBr 粉末と混ぜて希釈し，加圧してディスク(錠剤)化したものを測定する．サンプル量がわずかでも精度よくスペクトルが得られることに加え，粉砕された粉末が無配向で存在するため，サンプルの分子配向の影響を受けずに物質固有のスペクトルを得ることができる．このため，従来から広く用いられている標準的な手法である．

　なお，KBr が希釈に利用されるのは，赤外線をほとんど吸収せず，つぶれやすい特徴をもつためである（注：サンプルが塩酸塩など臭素以外のハロゲン元素を含む場合，KBr とサンプルの間でハロゲン交換反応が起こり，本来とは異なるスペクトル形状になることがある．たとえば塩酸塩のように塩化物イオンを含むサンプルの場合，KBr の代わりに KCl（塩化カリウム）などを用いて錠剤を作製すればハロゲン交換反応を回避した本来のスペクトルが得られる）．

　表1.3に各錠剤成型器と必要なプレス圧力，KBr の量についてまとめた．なお，いずれの場合も必要なサンプル量は KBr の質量に対して1%程度である．意外に少ないと思われるかもしれないが，これで十分である．

表1.3　主な錠剤成型器と必要な KBr 量および圧力

成型器種類	錠剤の直径	必要な試料量	必要な KBr 量	プレス圧力
錠剤成型器	10 mm	500 μg	150 mg	70 kN（約 7 tf）
ミクロ錠剤成型器	5 mm	100 μg	20 mg	10 kN（約 1 tf）
	3 mm	数 10 μg	7-10 mg	4 kN（約 400 kgf）（ハンドプレスで対応可）
	2 mm	数 μg	3-5 mg	

　錠剤作製手順の注意事項を以下に記す．

①KBr は吸湿性が強い（注：糖類などサンプルが吸湿性をもつ場合は，サンプルがアモルファス状になってスペクトル形状が変わることがある．また，水の吸収と吸収波数が重なるヒドロキシ基(O–H)の評価は困難である）ので，操作は手早く行い，手が湿っ

た状態や会話をしながら（だ液飛沫が飛ぶため）の操作は避ける．

②KBr はメノウ乳鉢に入れて十分に粉砕する．乳棒を乳鉢の壁面に力強くこすりつけると粉砕しやすい．壁面に付着した粉末をスパーテルで集めて複数回（3回程度）繰り返して粉砕するとよい．

③バックグラウンド測定は，KBr のみでサンプル測定時と同じ寸法の錠剤を作製して測定する．

④サンプル測定用の錠剤作成時は，まずサンプルをメノウ乳鉢に入れて，十分に粉砕した後に KBr を入れる．混合した後，②と同様に十分粉砕する．粉砕が不十分だとスペクトルのベースラインが曲がる原因になる（図 1.6c）．

⑤錠剤成型器の概要と錠剤作製手順を図 1.7 に示す．

⑥使用後の錠剤成型器は，KBr 錠剤をスパーテルや金属棒などで完全に取り外す．KBr が付着したままでは錆の原因になるので，水で湿らせたワイパーで複数回拭いた後，エタノールやアセトン等の水溶性溶媒で湿らせたワイパーで拭いて乾燥させる．保管はデシケーターで行うのが望ましい．

⑦使用後は吸湿を避けるため，KBr を速やかにデシケーターに入れて保管する．

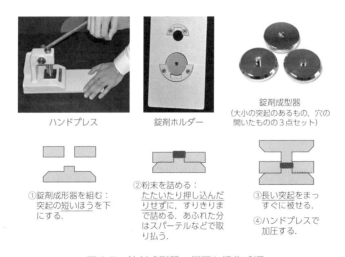

図 1.7　錠剤成型器の概要と操作手順

(2)ヌジョール法

　吸湿性のある粉末試料の測定に用いられる．メノウ乳鉢で十分に粉砕（手順は上記のKBr 錠剤法を参照）したサンプルをヌジョール（nujol，流動パラフィン）と混合して2枚の赤外線に透明な窓板に挟んでセルに組み立てた状態で測定する．セルを組み立てる

際は，締めすぎて窓板を割らないように注意する．

　必要な試料量は通常は 10 mg 程度で，これに対してヌジョールは 1，2 滴程度である．バックグラウンド測定は窓板 1 枚のみで行うとよい．なお，ヌジョールは炭化水素化合物なので，ヌジョール法では炭化水素基の赤外吸収領域（3000 ～ 2800 cm^{-1}，1500 ～ 1300 cm^{-1}）の解析はできない．

(3)ドロップキャスト法・液膜法

　ドロップキャスト法は，不揮発性の液体や揮発性溶媒に可溶な固体の測定に用いられる．KBr などの窓板でバックグラウンド測定を行っておいて，その窓板の上に試料を置く．試料が固体の場合は，その上から揮発性溶媒を垂らして溶解させ，溶媒が揮発して薄膜になったサンプルの測定を行う（図 1.8 左）．なお，厚みが適切になるよう，窓板を傷つけないように十分に注意してスパーテルなどで延ばすとよい．

　液膜法は，不揮発性液体を測定する手法で，不揮発性液体を 2 枚の窓板で挟んでセルに組み立てた状態で測定する（図 1.8 右）．セルを組み立てる際は，締めすぎて窓板を割らないように注意する．

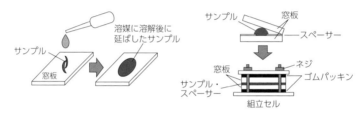

図 1.8　ドロップキャスト法(左)と液膜法(右)

(4)溶液法

　セル長が固定されたセル（固定セル，構造は図 1.8 右の組立セルと同様）で主に溶媒中の溶質の測定を行う．セルの厚さ（光路長）が固定されているので，定量測定にも利用される（1.7.1 項参照）．溶媒中の溶質の測定を測定する場合のバックグラウンド測定は，溶媒のみでセルを満たした状態で行う．また，揮発性の液体そのものを測定するのに用いられることもある．このとき，バックグラウンド測定をセルが空の状態で行うと，空気とセルの窓板の間の屈折率差が大きいことに起因して，セル内で光が干渉してスペクトルに干渉縞が生じたり，ベースラインの位置が大きく狂うため，積極的に用いることは避けたい．

　測定にあたって，溶液はシリンジなどで注入し，測定後は測定に使用した溶媒で数回洗浄しておく．使用した溶媒が不揮発性の場合は，揮発性の溶媒で再洗浄する．続いて，二連球などを用いて内部を乾燥させ，デシケーターに保管するとよい．

　サンプルに水が含まれる場合は，水に不溶な窓板が使われているセル（注：KBr の他に一般的に使われる窓板で水に溶けにくいものとしては，おおむね 1100 cm^{-1} から高波数側が測定できる CaF$_2$（フッ化カルシウム）や，おおむね 660 cm^{-1} から高波数側が測定できる Si（シリコン），400 cm^{-1} から高波数側が測定できる KRS-5（臭化タリウムとヨウ化タリウムの混晶，タリウムには毒性があるので窓板が割れた際に粉末を吸入

などしないように注意する) などがある) を使う必要がある.

　使用する溶媒は, 溶質と反応せずに完全に溶解させられ, かつサンプルの着目する吸収波数と溶媒の吸収波数が重ならないことが要求される. なお, こうした条件を満たしやすい溶媒としてよく使われるものに, 四塩化炭素・クロロホルム・二硫化炭素・メタノール・アセトン・テトラヒドロフラン (THF) などがある. しかし, これらの多くは劇物であることに加え, 人体への影響や環境負荷も高いことから, 最近では溶液法の使用頻度自体が低下している.

(5) ガス測定

　専用のガスセルを用いて測定を行う. ガスセルの光路長は短いもので 5 cm 程度, 長いもので数 10 m におよぶものもある (注:こうした長光路セルは, 内部にミラーが設置されており, セル内部で赤外線が何度も折り返すことで光路を稼いでいるので, 数 10 cm 程度の大きさに収まっている). ガスによっては腐食性ものもあるので, 窓板やセル自体を傷めないことを確認する必要がある. 測定できる濃度はガスの種類・セルの光路長によるが, 濃度が低いところでは数 ppm の定量に用いられることもある.

1.5.3　反射法

　反射法は透過法と異なり, サンプルの前処理が不要であるケースが多く, 基本的に非破壊測定である. 本項では, 最も多く使われている ATR 法を中心に, 拡散反射法・正反射法・高感度反射法について説明する.

(1) 全反射 (ATR) 法

　「ATR」とは「attenuated total reflection」の略で全反射を利用した手法である. 日本語名の「全反射法」よりも「ATR 法」と呼ばれることが多い. サンプルを希釈したりディスク化するという前処理が不要で, かつ試料形状や厚みを問わず測定ができることから, 最近では FT-IR の測定手法の中で最も多用されている.

① ATR 法の原理

　全反射とは, 高屈折率の媒質側から低屈折率の媒質側に一定の角度 (臨界角) 以上で光を入射させると, 光が界面で 100% 反射される現象である. しかし, 反射界面に着目すると, 実際には図 1.9 左に示すように光の電場が界面に到達した際にわずかながら低屈折率側の媒質にもぐりこむ (しみ出す). ここで, 高屈折率側の媒質として赤外吸収のない結晶 (以下, プリズムという) を置き, 低屈折率側の媒質としてサンプルをプリズムに密着させた状態にすると, もぐりこんだ電場がサンプルで吸収される. こうして全反射光を利用して, サンプルの赤外吸収を適度に弱めて測定できる.

　ATR 測定を行うには, プリズムとサンプルの間で全反射条件を満たすことが求められる (すなわち, 図 1.9 右上の条件式を満たす). 一般的な ATR 付属品の条件として, 入射角を 45°, プリズムの屈折率を 2.4 (ダイヤモンド・ZnSe (セレン化亜鉛) の場合) と仮定すると, サンプルの屈折率が 1.7 以下のとき全反射条件を満たすことがわかる. 有機物の屈折率は 1.5 前後であるので, 一般的な ATR 付属品ではたいていの有機物が測定できることを意味する.

　次に, 電場がもぐりこむ深さについて触れておく. もぐりこみ深さは, 図 1.9 右下の

条件式によって決まる．詳細は割愛するが，この式の意味するところは，低波数側ほどもぐりこみが大きい，赤外線の入射角が浅いほどもぐりこみが大きい，プリズムの屈折率が小さいほどもぐりこみが大きい，ということである．ここに先程の一般的な条件を代入すると，屈折率が1.5のサンプルの場合でおおむね1〜2 µm程度表面に赤外線がもぐりこむことがわかる．つまり，ATR法はサンプルが厚いときであっても，表面のみの情報を取得しているということである．

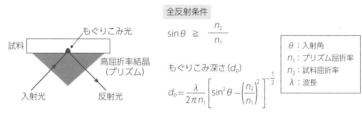

全反射条件

$$\sin\theta \geq \frac{n_2}{n_1}$$

もぐりこみ深さ (d_p)

$$d_\mathrm{p} = \frac{\lambda}{2\pi n_1}\left[\sin^2\theta - \left(\frac{n_2}{n_1}\right)^2\right]^{-\frac{1}{2}}$$

θ：入射角
n_1：プリズム屈折率
n_2：試料屈折率
λ：波長

試料
もぐりこみ光
高屈折率結晶（プリズム）
入射光　反射光

図 1.9　ATR法の概略

②測定できるサンプル

①の原理で触れたように，プリズムとサンプルが密着した状態にできて，全反射条件を満たすサンプルであればATR測定が行えるため，粉末・固体・液体・ゲル状物質・弾力性のあるゴムなど，非常に幅広いサンプルに適用できる．色がついていても問題はない．

注意を要するものとしては，屈折率の高いカーボンを含んだゴムや半導体，プリズムを傷つけうる硬い粉末，プリズムや周囲を腐食しうる酸・塩基性サンプルなどがあげられる．こうしたサンプルの測定にあたっては，④のプリズムの使い分けも参考にしてほしい．

③測定手順（図1.10）

ATR測定では，FT-IRの試料室にATR付属品を設置し，プリズムがついていない場合は装着する．プリズム表面が汚れている場合は，エタノールやアセトンで湿らせたワイパーでやさしく拭き取る．強くこすると，プリズムの種類によっては傷つくので注意する（注：揮発性溶媒の蒸気がFT-IR内にこもってしまうと，得られるスペクトルにも溶媒蒸気の赤外吸収がしばらく現れてしまうので，試料室内で大量の溶媒が揮発するような拭き方はしないほうがよい）．

次にバックグラウンド測定を行う．プリズム上に何もない状態（つまり空気）で測定する．サンプル押さえがある場合は，押さえをプリズムから離しておく．

続いて，サンプルをプリズム上に乗せる．サンプルが液体やゲル状で密着性のよい場合は乗せるだけでよい．目視で乗っていることがわかるレベルであれば量として十分である．サンプルが固体・粉末・弾力性のある物質の場合は，サンプル押さえを用いてプリズムに十分に密着させる（注：最近のATR付属品には，プリズムを破損しないように一定以上の力がかからない機構がサンプル押さえに設けられているものも多いが，こうした機構がない場合は力をかけ過ぎてプリズムを破損しないように注意する必要がある）．FT-IRの測定ソフトウェアにリアルタイムでプレビュースペクトルを表示する機

能がある場合は，プレビューを見ながら適切なスペクトル強度となっているか確認しながら密着させるとよい．

　サンプル測定が終わったら，サンプル押さえとサンプルをプリズムから外し，プリズムを洗浄する(洗浄方法は上記参照)．

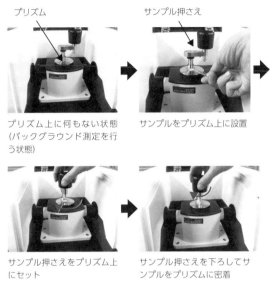

図 1.10　ATR 付属品へのサンプルの設置

④プリズムの種類と使い分け

　ATR 測定に利用されるプリズムには，ダイヤモンド，セレン化亜鉛(ZnSe)，ゲルマニウム(Ge)などがある．これらの特徴とそれぞれに適したサンプルを表1.4にまとめた．

　実例を図1.11に示す．サンプルの素性がわからなかったり，一般的な有機物の場合はもぐりこみが Ge より大きいダイヤモンド・ZnSe がよい（図1.11a）．ZnSe は価格面で有利だが，硬いサンプルには向かず，低波数側の測定ではダイヤモンドのほうが有利である（注：ZnSe 自体の危険性は低いが，酸と反応すると有毒なセレン化水素が発生するので，取扱い・処分時には注意を要する）．サンプルがカーボンを含んでいたり(黒いサンプル)，屈折率が高い場合は，ダイヤモンド・ZnSe では全反射条件を満たさずにスペクトルがひずむ．一方，Ge では，ピーク強度は弱くなるが，ひずみのないスペクトルを得やすい(図1.11b)．

　このように，サンプルの硬さや屈折率に応じてプリズムを使い分けることは，ATR 法で正しく質のよいスペクトルを得るうえでたいへん重要なことである．

⑤ ATR 法の注意点

　ATR 法は簡便な測定手法だが，表面分析であることや1.6.1項の（3）に示すようにKBr 錠剤法とは異なるスペクトルが得られるという点に注意が必要である．それゆえ，KBr 錠剤法を完全に代替できるものではないということを念頭においてほしい．

表 1.4　主な ATR プリズム材質と特徴

プリズム材質	屈折率	もぐりこみ深さ (1000 cm^{-1})	全反射するサンプル屈折率	得意なサンプル・適用事例	不得意なサンプル・注意点
ダイヤモンド	2.4	2.0 μm	1.7 以下	一般有機物 硬いサンプル 他プリズムより低波数側が測定できる	高屈折率サンプル 2000 cm^{-1} 付近に吸収があるためこの領域のノイズが大きい (ニトリル・イソシアネート などの場合は積算回数を多めに)
ZnSe	2.4	2.0 μm	1.7 以下	一般有機物	高屈折率サンプル 硬いサンプル 酸・塩基性サンプルに侵される
Ge	4.0	0.6 μm	2.8 以下	高屈折率サンプル（カーボン含有・半導体など） 他プリズムより最表面のみの情報が得られる	硬い粉末状サンプル 酸・塩基性サンプルに弱い ピーク強度が弱い

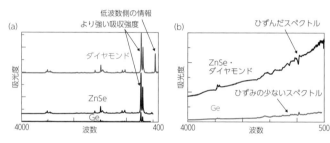

図 1.11　ATR 法で得られたスペクトルの例
(a)トルエン，(b)カーボン含有ゴム.

(2)拡散反射(DR)法

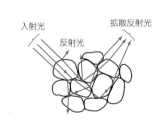

　拡散反射(diffuse_reflectance)法は，粉末を測定する手法である．粉末に赤外線を照射すると，表面でそのまま反射する光や，サンプル内部にもぐりこみ，透過・散乱・反射を繰り返して表面に出るものがある．この光は拡散反射光と呼ばれ，拡散反射法は，拡散反射光の吸収を測定する手法である（図 1.12)．拡散反射法は，粉末そのものを測定することもできるが，粉末の表面修飾状態の評価や配位子の脱離吸着の評価にも用いられる．

図 1.12　拡散反射(DR)法の概要

　拡散反射法の測定には拡散反射付属品が必要だが，加熱して温度に応じた変化をモニターするのに対応した付属品もある．

　一般的な測定手順は以下の通りである．サンプル粉砕の操作は，KBr 錠剤法とも共通するので，1.5.2 項の手順や注意事項を参照していただきたい．

① FT-IR 試料室に拡散反射付属品を設置し，サンプル設置位置にメノウ乳鉢で十分粉砕した KBr をすりきりに盛り，バックグラウンド測定を行う．

②サンプルを用意する．試料を粉砕できる場合は，メノウ乳鉢で十分粉砕する．粉末そのものを測定する場合には粉砕した後 KBr と混合・粉砕して希釈する．希釈濃度は KBr 錠剤法より濃くする（KBr の質量に対して数％程度）．なお，表面修飾や表面吸着物を測定する場合は，希釈せずに測定する．粉末をサンプル設置位置にすりきりに盛り，サンプル測定を行う．吸収が弱いことが多いので，ノイズレベルを下げるため積算回数は KBr 錠剤法や ATR 法より多めに設定するほうが無難である．

③測定後は，サンプルを刷毛などで取り除き，洗浄しておく．

④拡散反射法で得られたスペクトルは，吸収が強いピークが他の測定手法と比較して弱く現れる特徴がある．このため，定量的な取扱いをしたい場合には，クベルカ-ムンク変換(K-M 変換)を行うことで縦軸と濃度が比例した強度にする必要がある．

(3)正反射法

　正反射法は，反射付属品を使用して測定を行う．サンプル表面の反射スペクトルを測定する手法である（図 1.13）．サンプル表面の反射スペクトルを測定すると，屈折率の実部がスペクトルに現れるため，微分形となる．このままでは KBr 錠剤法などで得られる吸収スペクトルと比較しづらい．そこで，吸収に関する情報(屈折率の虚部)のみを得る処理(クラマース-クロニッヒ変換(K-K 変換))を行うことで，KBr 錠剤法などで得られる吸収スペクトルと同様に取り扱うことが可能となる．

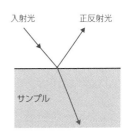

図 1.13　正反射法の概要

　なお，正反射法のバックグラウンド測定は，汚れのないアルミニウムや金のミラーを付属品に設置して行う．

(4)反射吸収(RA)法

　反射吸収 (reflection-absorption，以下，RA) 法は，反射付属品を用いて金属板上の極薄膜(厚さ数 nm〜100 nm 程度)を測定する手法である．RAS(reflection absorption spectroscopy) 法と呼ばれることもある．金属板上の薄膜のスペクトルを測定する手法としては最も高感度で，単分子膜でも容易に検出可能である．RA 法では，入射面に平行な電場の偏光(p 偏光)を入射させ，反射面で入射光と反射光の電場が干渉して増強されることで高い感度が得られる（図 1.14）．図からもわかるように入射角が大きいほど増強効果も大きくなることから，最高で 85° 程度の入射角をもつ付属品が販売されている．なお，図 1.14 の合成された振動電場方向は金属板に垂直であるため，金属板に垂直な方向の遷移モーメント（分子振動の方向）のみが選択的にスペクトルに現れる（RA 法の表面選択律）．

　また，100 nm〜5 μm 程度の比較的厚い膜を金属面上で測定する場合には，正反射法で用いられるような入射角の浅い反射付属品を利用して吸収スペクトルを得ることも

ある．この場合は，感度増強効果がほとんど得られず，RA法とは呼ばないが，比較的厚い金属板上の膜の吸収スペクトルを簡便に取得できる．このときのバックグラウンド測定は，汚れのないアルミニウムや金のミラーを付属品に設置して行う．

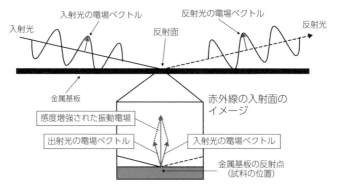

図1.14　反射吸収(RA)法の概要

1.6　スペクトルの解析

　本節では，得られたスペクトルを解析するにあたって必要なデータ処理やピークの見方について説明する．また，定性分析における各ピークの帰属，およびデータベースを用いた定性分析の方法についても説明する．

1.6.1　データ処理

　各手法で得られたスペクトルは，そのまま解析ができる場合もあれば，何らかの補正をしないと解析が難しい場合もある．本項では，解析時に使用頻度の高いデータ処理方法について手順や注意事項を説明する．

(1)大気補正

　1.5節でも触れたが，光源から検出器の間に存在する空気中の水蒸気や二酸化炭素の赤外吸収情報が，得られるスペクトルに重なって解析を妨害することがある（図1.6a）．多くのFT-IRの解析ソフトウェアにはこうした水蒸気や二酸化炭素の影響をスペクトルから差し引く機能が備わっている．特別な条件設定なしに減算処理ができるので使用するとよい．他のデータ処理に先立ってこの処理を行うほうが，解析上の不都合が発生しにくい．また，この処理で大気の影響を完全に取り除き切れるとは限らないことを念頭においておこう．

(2)ベースライン補正

　KBr錠剤法などでは，測定までの待ち時間やサンプル作製時におけるKBrの吸湿のバランスやサンプルの粒径などによって，ベースラインが曲がる場合がある．ベースラインが曲がっていると，ピーク高さが測りにくいなど，解析が困難になる要因となる．スペクトルの縦軸表示範囲の半分を超えるような極端な曲がりがある場合は，サンプル

調製も含めた再測定を検討するほうがよい．しかし，ピークが判別できる程度であれば，ベースラインを補正することで解析しやすいスペクトルを得ることができる（図1.15b）．

　ベースライン補正とは，スペクトル上にポイントを複数指定してそれらを結んだ線の吸光度を0とする処理である．ベースライン補正をする際は，吸収バンドのある波数位置にポイントを打つとバンド形状が変わってしまい，定性分析・定量分析のいずれにおいても結果に影響するので，バンドのある部分にポイントを打たないように留意する（図1.15a）．

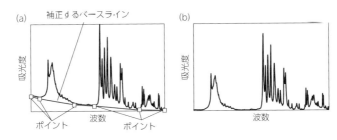

図 1.15　ベースライン補正
(a)ベースラインの打ち方，(b)補正後のスペクトル．

(3)ATR スペクトルの補正

　ATR法は，サンプル形態を問わずに測定できることから多用されるが，スペクトルの取扱いには以下の点に注意すべきである．

・もぐりこみ深さが波数に依存(低波数側のほうが大きい)するため，低波数側のピーク強度が相対的に大きくなる．
・試料の屈折率分散の影響を受けて，KBr錠剤法などの他の手法のスペクトルと比較するとピーク位置がシフトする．

　このため，透過法などで測定されたスペクトルとATR法で得られたスペクトルを比較すると，同じサンプルでも不一致が生じる（図1.16a）．多くのFT-IRでは，これを補正する機能が解析ソフトウェアに備わっている（注：ATR補正機能は，もぐりこみ深さのみ補正するものとピークシフトも含めた補正を行うものがある．メーカーの説明書

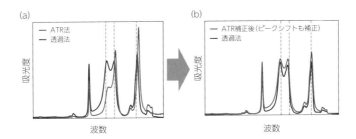

図 1.16　ATR 法のスペクトルの特徴と ATR 補正の効果
(a) ATR 法と透過法のスペクトル，(b) ATR 補正後と透過法のスペクトル．

を見て，どの機能が備わっているのかを確認しておくとよい．なお，ピークシフトも補正する場合は，プリズムの屈折率やサンプル面への赤外線の入射角の情報が必要なのであらかじめ確認するとともに，吸光度が負になるポイントがないようにベースライン補正を行っておくと補正が上手くいきやすい）．これを利用することで，ATR法のスペクトルを透過法のスペクトルに近い状態に補正でき（図1.16b），データベース検索の精度向上が見込めるほか，透過法のスペクトルとの比較も容易となる．

なお，ATR法で測定されたスペクトルどうしを比較するのであれば，定性・定量にかかわらずATR補正を行う必要はない．

(4)差スペクトル

定性分析を行う際に，着目ピーク以外の吸収情報（添加剤や下地の基板情報, 溶媒など）がスペクトル上に重なってしまうことがある．実際の現場でいうと，不良解析においてスペクトルが異常部と正常部の双方の情報を含んで得られた場合や，反応前後の比較でスペクトル上の変化の差がわずかな場合などである．その結果, 目的としない成分のピーク情報に引きずられて解析が上手くいかないことがある．このような場合には，目的外の成分の純品のスペクトルもあらかじめ取得しておき，そのスペクトル（反応前後比較を行う場合は反応前のスペクトル）との差分を取ることで，目的成分の情報を含んだ残差スペクトルを得る方法がある．こうして得られるスペクトルを差スペクトルという．

差スペクトルを得る際は，必ず縦軸を吸光度（拡散反射法の場合はK-M変換した状態）とし，着目しているピーク以外のバンドが消えるように減算する係数を調整する．一部にピークシフトがある場合などで，完全に引ききれない場合は，最も大きなピークが消えるようにするとよい．こうして得られた差スペクトルを再解析すれば，精度を高めた定性分析が期待できる．

なお，差スペクトルの演算は，測定手法や波数分解，アポダイゼーション関数などの測定条件を揃えたスペクトル間で行わないと上手くいかない．

1.6.2 ピークの解析

吸収ピークの解析にあたって使用頻度が高い情報は，①ピークの波数位置，②ピーク高さ，③ピーク面積，④半値幅である．これらの読み取り方法について説明する．なお，いずれの場合も，着目ピークの吸収強度が吸光度で1を超えると（K-M変換後の値で3以上），これらの検出精度や値の信頼性は低下するので，濃度や厚みには注意してサンプルを調整する．

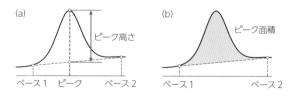

図1.17　ピーク高さ・面積の求め方
(a)高さ，(b)面積．

①ピークの波数位置：縦軸が吸光度なので，吸収ピークは上に凸である．着目ピークの

極大部の波数値を読み取る.

②ピーク高さ（図1.17a）：ピーク高さを議論する際は，もちろん縦軸を吸光度（拡散反射法の場合はK–M変換した状態）とし，着目ピークの両端の裾の極小となっている波数位置またはベースラインが平坦となる波数位置を指定し，その2点間を結び，ベースとする．①の方法で求めたピークトップから直下に線を引き，ベースとの交点との線分の長さをピーク高さとする．バンドが重なるなど2点のベースが取りにくい場合は，影響の少ない1点を指定して真横方向に引いた直線をベースとすることもある.

③ピーク面積（図1.17b）：ピーク面積を算出するので縦軸を必ず吸光度（拡散反射法の場合はK–M変換した状態）とし，②と同様にベースを引き，ベースと吸収ピークに囲まれた部分を積分する．ここで求まった値をピーク面積とする．ベースを取った2点の波数位置間で積分するのが基本だが，バンドが重なるなどでベース位置と積分範囲を別途指定することもある.

④半値幅：②において2点ベースで求めたピーク高さの半分となる縦軸位置でのバンドの幅が半値幅となる．半値幅はサンプルの結晶性を評価する指標などとして用いられる．半値幅を議論する際も縦軸を吸光度（拡散反射法の場合はK–M変換した状態）とする.

　また，重なり合っているバンドを解析する場合には，ガウス関数・ローレンツ関数などでフィッティング計算を行ってバンドの分離を図り，個々のバンドのピーク波数位置・ピーク高さ・ピーク面積・半値幅を算出することも行われる.

1.6.3　ピークの帰属と解釈

　原子間の結合の振動は，主に図1.18に示すような伸び縮みによるもの（伸縮振動）や折れ曲がりによるもの（変角振動）などがある．実際に解析するうえでは，「特性吸収帯」と呼ばれる4000～1500 cm^{-1}と，「指紋領域」と呼ばれる1500 cm^{-1}以下の二つの領域に分けて見ることが多い.

　特性吸収帯は，主に官能基の伸縮振動が現れることからサンプルの系統を判別するのに使われる．周囲の環境にかかわらず，同じ種類の官能基であればおおむね同じ波数領域に吸収ピークが現れるので，単純にピーク位置を読み取ることで大まかな化学構造を

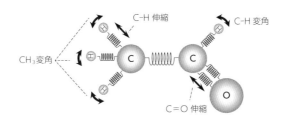

図1.18　伸縮振動と変角振動
アセトアルデヒドの例.

予想できる．一方，指紋領域は，主に変角振動が複雑に現れるので個々のピークの詳細な帰属は難しい．しかし，物質ごとに特有の吸収パターンを示すため，人間の指紋のようにサンプルを特定する目的で用いられる．なお一般に，結合にかかわる原子の質量が大きいほど，あるいは結合次数が小さいほどピークは低波数側に現れる．

　実際の未知サンプルのスペクトルを解釈するうえでのポイントを以下にあげる．

①特性吸収帯のピークに着目してどのような官能基が含まれているのかを判別する．また，大きな吸光度のピークから評価したほうが全体像を掴みやすい．

②同じ波数領域に候補となる官能基が複数ある場合，他の既知のスペクトルの構造も参考にしてピーク形状が似ているかどうか，その官能基にあるべきピークが指紋領域などの別領域にも存在しているかどうか調べる．

③指紋領域を見て，複数のバンドからなるパターンが一致するようであればそれをもって化学構造が一致していると判断できる．

④同一化合物でもわずかな不純物やサンプルの結晶性・配向性の違いによってスペクトル形状や半値幅の変化が見られたり，部分的な不一致が見られることがある．このような場合は，再精製してから再測定したり，差スペクトル法による解析などを検討する．

　実際の吸収ピークのうち，代表的なものを表1.5に示す．なお，表1.5は吸収の現れるおおよその範囲を示したものであって，バンドの幅を表したものではないので注意していただきたい（ピーク位置が記載された文献として，中西香爾他著，「赤外線吸収スペクトル―定性と演習―（改訂版）」，南江堂（1978）および N. B. Colthup, J. Optical Soc. America., 40(6), p. 397-399, 1950 などもある）．

　また最近では，こうした人間が判定する作業を機械学習（いわゆる AI）に行わせることで，得られたスペクトルを系統別に分類するソフトウェアも登場してきた．

1.6.4　データベースによる未知サンプルの同定

　1.6.3項の方法では，未知サンプルの系統を予想できる．一方で，データベース（ライブラリともいう）に採録された既知のスペクトルと未知サンプルのスペクトルを比較し，未知サンプルを同定することも増えている．データベースを用いた同定を行う際の注意事項を以下に記す．

① 1.6.1項で述べたデータ処理をあらかじめ行う．なお，ATR法のスペクトルに対し屈折率分散影響を補正をしたデータは（ATR法ではなく）透過法で測定したデータとして扱う．

②ノイズの特に大きい領域（低波数側や大気の影響を補正しきれなかった領域など）を比較範囲から外す．

表 1.5(1)　主な赤外吸収のピーク位置

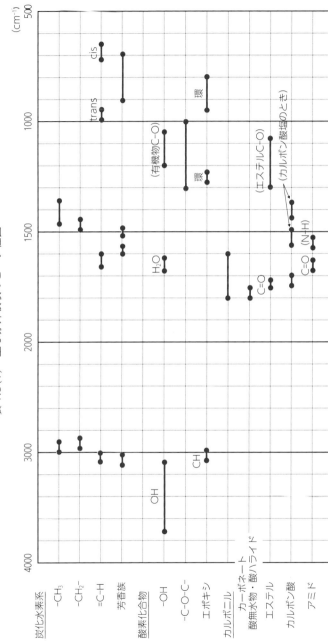

表 1.5（2）　主な赤外吸収のピーク位置

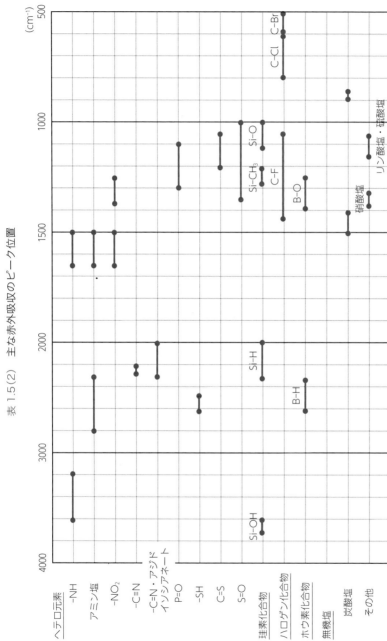

③専用ソフトウェアを利用する場合，検索アルゴリズムを適切に選択する．よく用いられるものとして，「ユークリッド距離」，「微分後のユークリッド距離(ベースラインの曲がりの影響を受けにくいが，ノイズが大きい場合には不向き)」，「相関係数(ノイズの影響を受けにくい)」の三つがある．医薬品や結晶性の高いサンプルなどバンドがシャープなら「微分後のユークリッド距離」，溶液など幅の広いバンドが支配的な場合は「ユークリッド距離」，ノイズが大きいときは「相関係数」を選択するのが一般的である．

④似た候補が複数あるときは指紋領域に着目して，ピークの有無で判断する．

⑤専用ソフトウェアを利用する場合，結果は「一致度」として数値で示されるので一定の客観性はあるが，一致度が高いことだけで判断せず，実際のスペクトルを目視もしたうえで判断する．

⑥データベース検索を行っても近いものが存在しない場合は，1.6.3項の手順で帰属を行いサンプルの系統を予想する．なお，データベース検索ソフトウェアにはピーク位置から候補となる官能基分析を表示する機能が備わっていることが多い（注：データベースに含まれていない物質が定性対象の場合，測定者自身でデータベースにスペクトルを追加することもたびたび行われる）．

1.7 応用事例

　赤外分光法は，単純な定性だけでなく，定量や微小物の測定，加熱などの摂動を与えた際の構造変化の追跡にも用いられる．本節では代表的な応用事例について簡単に触れる．

1.7.1 定量分析

　定量分析を行う際は，対象成分の濃度を変えた三つ以上の濃度既知のサンプルをまず測定する．その対象成分に帰属される吸収ピークの中で，他の成分のピークと重ならず，かつ強度が大きく使いやすいピークの高さや面積を算出してプロットし，検量線を作成する．この手順は，他の分析手法と基本的に変わらない．
　赤外分光法で定量分析を行う際に注意すべきことをあげておく．

①着目しているピークの吸光度があまり大きくならないようにする：着目ピークの吸光度が1(K-M変換後の値で3)を超えると，定量結果の信頼性が落ちる場合があるので，検量線作成用サンプルも含めてこれを超えないよう濃度や厚みに注意してサンプルを調整する．なおATR法の場合は，こうした考慮は原則不要である．

②測定条件や付属品は検量線作成用サンプル測定時も含め毎回同じものを使う：測定条件が変わるとノイズレベルやバンドの出方も変わることがあり，定量精度の低下につながる．また，セルなどの付属品も個体差がないとはいえないので，毎回同じものを使用するとよい．

③スペクトルの縦軸は必ず吸光度（拡散反射法の場合は K-M 変換した状態）にする：スペクトルの縦軸は透過（反射）光量に着目した場合，光源からの光量を I_0，検出器に入る光量と I とすると，透過率は $I/I_0 \times 100$ で表される．この透過率の逆数を対数変換した $\log(I_0/I)$ が吸光度である．

　吸光度（absorbance）は，$\log(I_0/I) = \varepsilon dc$（$\varepsilon$：モル吸光係数，$d$：サンプルの厚み，$c$：サンプルの濃度）と書ける．すなわち，縦軸が吸光度のとき，ピーク強度がサンプルの濃度と厚みに比例する，つまりランバート・ベールの法則に即した扱いができる．拡散反射法で得たスペクトルを K-M 変換した状態も吸光度と同じ取扱いである．縦軸が透過率・反射率の場合は，定量分析に使ってはならない．

④サンプルの厚みや全体量を揃える：上記のように吸光度の値はサンプルの濃度だけでなく厚みの影響も受ける．液体用の固定セルのように厚みが一定のものは問題ないが，フィルム状のサンプルのように厚みが一定でないものや KBr 錠剤法のようにサンプル量が一定でない場合は，サンプルの厚みや全体量の影響を補正する必要がある．

　最も利用されるのが，フィルム自体や添加量が一定とみなせる成分の吸収ピークをリファレンスとして，目的成分の吸収強度との比を取る方法である．厚みやサンプル量に比例するピークを基準とすることで，厚みや全体量の影響をおおむねキャンセルできる．

　また，ATR 法も定量分析に適用可能である．これは，もぐりこみ深さはサンプルの屈折率によって決まるので，同系統のサンプルであれば厚みがほぼ一定とみなせることによる．サンプルを乗せてプリズムと密着させるだけ（液体の場合はサンプルを乗せるだけ）で測定できるので，他の測定手法と比べると非常に簡便である．

　なお，複数成分の定量を行う場合や別の添加成分が定量を妨害する場合には多変量解析を用いた定量分析も行われている．

1.7.2　赤外顕微鏡

　ここまでの測定事例はいずれも赤外分光光度計本体の試料室に付属品やサンプルを入れて測定するもので，サンプルの測定可能な最小サイズは数 100 μm 程度であった．さらなる微小領域を測定できるようにしたのが，赤外顕微鏡である．概要を図 1.19 に示す．ステージ上のサンプル位置に赤外線を集光して，5 〜 10 μm 程度の局所的な測定を可能にしている．透過法や ATR 法などの各測定手法にも対応し，ステージあるいは光軸を二次元的に動かす（マッピング）ことで面内の成分分布を把握することもできる（赤外イメージ測定）．測定部位の大きさは，アパーチャーという光量調整機構によって変え

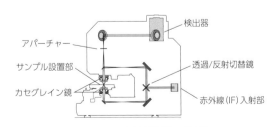

図 1.19　赤外顕微鏡の概要

ることができる.

　一般的な実体顕微鏡と大きく異なる点として，集光するのにレンズではなく主にカセグレイン鏡という鏡を使っていることがあげられる．これは，一般的な対物レンズは赤外線を吸収し，測定するうえで不都合なためである．また，検出器には液化窒素による冷却を要する高感度な半導体型の MCT 検出器が主に用いられる.

1.7.3　時間分解測定

　赤外分光法の測定では，サンプルに熱や電場，UV 光照射などの摂動を与えながら測定することもできる．このときに，一定間隔ごとにスペクトルを取得することで，摂動に伴うサンプルの時間変化をモニターできる．一般的な FT–IR では数秒単位，時間応答のよい検出器を使えば数 10 ミリ秒単位，さらに特殊なケースでは 10 ナノ秒単位での時間変化が追跡できる場合も報告されている.

【スペクトルデータベースの例】

1) KnowItAll スペクトルライブラリー，John Wiley & Sons 社
2) 有機化合物のスペクトルデータベース SDBS，国立研究開発法人産業技術総合研究所
3) NIST Chemistry WebBook，NIST（アメリカ国立標準技術研究所）

【さらに詳しく勉強したい読者のために】

赤外分光法全般の理論が説明されたものとして
1) 古川行夫編著，『赤外分光法』，講談社(2018)
一般的なピーク帰属の詳細やスペクトルの例が記載されたものとして
2) 堀口博，『赤外吸光図説総覧』，三共出版(1977)
3) R. M. Silverstein 他著，『有機化合物のスペクトルによる同定法(第 8 版)』，東京化学同人(2016)
定量分析や多変量解析，吸収スペクトルの解釈について説明されたものとして
4) 長谷川健，『スペクトル定量分析』，講談社(2005)

2 NMR 分光法

平野朋広（徳島大学大学院社会産業理工学研究部）・浅野敦志（防衛大学校応用科学群応用化学科）

2.1 はじめに

核磁気共鳴（NMR）分光法とは，静磁場中におかれた試料にラジオ波（rf）を照射して，核スピンをもつ原子核の共鳴現象を測定する方法である．原子核の環境（官能基や化学構造，立体構造など）によって共鳴する周波数が異なるため，横軸が周波数，縦軸が強度の NMR スペクトルが得られる．核スピン（I）をもつものは測定可能であり，なかでも測定が容易なのは I が 1/2 である原子核である（表 2.1）．特に，最も広く利用されているのは ^{1}H と ^{13}C 核である．これら二つの核は，有機化合物や高分子化合物の主要な構成元素であることから，NMR 分光法は有機構造解析の最も有力な測定法の一つとなっている[1,2]．

表 2.1 I = 1/2 の核の性質

同位体	天然存在比（%）	NMR 周波数[a]（MHz）	相対感度[b]
^{1}H	99.98	400.0	1.0
^{13}C	1.11	100.6	1.76×10^{-4}
^{15}N	0.37	40.5	3.85×10^{-6}
^{19}F	100.00	376.3	0.83
^{29}Si	4.7	79.5	3.69×10^{-4}
^{31}P	100.00	161.9	6.63×10^{-2}

a. 9.4 T の静磁場中での周波数．b. ^{1}H の感度を 1.0 としたときの値．

> **核スピン** すべての核は電荷をもち，この電荷がスピン運動すると軸方向に磁気モーメント（μ）を生じる．その角運動量をスピン数 I で表す．同じ原子核であっても同位体によって異なる I をもつ．たとえば炭素の場合では，^{12}C は I = 0 であるが，^{13}C は I = 1/2 である．I は量子数であり，1/2 ごとの値しかとらない．原子核中に存在する陽子と中性子の数の和が奇数なら半整数（I = 1/2, 3/2, 5/2, …）となり，偶数なら整数（I = 0, 1, 2, …）となる．特に，陽子と中性子がともに偶数であれば I = 0 となり，その原子核は NMR 不活性となる．

2.2 原理

2.2.1 核ゼーマン効果

I = 1/2 である ^{1}H や ^{13}C 核の場合で考える．磁気モーメント μ をもつ核は小さな磁石のように考えることができる．通常，試料中の核スピンはいろいろな方向を向いており，そのエネルギーはいずれも同じである．しかし，ある静磁場 B_0 の中におかれると，B_0 と平行なスピン（α-スピン）と逆平行なスピン（β-スピン）の二つの状態に量子化される（核ゼーマン効果，図 2.1）．

α-スピンはβ-スピンよりもわずかにエネルギーが低いため，熱力学的平衡状態では
α状態の核が過剰に存在し，各スピンの占有数はBoltzmann分布に従う．二つのスピ
ン間のエネルギー差に相当するエネルギーを有する電磁波（$\Delta E = h\nu = h\gamma B_0/2\pi$，$\gamma$は
磁気回転比）を吸収すると，α-スピンは遷移してβ-スピンに変わる（励起状態）．その後，
熱的平衡状態へと戻っていく（緩和現象）．これら一連の現象を核磁気共鳴という．

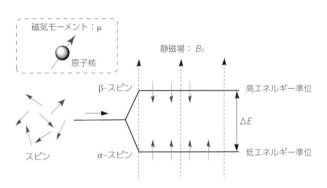

図2.1 核ゼーマン効果によってスピンは二つのエネルギー準位に分かれる

Boltzmann分布 α-スピンとβ-スピンの占有数の比（N_α/N_β）はボルツマン定数
k_Bを用いて下式のように表される．400 MHzに相当するΔEについて27℃で計
算すると，$N_\alpha/N_\beta = 1.000064$となる．これは，2,000,064個の核スピンを考えた
ときに，64個だけα-スピンが過剰に存在することを示している．

$$\frac{N_\alpha}{N_\beta} = \exp\left(\frac{\Delta E}{k_B T}\right)$$

2.2.2 ベクトルモデル

上述のエネルギー準位図だけ
では，現在主流であるフーリエ
変換（FT）NMR法を理解する
ことはできない．そこで，核磁
気モーメントμをベクトルで
表記するベクトルモデルを導入
する．

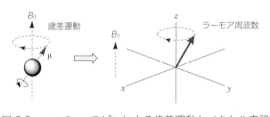

図2.2 一つのα-スピンによる歳差運動とベクトル表記

原子核の中心を原点として，
α状態にある一つの核のμベクトルを座標（実験室座標系）に書くと図2.2のようにな
る．図2.1ではα-スピンはB_0に対して平行と書いたが，実際には外部磁場からトルク
を受けて傾き，円形の軌跡を描きながら回転している（歳差運動）．この歳差運動の速度
をラーモア周波数という．ラーモア周波数と同じ周波数で，歳差運動と同じ方向の回転
磁場が照射されるとエネルギーの吸収が起こる（共鳴）．

2

> **ラーモア周波数** ラーモア周波数は角速度 $\omega = -\gamma B_0$ rad s^{-1} または $\nu = -\gamma B_0/2\pi$ Hz で定義される（共鳴条件）．ここで，γ は磁気回転比と呼ばれ，核種に固有の値である．いい換えれば，ある外部磁場 B_0 におかれた核の観測周波数は，γ の大きさで決まる．歳差運動の方向は γ の符号で決まり，γ が正の値であるときは図2.2と同じ方向に，負の値であるときは逆方向に回転する．

> **回転磁場** 右回りの回転磁場ベクトルと左回りの回転磁場ベクトルの合ベクトルは振動磁場と同じである．このため，振動磁場を照射すれば歳差運動と同じ方向の回転磁場成分だけが吸収されることになる．

　試料中には多数の核が存在する．それぞれの μ ベクトルを歳差運動と同じ速度で回転する座標(回転座標系)に描くと，図2.3のようになる．不確定性原理のために位置と運動量を同時に決めることができないため，α-スピンは上の円錐体の周りに，β-スピンは下の円錐体の周りにランダムに分布する．α 状態の核が過剰に存在することから，すべての μ ベクトルを合わせると z 軸上に一つの磁化ベクトルが残る．これは巨視的磁化ベクトル M_0 と呼ばれ，M_0 を用いると共鳴現象を古典力学で説明できる．

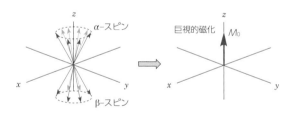

図2.3　α-スピンと β-スピンの μ ベクトルをあわせる
と得られる巨視的磁化ベクトル

　上述のように，実験室座標系では外部磁場(z軸)に対して横からパルス状に照射された振動磁場(rf)のうち，歳差運動と同じ方向の回転磁場成分によって共鳴現象が起こると説明できる．一方，回転座標系では，この共鳴現象を起こす回転磁場成分(B_1)が止まって見える(図2.4)．たとえば，B_1 が x 軸方向に固定されると，M_0 は古典力学の法則に従って x 軸を回転軸として y 軸方向に倒れる．

　rfパルスの照射が終わると，M_0 は熱力学的平衡状態へと戻っていく．このとき，倒された M_0 はそのまま元に戻るわけではなく，z 軸方向の緩和（縦緩和）と $x-y$ 平面の緩和(横緩和)の二つの異なる過程を経て戻る(図2.5)．この緩和過程における y 軸成分は，指数関数的に減衰する．これを自由誘導減衰（Free Induction Decay：FID）と呼ぶ(図2.6)．

　磁気回転比 γ と外部磁場 B_0 によって観測周波数が決まる．しかし，官能基や化学構造，立体構造などの化学的環境によって，実際に核が感じる磁場強度は B_0 から少しずれる(2.4.5項参照)．その有効磁場強度で決まるのが共鳴周波数である．共鳴周波数と観測

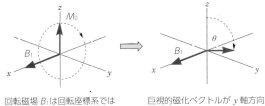

回転磁場 B_1 は回転座標系では
止まって見える

巨視的磁化ベクトルが y 軸方向
に倒れる

図 2.4 ベクトルモデルで表した NMR 現象

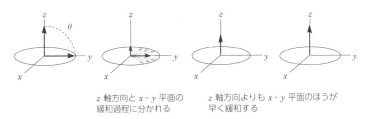

z 軸方向と x-y 平面の
緩和過程に分かれる

z 軸方向よりも x-y 平面のほうが
早く緩和する

図 2.5 ベクトルモデルで表した緩和現象

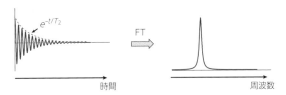

図 2.6 時間の関数である FID を FT すると周波数の関
数であるスペクトルが得られる

実験室座標系と回転座標系　メリーゴーラウンドに乗っている子どもで説明され
ることが多い．観測者がメリーゴーラウンドに乗っていない場合には，その回転
に従って子どもが円を描いて回っているように見える(実験室座標系)．しかし，観
測者もメリーゴーラウンドに乗ると，子どもと同じ角速度，同じ向きに動くために，
子どもは止まって見える(回転座標系)．二つの座標系を区別するために，実験室
座標系には x，y，z 軸，回転座標系には x'，y'，z' 軸が用いられることがある．

化学シフト　NMR で観測しているのは周波数の差であるため，本来なら横軸は周
波数になるはずである．しかし，その周波数差は観測周波数の $1/10^6$(ppm)オーダー
であるため，観測周波数で割った無次元数として化学シフトが用いられている．化
学シフトを用いる利点の一つは，磁場強度の異なる装置で測定したとしても環境
が同じ核は同じ化学シフトに観測されることにある．

周波数とがまったく同じであれば，y軸成分は単調に減衰するだけである．しかし，共鳴周波数と観測周波数との間に差があれば，FID はその差の周波数で振動しながら減衰する．時間の関数である FID をフーリエ変換すると周波数の関数に変換でき，周波数(化学シフト)と強度を座標とする NMR スペクトルが得られる．

> **縦緩和と横緩和**　エネルギーを吸収する共鳴現象が起こると，そのエネルギーを放出して元の状態へと緩和していく．その緩和速度は一次反応として扱うことができる．
>
> $$縦緩和：dM_z /dt = -k_1 (M_z - M_0) = -(M_z - M_0)/T_1,$$
> $$横緩和：dM_{x,y} /dt = -k_2 M_{x,y} = -M_{x,y}/T_2$$
>
> ここで，速度定数 k_1 と k_2 は 1/time の次元をもつことから，その逆数を時定数とするとそれぞれ縦緩和時間 (T_1) および横緩和時間 (T_2) が定義される．特に，T_1 は縦磁化の回復過程に関係するため，外部磁場強度が強くなると長くなる．また熱平衡状態では元の磁化の状態に戻る必要があることから必ず $T_1 \geq T_2$ が成り立つ．

2.3　装置

FT-NMR は大きく分けて四つの主要ユニットで構成される(図 2.7)．

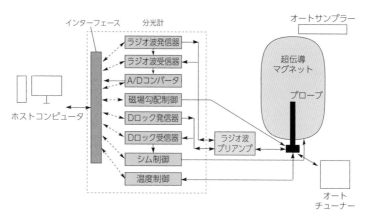

図 2.7　NMR 装置の概略図 [1)]

・超伝導マグネット：ニオブ合金鋼線製の超伝導ソレノイド磁石を用いて強い静磁場を発生させる．最近は漏洩磁場を低減させたセルフシールド型磁石が多い．
・分光計：rf の発信・受信やロック信号の発信・受信，磁場勾配制御，シム制御，温度制御などを行う．
・ホストコンピュータ：分光計を制御するための端末として用いられる．
・プローブ：超伝導マグネットの下部から挿入して検出部として使用する．プローブを入れ替えることで，種々の測定が可能になる．たとえば，溶液 NMR には溶液用の

プローブを，固体 NMR には固体用のプローブを用いる．
これら以外にも下記のような付属品がある．

・コンプレッサー：サンプルの出し入れやサンプルの回転，温度可変測定をするために
空気を送る．
・オートサンプラー：特に溶液 NMR の場合には，サンプルチューブ＋ホルダーを複
数用意してサンプルの出し入れを自動で行える．
・オートチューナー：プローブチューニングを自動で行える．

磁場強度の増加とともに，分解能や感度が上昇する．一般に装置の大きさは磁場強度
(T)ではなく，^{1}H の観測周波数を用いて表されることが多い．最近は 400 〜 600 MHz
の装置がよく使用されるが，800 MHz を超える超高磁場 NMR も使えるようになって
きている(現時点の最大は 1200 MHz)．

2.4　溶液 NMR

試料の調製→測定条件の設定→測定→データ処理の流れで NMR スペクトルが得ら
れる．具体的なフローチャートを図 2.8 に示す．

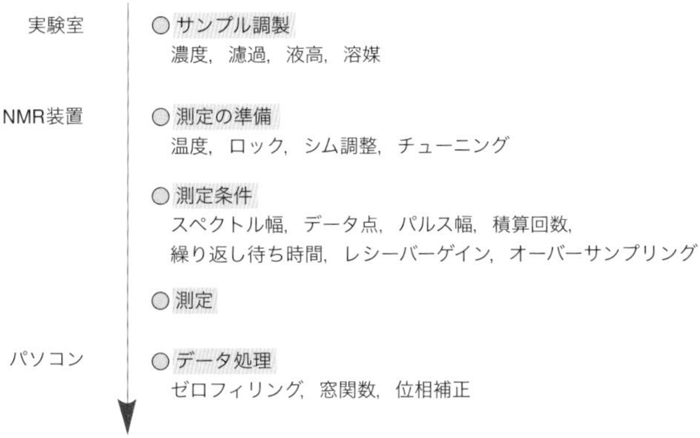

実験室　◯ サンプル調製
　　　　　濃度，濾過，液高，溶媒

NMR装置　◯ 測定の準備
　　　　　温度，ロック，シム調整，チューニング

　　　　　◯ 測定条件
　　　　　スペクトル幅，データ点，パルス幅，積算回数，
　　　　　繰り返し待ち時間，レシーバーゲイン，オーバーサンプリング

　　　　　◯ 測定

パソコン　◯ データ処理
　　　　　ゼロフィリング，窓関数，位相補正

図 2.8　溶液 NMR の測定手順

2.4.1　試料調製
(1)試料管
パイレックス製の直径 5 mm，長さ 180 mm の試料管を用いることが多い．キャッ
プがついているので，必ずこれを使用する．測定磁場が高くなるほど真円度(肉厚ムラ)
と反り(曲がり度合い)の小さい試料管が要求される．

【注意事項】
①NMR チューブは非常に薄くて割れやすいが，欠損した試料管をそのまま使用しては
いけない．

②試料番号などを書いたラベルを貼りつけたり，パラフィルムを巻いたりした状態で測
　定すると，バランスが崩れてしまう．
③使用後は，試料をよく溶かす溶媒で洗浄する．ブラシ（細長いチューブ専用のものが
　市販されている）を使うと，傷をつけるので極力避ける．最後に水またはメタノール
　ですすいでからよく乾燥させる．最後にアセトンを使うと，不揮発成分が残ることが
　ある．
④使用する 1 日前には洗浄して乾燥させる．使用する直前に溶媒で洗浄してドライヤー
　や乾燥機で乾燥させても，溶媒が必ず残る．
⑤最近では，汎用測定用として高品質のディスポーザブル試料管が安価に入手できるよ
　うになってきているため，利用を検討してもよいだろう．

(2)溶媒

　磁場は十分に安定しているが，わずかにドリフト，つまり時間に依存して磁場強度が
変動する．また，何らかの外因で磁場が摂動を受けると磁場強度がわずかに変化する．
磁場強度が変わると共鳴周波数が変わり，その結果として化学シフトも変わってしまう．
この磁場の微小変化を補償するために，FT-NMR では重水素（D）の共鳴を利用して，
磁場の均一性を保つ（フィールドロックまたは単にロック）．そのため，溶液 NMR に
は重水素化溶媒を用いるのが一般的である（表 2.2）．

【注意事項】
①試料を溶解させる溶媒を用いる．室温では溶解しなくても，温度を上げると溶解する
　場合もある．
②値段や溶解性から重クロロホルムまたは重水が最もよく用いられる．
③試料と反応する溶媒は用いない．ただし，試料と溶媒に活性水素があると D-H の交
　換は起こる．
④市販溶媒の重水素化率は 99.5 〜 99.95% 程度であるため，重水素化されていない溶
　媒のシグナルが観測される．また，$CDCl_3$ のような水と混和しない溶媒でも，極微
　量の水のシグナルは観測される．
⑤冷蔵庫などで保管されている沸点が低い溶媒を使用するときは，完全に室温まで戻し
　てから使用する．
⑥スクリューキャップ瓶などから少しずつ使用する場合は，実験室中の溶媒蒸気などが
　溶け込むことがある．また，ピペットやシリンジに吸い取った溶媒を戻すと，溶媒を
　汚染することがある．帰属できないシグナルが観測された場合は，溶媒が汚染されて
　いる可能性があるので，溶媒だけを NMR 測定してチェックする．

(3)基準物質

　化学シフトは相対値であるため，何かのシグナルを基準として設定する必要がある．
そのため，原則として測定試料ごとに基準物質を内部基準として加える．一般的な有機
化合物のシグナルとは異なるところにシグナルを与える，化学的に安定な化合物が基準
物質として用いられる．
　^1H および ^{13}C NMR の基準物質として TMS（テトラメチルシラン）がよく用いられ，
^1H，^{13}C NMR とも TMS のシグナルを 0 ppm にする．$CDCl_3$ などではあらかじめ

表 2.2　NMR で用いられる重水素化溶媒の化学シフトと沸点・融点

溶媒	δ (¹H)ᵃ	δ (¹³C)ᵃ	b.p.(°C)	m.p.(°C)
アセトン	2.051	29.83	56.5	−94
		206.70		
アセトニトリル	1.938	1.35	81.6	−45
		118.34		
クロロホルム	7.258	77.01	61.6	−63.5
ジクロロメタン	5.317	53.83	39.8	−95
DMF	2.743	30.11	153	−61
	2.914	35.21		
	8.022	162.70		
DMSO	2.500	39.46	189	18.5
水	4.757ᵇ	—	101.4	3.8
ジオキサン	3.529	66.49	101.1	11.8
メタノール	3.306	49.05	64.7	−97.8
THF	1.723	25.32	66	−108.5
	3.576	67.40		
ベンゼン	7.156	128.04	80.1	5.5
トルエン：CH₃	2.087	20.43	110.6	−95
C1	—	137.51		
C2,6	7.094	128.87		
C3,5	6.975	127.98		
C4	7.013	125.15		
ピリジン：C2,6	8.728	149.92	115	−42
C3,5	7.207	123.52		
C4	7.575	135.52		

a. 27 °C で TMS (1 wt/vol%)を基準にした値. b. TSP-d_4 を基準にした値.

TMS を添加したものが市販されている. TMS が溶けない重水などでは, DSS (3-(トリメチルシリル)-1-プロパンスルホン酸ナトリウム)や TSP-d_4(3-(トリメチルシリル)プロピオン酸ナトリウム -2, 2, 3, 3, -d_4) が用いられ, $(CH_3)_3$Si- 基のシグナルを 0 ppm にあわせる.

(4)不溶物の除去

ほこりや微粒子などの不溶物は局所磁場を歪め, 顕著な分解能の低下をまねく. 市販のガラスフィルターなどでろ過することが望ましい. パスツールピペットに少量の精製綿を詰めて溶液を通しても構わない (この前にその綿を少量の NMR 溶媒ですすぐとよい).

(5)濃度

あまり濃い溶液で ¹H NMR を測定すると放射減衰 (ラジエーションダンピング) によってシグナルが広幅化する. また, 高分子量のサンプルでは粘度が上がってしまい,

分解能も上がらない．シグナルとノイズの比（S/N 比）が十分であれば，濃度は低いほうがよい．特に基準はないが，^{1}H NMR で 1 wt%，^{13}C NMR で 10 wt% あれば十分である．ただし，微量成分のシグナルを観測したいときには濃くしてもよい．

もともと試料が少なく 0.1 wt% を下回ってしまうと，溶媒由来の不純物のシグナルとの区別が難しくなる．そのような場合は，3 mm 管や同軸二重試料管の内管を用いて，溶媒量を減らすとよい．

> ラジエーションダンピング　試料中の大きな核磁化によって誘導磁場が発生し，励起状態の核磁化からエネルギーが逃げやすくなり，核磁化が励起状態から平衡状態へ速く戻る現象．

(6)液高

いつも同じ高さにするのが望ましい．溶液 NMR の観測コイルにはソレノイド型コイルではなく鞍型コイルが使用されている．その大きさは縦方向に約 2 cm なので，±1 cm 余分にとって 4 cm にする．温度を変えて測定する際には，溶液の膨張収縮を考慮する必要がある．150 ℃などの高温で測定する際に液高が高すぎると，温度勾配ができて分解能が上がらない．逆に−78 ℃などの低温で測定する際に液高が低すぎると，試料溶液のメニスカスが磁場を乱してしまい分解能が上がらない．

2.4.2　測定装置の設定

(1)温度

化学シフトは温度によって変化する．NMR 装置は 1 年中空調の効いた部屋に置かれているが，温度制御装置（VT ユニット）で長時間（数日〜1 週間）の間，一定の温度に ±1 ℃以内で精度よく制御できるのは，室温より 5 ℃程度高い温度である．したがって，できるだけ 30 〜 35 ℃に温度を設定することが望ましい．また，高分子量の試料では，50 〜 110 ℃程度まで昇温して測定することが望ましい．溶液粘度の上昇による分解能の低下や，短い横緩和時間によるシグナルの広幅化を抑制することができる．

(2)ロック（フィールドロック）

分散モードの重水素のシグナル（ω_D）を観測して，このシグナルの中心が一定周波数に保たれるように磁場を調整している．つまり，観測に無関係な ω_D を固定するように磁場を調整することで，$\omega_D = -\gamma_D B_0$ の共鳴条件に従って B_0 が一定に保たれる．特に，^{13}C NMR のように測定時間が長い場合はロックが必須である．最近の装置では自動的にロック調整を行うオートロックが標準である．

【注意事項】
①重水素シグナルの励起に使われるロック送信機のパワー（ロックレベル）は用いる溶媒によって変わる．DMSO-d_6 のような重水素が多い溶媒は CDCl$_3$ よりも弱いパワーで十分である．パワーを上げすぎると飽和して安定しない．
②ロックゲインはロックシグナルを検出するための増幅率である．あまり上げすぎるとノイズを拾うのでよくない．

③どうしてもロックがかからないときは，位相がずれていることが考えられる．そのときは，ロックフェーズ(位相)を調整して，分散モードの線形になるようにする．
④重水素のシグナルが複数ある溶媒の場合は，信号強度が強いシグナル(たとえば重トルエンでは CD_3 基)でロックをかける．

(3)シム調整

超伝導コイル(メインコイル)だけでは磁場が均一にはならないので，超伝導シムコイル(スーパーシム)を使って磁場の均一性を上げている．しかし，サンプルを挿入するたびに磁場が乱れるので，室温シムコイル(ルームシム)を使ってシム調整を行う．最近の装置では，オートシムや磁場勾配を用いて三次元的にシム調整を行うグラジエントシムが標準で付属している．

(4)チューニング

NMR は非常に感度の低い分析法である．コイルが試料に rf パルスを送り，弱い NMR シグナルを効率よく拾うためには，コイル回路の電気特性が最適化されている必要がある．この最適化にはチューニングとマッチングがあり，チューニングは測定対象核の周波数にコイルを同調させ，マッチングはコイルのインピーダンスを調整してコイルの送受信効率を高めている．最近の装置では，チューニングを自動的に行うオートチューンユニット(分光計およびプローブの両方が対応している必要がある)がついているものが多い．チューニングの回路などついては 2.5.3 項(4)プローブチューニングも参照のこと．

【注意事項】
①チューニングとマッチングは独立しているわけではないので，チューニングとマッチングを交互に繰り返しながら最適条件を見つける．
②^{13}C などの感度が低い核を測定する際には必ず行う．この場合，デカップリング効率にも関係するので，^{1}H のチューニングも行う．

デカップリング　隣接する核のスピン状態によって，シグナルが複数本に分裂することをスピン−スピン結合またはスピン結合という (2.4.5 項参照)．このシグナルの分裂は化学構造を解析するうえで非常に重要な情報となるが，感度の低い核種の測定では S/N 比の低下につながる．このスピン結合を消去して S/N 比を向上させる方法をデカップリングという．

2.4.3　測定条件の設定
(1)スペクトル幅

実際に測定する周波数範囲のことをスペクトル幅 (SW) という．一般的な化合物のシグナルは，^{1}H NMR では 0 〜 10 ppm，^{13}C NMR では 0 〜 200 ppm に観測されることから，^{1}H NMR では 15 ppm 程度，^{13}C NMR では 250 ppm 程度の範囲がデフォルトで設定されていることが多い．実際の SW の単位は周波数 (Hz) なので，測定核が同じで化学シフト幅が同じあっても，使用する装置の磁場強度によって SW は変化する．

【注意事項】
①酸などの ^{1}H シグナルは 10 ppm より低磁場 (高周波数) 側に，有機金属錯体のシグナルは 0 ppm よりも高磁場 (低周波数) 側に観測されることがある．観測周波数の外のシグナルは折り返しピークとして観測される．他のシグナルの位相はあうのに折り返しピークの位相だけがずれていることが多い．このような場合は，スペクトル幅を広げて測定してシグナルが移動するかどうか確認する必要がある．

(2)データ点

FT-NMR では，FID データ(アナログ)をコンピュータで処理するために一定間隔でサンプリングしてデジタルデータに変換している．つまり，NMR スペクトルは線で得られるわけではなく点として得られ，その点をつないで線のように見せている．一般的に，時間領域のデジタルデータの数 (TD) を 16K(2^{14} = 16,384)か 32K $(2^{15}$ = 32,768)に設定して測定することが多い．

SW (Hz) と周波数領域のデータ数 (N) によって，得られるスペクトルのデジタル分解能(DR)が決まる．

DR = スペクトル幅 / データ数 = $2SW/TD$ (Hz) = SW/N (Hz)

ここで，$N = TD/2$ である．

【注意事項】
①規則的に振動するシグナルを正確に表すには，1 波長につき少なくとも 2 点のデータが定義されなければならない (サンプリング定理)．そのため，周波数 F Hz のシグナルを表すには少なくとも $2F$ Hz の速度でサンプリングする必要がある (Nyquist 条件)．データサンプリングの時間的な間隔をドエル時間 (dwell time：DW) といい，次式で与えられる．

$$DW = \frac{1}{2SW}$$

データ点を多く設定すると DR は向上するが，データの取込み時間$(DW \times TD)$が長くなるのでノイズ成分も多くなって S/N 比が小さくなる．そのため，むやみにデータ点を多くすることは避ける．

(3)パルス幅(フリップ角)

rf パルスの照射によって，M_0 が倒れていく角度をフリップ角という (2.2.2 項参照)．FID は熱力学的平衡状態からずれた磁化ベクトル M_0 の y 軸成分が緩和していく過程をモニタリングしているから，90° パルスがもっとも信号が強くなる．180° パルスや 360° パルスでは y 軸に成分がないため信号は観測されず，270° パルスでは 90° パルスと同強度の負のシグナルが観測される (2.5.2 項参照)．^{1}H NMR では 45° パルスや 60° パルスを用いることが多い．^{13}C 核は ^{1}H 核よりも緩和時間が長いので，^{13}C NMR では 30° パルスを用いることが多い．ただし，ポリマーなどの緩和時間の短い試料では 60° パルス以上の長いパルスを使って感度を上げることもできる．

デジタル分解能　スペクトル中で隣接したデータ点間の周波数(Hz)のことである．これは，磁場の均一性に関連するスペクトルの「分解能」とは異なる．

時間領域と周波数領域のデータ数　時間 t の関数 $f(t)$ である時間領域のデータ(FID)を複素 FT することで，周波数 ω の関数 $f(\omega)$ である周波数領域のデータ(スペクトル)を得ている．この際，FT によって実数部 $R(\omega)$ と虚数部 $I(\omega)$ に分けられるが，実数部だけを利用してスペクトルを表示する．そのため，FT 後にデータサイズが半分になる．

$$f(\omega) = \int_{-\infty}^{\infty} f(t)\mathrm{e}^{-\mathrm{i}\omega t}dt = R(\omega) + \mathrm{i}I(\omega)$$

(4) 積算回数

NMR は感度が低いため，パルスを繰り返し照射して S/N 比を上げる．シグナルは積算回数 n に比例して増加するが，ノイズも n の 0.5 乗に比例して増加する．そのため，S/N 比は積算回数の平方根に比例する ($\sqrt{n}$)．^{1}H NMR では，8 回か 16 回がデフォルトで設定されていることが多い．微量成分などのシグナル強度の小さい信号を観測する場合には積算回数を増加させる．その場合は 64 回，128 回，256 回のように，2^n になるように設定する．^{13}C NMR は感度が低いために，512 回か 1024 回がデフォルトで設定されていることが多い．緩和時間が短く線幅の広いシグナルを与える試料では，数千回や数万回に設定することもある．

(5) 繰り返し待ち時間

rf パルスの照射とデータの取り込みとを繰り返すことで積算する．このとき，データ取り込み時間(acquisition time：AT)のあとに待ち時間(delay time：DT)を設定する．そのため，パルス幅 (pulse width：PW)，データ取り込み時間と待ち時間を合わせるとパルスを照射する間隔であるパルス繰り返し時間 (pulse repetition time：T_R)が決まる(図 2.9)．

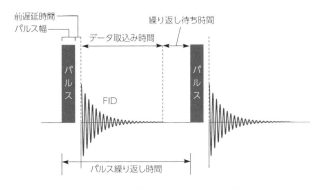

図 2.9　シングルパルス実験の基本構成

前遅延時間　シグナルはパルス照射直後に一番強くなる．そのため，パルス照射直後からデータの取り込みを始めるのが理想的であるが，パルスによって磁場が乱れているため，わずかにデータ取り込みを待つ時間を設定している．その時間を前遅延時間（dead time）という．

90°パルスの直後，すなわちz磁化が全くないところからz軸方向に緩和していく過程は指数関数で表され，その回復過程は図2.10のようになる．

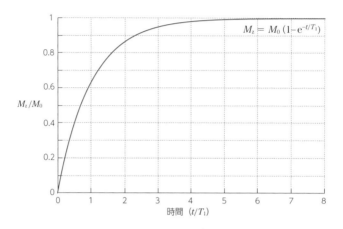

$$M_z = M_0 (1 - e^{-t/T_1})$$

図 2.10　90°パルス直後からのz軸方向の磁化の回復過程

この図から90°パルスを用いた場合には，z磁化が回復するためには少なくとも縦緩和時間（T_1）の5倍ほどの時間が必要であることがわかる．つまり，90°パルスを用いる場合には，T_RをT_1の5倍以上に設定しなければ定量性のよいスペクトルが得られない．T_1は反転回復法で求めることができる．

反転回復法　180°パルスを照射した後，時間τだけ待って90°パルスを照射する．τ = 0であれば270°パルスなので負のシグナルが得られる．待ち時間τの間にz軸のマイナス方向にある磁化は緩和していき，あるところでゼロになる（$τ_0$）．このときに90°パルスを照射してもシグナルは得られない（null ポイント）．さらに待つと磁化はz軸のプラスの方向に現れ，90°パルスによって正のシグナルが得られる．$τ_0$とT_1との間には下式が成り立つことから，待ち時間（τ）を変えて測定してτ$_0$を求めればT_1を算出できる．

$$τ_0 = T_1 \ln 2 = 0.693\, T_1$$

T_1に比べてT_Rが短いと，十分に磁化が回復できずS/N比が低下する．極端な場合にはシグナルが観測されなくなる．このような現象を飽和という．一方，90°パルスを

用いて熱平衡状態に戻るのを待っていると，効率的な積算ができない．このような場合はエルンスト角を考えて条件を設定するとよい．

^{13}C 核は ^{1}H 核よりも T_1 が長い．特に，第四級炭素の緩和時間は H が結合している ^{13}C 核の緩和時間よりもかなり長い．実際の化合物には T_1 が異なる何種類もの ^{13}C 核が含まれるため，すべての信号について積算効率を同時に最大にすることはできない．また，^{13}C NMR では通常 ^{1}H デカップリングを行っており，NOE などによってシグナルに定量性がない．そのため，30° や 45° パルスなどの短めのパルス幅を用いて積算回数を稼ぐほうが S/N 比のよいスペクトルが得られることが多い．

エルンスト角　ある一定時間の積算条件で得られる S/N 比を積算効率という．この積算効率を最大にするフリップ角 (θ) のことをエルンスト角といい，T_1 と T_R から下式で求めることができる．

$$\cos\theta = \mathrm{e}^{-T_R / T_1}$$

NOE　ある核スピンが共鳴する電磁波を照射したときに，空間的に近い他のスピンが双極子−双極子相互作用を受けることでそのシグナル強度に変化が生じる現象を核オーバーハウザー効果（NOE）という．

---

(6) レシーバーゲイン

観測コイルの感度のようなもの．低く設定するとシグナルの感度が落ち，高く設定するとオーバーフローしてベースラインがうねる．通常の一次元測定では，A/D コンバータのダイナミックレンジを有効に使うためにオートゲインを設定するとよい．

二次元測定などでは観測コイルの感度を一定に保つ必要があるため，一次元スペクトルをオートゲインで測定し，そのときの値を設定する．

ダイナミックレンジ　識別可能な信号の最小値と最大値との比率のこと．16 bit の A/D コンバータでは，最強のピークに対して $1/2^{16} = 1/65,536$ の強度のピークまで識別できる．レシーバーゲインが適切に設定されていないと，有効ビット数が小さくなる．その結果として，デジタル化の際に生じるノイズ（量子化誤差）が大きくなり，S/N 比の低下につながる．

---

(7) オーバーサンプリング

サンプリング定理が要求する速度よりも N 倍短い間隔でサンプリングすることをオーバーサンプリングという．SW が N 倍に広がり，ノイズが分散される．たとえば，SW を 4 倍にすると理論上ノイズレベルは 1/2 になる．デフォルトでは 8 倍などに設定されていることが多い．実際の測定では，デジタルフィルタを使用して SW のデータサイズへと間引かれる．このときにデータが平均化されるため，量子化誤差が小さくなり，S/N 比が向上する．

2

400 〜 500 MHz の装置での設定パラメータの例

^{1}H NMR（低分子）
温度：30 ℃
スペクトル幅：15 ppm
ポイント数：16K か 32K
パルス幅（フリップ角）：45°
繰り返し待ち時間：繰り返し時間が 15 s 程度になる時間.
積算回数：8 回

^{1}H NMR（高分子）
温度：50 〜 110 ℃
スペクトル幅：15 ppm
ポイント数：16K か 32K
パルス幅（フリップ角）：60°
繰り返し待ち時間：繰り返し時間が 10 s 程度になる時間.
積算回数：16 回

^{13}C NMR（低分子）
温度：30 ℃
スペクトル幅：250 ppm
ポイント数：16K か 32K
パルス幅（フリップ角）：< 45°
繰り返し待ち時間：繰り返し時間が 3 s 程度になる時間.
積算回数：1024 回

^{13}C NMR（高分子）
温度：50 〜 110 ℃
スペクトル幅：250 ppm
ポイント数：16K か 32K
パルス幅（フリップ角）：> 60°
繰り返し待ち時間：繰り返し時間が 2.5 s 程度になる時間.
積算回数：5000 〜 20,000 回

2.4.4 データ処理
(1)ゼロフィリング

　取得したデジタルデータの後ろにゼロのポイントを足して，人工的に DR を向上させる方法をゼロフィリングという．たとえば，DR が 1.0 Hz/point のスペクトルについて，データポイント数を 2 倍にする（1 回のゼロフィリング）と DR は 0.5 Hz/point となり，4 倍にする（2 回のゼロフィリング）と DR は 0.25 Hz/point になる（図 2.11）．特に，SW が広い ^{13}C NMR スペクトルなどでは行うほうがよい．ただし，ゼロフィリングは

データ点が増えることで見かけ上の DR が向上するだけなので，新たに情報が加えられるわけではない．

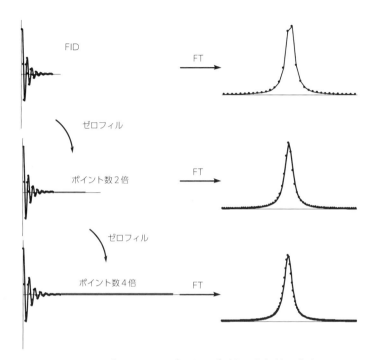

図 2.11 ゼロフィリングによるデジタル分解能の向上

(2)ウィンドウ関数(窓関数)処理

　データの概観や情報量を向上させるために，FID にウィンドウ関数と呼ばれる数学的な重み関数を適用することがある．NMR シグナルはデータ取り込みを始めたときに最も強く，時間とともに指数関数的に減衰していく．しかし，ノイズの振幅は一定である．つまり，FID は後ろにいくほど相対的にノイズの寄与が大きくなる．そこで，指数関数を掛けて FID に含まれる NMR シグナルの寄与を強くすれば，S/N 比の向上につながる．FID はもともと指数関数的に減衰しているため，指数関数を掛けても定量性は保たれる．

　また，ポリマーなどの緩和時間の短い試料では，FID の最初の 10 〜 20% にしか NMR シグナルが含まれていないことがあり，その場合には台形関数が有効である．たとえば，FID の 40 〜 50% に掛けて 100 から 0 になるような関数を掛ければ，FID の後ろ半分が 0 になってノイズがなくなり，S/N 比の向上につながる．

(3)位相あわせ

　FID にはコサイン成分とサイン成分が含まれる．複素 FT をすると，コサイン成分(実数部) は吸収型スペクトルに，サイン成分 (虚数部) は分散型スペクトルに変換される．このうち，実数部だけを用いて NMR スペクトルが表示される．もし位相があってい

ないと吸収型スペクトルに分散型スペクトルが混ざることになり，定量性に問題を生じる．

2.4.5　スペクトルの見方
(1)　^{1}H NMR スペクトル

^{1}H NMR 解析では以下の 3 点が重要となる．
・化学シフト
・カップリング
・積分強度

＜化学シフト＞

　化学シフトは二つの要素で決まる．一方は電子密度で，他方は磁気的異方性効果である．ある ^{1}H 核が外部磁場におかれると，近くにある電子が外部磁場を打ち消すような磁場を生成する（図 2.12）．これを遮蔽（しゃへい）効果という．この遮蔽効果の大小によって ^{1}H 核が実際に感じる磁場強度が変化する．その結果，共鳴周波数も変化し，化学シフトの差として観測される．具体的には，電気陰性度の高い元素（酸素やハロゲンなど）が結合した炭素上の ^{1}H 核は遮蔽効果が小さくなるため，高周波数側（低磁場側）にシフトする．

> **低磁場・高磁場**　化学シフトが大きいほうを低磁場，小さいほうを高磁場という．これは，FT-NMR の前に普及していた磁場掃引型の連続波（continuous wave：CW）NMR を使っていた頃の名残である．そのため，FT-NMR では高周波数・低周波数という用語のほうが実際の現象を的確に表しているが，低磁場・高磁場という用語も慣例として使われている．

　アルケンやベンゼン環のような二重結合を含む官能基は平面構造をしている．二重結合は σ 結合と π 結合からなるが，σ 電子に比べて π 電子は動きやすい．そのため，π 電子が環電流を生じて外部磁場を打ち消すような誘起磁場を作り，平面構造の上下にある原子核は強い遮蔽効果を受ける．しかし，アルケンやベンゼン環に結合した ^{1}H 核の位置では，誘起磁場と外部磁場の方向が一致している（反遮蔽効果）．そのため，実際に感じる磁場強度が強くなり，高周波数側（低磁場側）にシフトする（図 2.12）．特に，平面六員環であるベンゼン環の環電流効果は強く，大きく高周波数側（低磁場側）にシフトする．誘起磁場による影響が平面内と平面の上下とで異なることから，これらを磁気的異方性効果という．

　以上の二つの効果に加えて，立体構造などの分子構造や溶媒・温度・濃度などの測定条件によって化学シフトは変化する．しかし，化学構造と化学シフトとの間には大まかな相関があることから，化学シフトがわかれば骨格構造の概要をつかめる（図 2.13）．

＜カップリング＞

　^{1}H 核は磁気モーメント μ をもち，小さな磁石のように考えることができる．そのため，ある ^{1}H 核に隣接する ^{1}H 核が α- スピンのときと β- スピンのときで実際に感じる磁場

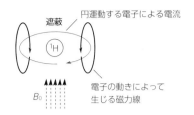

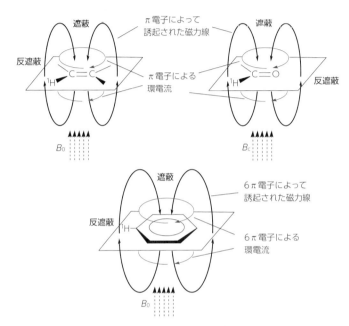

図 2.12 電子による遮蔽および反遮蔽効果

強度が変化し，2 本に分裂する．これをスピン－スピン結合またはスピン結合という．分裂の間隔は外部磁場強度に依存しない．そのため，Hz 単位で表される．これをスピン結合定数またはカップリング定数といい，^nJ で表される．n はスピン結合している二つのスピン間を結ぶ結合の数である．

　スピン結合するスピンの集団をスピン系と呼ぶ．スピン系を区別するために以下のような命名法がある[2]．

・異なるスピンには異なるアルファベット（大文字）をあてる（たとえば A や M, X など）．
・化学シフトが近い場合は近いアルファベット（たとえば AB），離れている場合は離れたアルファベット（たとえば AX）を使う．
・磁気的に等価なスピンは同じアルファベットで表し，その数を下付きの数字で表す（たとえば A_2B_2 や A_2X）．
・3 種類あるいはそれ以上のスピンの種類がある場合は，アルファベットを適当に離して用いる（たとえば ABX や A_2MX_2）．
・化学的には等価であるが磁気的に非等価なスピンに対してはアルファベットのほうに

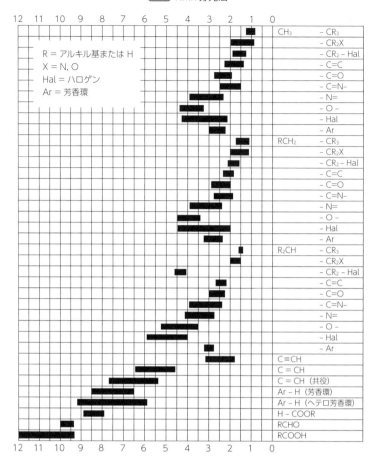

図 2.13　化学構造と ^{1}H 化学シフトとの関係 [2)]

「'」をつける（たとえば AA'BB' や AA'X）．

　いくつかのスピン系について具体例を下に示す．

AX スピン系：スピン結合定数（J_{AX}）

　A と X のシグナルがそれぞれ 2 本に分裂する（図 2.14）．スピン結合定数はいずれのシグナルでも同じになる．それぞれのシグナルの化学シフトは 2 本に分裂したシグナルの中心になる．

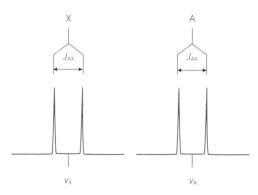

図 2.14　AX スピン系のスペクトルの模式図 [2)]

AMX スピン系：スピン結合定数$(J_{AX} > J_{AM})$

　A は M と X の両方とスピン結合しているが，M と X はスピン結合していない場合を考える．M と X のシグナルは A とのスピン結合によってそれぞれ 2 本に分裂する．A のシグナルは X とのスピン結合によって 2 本に分裂し，M とのスピン結合によってさらに分裂をする．結果的に 4 本に分裂する（図 2.15）．それぞれのシグナルの化学シフトは分裂したシグナルの中心になる．

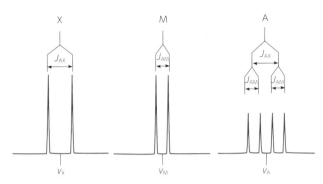

図 2.15　AMX スピン系のスペクトルの模式図[2]

AX$_2$ スピン系：スピン結合定数(J_{AX})

　AMX スピン系でも $J_{AX} = J_{AM}$ になると AX$_2$ スピン系になる．A のシグナルは同じスピン結合定数で 2 回分裂することになり，4 本になるシグナルのうち 2 本が同じ場所に現れるので，1:2:1 の強度比で 3 本に分裂する（図 2.16）．それぞれのシグナルの化学シフトは分裂したシグナルの中心になる．

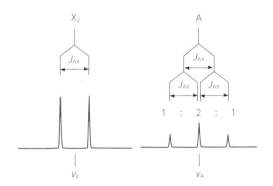

図 2.16　AX$_2$ スピン系のスペクトルの模式図[2]

　隣接する n 個のスピンとカップリングする場合は AX$_n$ スピン系となり，$(n+1)$ 本に分裂する．多重線を構成するピークの相対強度はパスカルの三角形で表される（表 2.3）．ただし，A と X の化学シフトの差が小さくなってくると，ルーフ効果によって相対強度が変わる[3]．

表 2.3　AX_n スピン系の A のシグナルのパターン

隣接するスピンの数	線の本数(シグナル多重度)	ピークの相対強度
0	1 (singlet)	1
1	2 (doublet)	1 : 1
2	3 (triplet)	1 : 2 : 1
3	4 (quartet, quadruplet)	1 : 3 : 3 : 1
4	5 (quintet, quintuplet)	1 : 4 : 6 : 4 : 1
5	6 (sextet)	1 : 5 : 10 : 10 : 5 : 1
6	7 (septet)	1 : 6 : 15 : 20 : 15 : 6 : 1

　スピン結合は結合電子を介して伝わる相互作用である．そのため，二つのスピン間の結合の数が増えるとスピン結合定数は小さくなる傾向がある．また，電子密度の高い二重結合などでは相互作用が強くなるため，多重結合を介するとスピン結合定数は大きくなる傾向がある．

　ルーフ効果　AB や AX スピン系ではそれぞれ 2 本に分裂したシグナルの強度は等しいはずである．このようなスペクトルを一次スペクトルという．実際にはルーフ効果によって，両端シグナルの相対強度がわずかに小さくなる．A と B（または A と X）の化学シフトの差 $\Delta\nu$ を Hz の単位で表したものをスピン結合定数 J(Hz) で割った値が小さくなっていくと対称性のくずれたスペクトルが得られる．このようなスペクトルを二次スペクトルという．二次スペクトルの場合，その化学シフトは 2 本のシグナルの重心になる．特に，$\Delta\nu/J=2$ では 2 種類の doublet なのか 1 種類の quartet なのか判別がつきにくい．このような場合には，溶媒などを変えて測定したり，磁場強度を変えて測定したりすると判別できる（外部磁場強度が高くなるほど $\Delta\nu$(Hz) は大きくなるので，ルーフ効果による影響は小さくなる）．

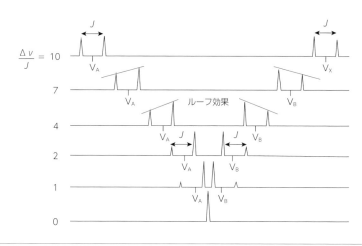

ジェミナルスピン結合定数：$^2J_{HH}$

多くの化合物で見られるスピン結合で，下に示す通り負の値をとることが多い．結合角や近傍の原子の種類などによって大きく変動する．

$$>C<^H_H \quad -20\sim-10Hz \qquad =C<^H_H \quad -3\sim+7Hz$$

ビシナルスピン結合定数：$^3J_{HH}$

有機化合物の構造や立体化学の解析に役立つスピン結合で，下に示す通り正の値をとる．C–C 結合の結合長や H–C–C の結合角，H–C–C–H の二面角に依存して大きく変動する．特に，C–C 単結合を通じての ^3J を二面角 ϕ の関数とするカープラスの式（$^3J = A\cos^2\phi + B\cos\phi + C$）は，回転の固定された系の立体構造の決定に広く用いられている（図 2.17）．ただし，具体的な数値は定数項によって変動するため，だいたいの傾向を示すものとして扱うほうがよい[2]．

$$H-C-C-H \quad 5\sim10Hz \qquad >C=C<^H_H \quad 3\sim18Hz \qquad >C=C<^H_H \quad 12\sim24Hz$$

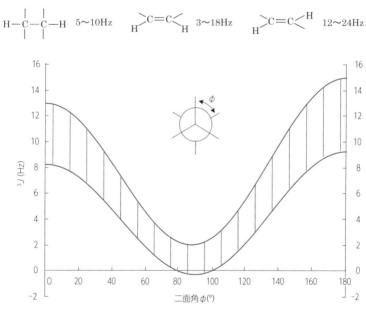

図 2.17　^3J と二面角 ϕ との関係[3]

遠隔カップリング

結合 4 本以上を隔てたスピン結合定数は 1 Hz よりも小さいので観測されないことが多い．二環あるいは多環系化合物では分子構造によって W 型配座に固定されたり多重結合を介したりするときに観測されることがある．

^{13}C とのカップリング

天然存在比 1.1% である ^{13}C 核に結合した ^1H 核は $^1J_{CH}$ で 2 本に分裂する．^{12}C 核に

結合した ^{1}H 核のシグナルの両脇に 1/200 の強度で観測され，^{13}C サテライトと呼ばれている．炭素の混成状態によって $^1J_{CH}$ 値がかなり変化する（125 〜 200 Hz）．

スピン結合定数の符号 [3]　　スピン結合定数は負の値をとることもある．たとえば，A と X の二つのスピンを考える．外部磁場によってそれぞれゼーマン分裂を起こし，四つのエネルギー準位に分かれる．$J_{AX} = 0$ であれば A と X の分裂に相手のスピン状態（α-スピンもしくは β-スピン）は関係ない．しかし，スピン結合がある場合には相手のスピン状態によって分裂の大きさが変化する．A が α-スピンのときのほうが X の分裂が小さくなるときには J を正の値で表し，大きくなるときの J を負の値で表す．ただし，J の正負がスペクトルの外観に影響を及ぼすことはない．

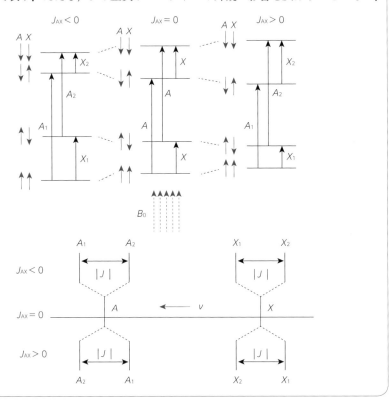

＜積分強度＞

　各シグナルの面積比はそれぞれの ^{1}H 核の存在比に対応している．面積は積分強度として求められる．半値幅の 5 倍の範囲を積分すれば，正確に定量することができる．実際にはシグナルどうしが近くにあって半値幅の 5 倍の範囲を積分することが難しいので，スペクトルの形状によって積分範囲を決める．ただし，半値幅に対して 2 倍の範囲を積分したものと 5 倍の範囲を積分したものを比べると，定量性が低下する．また，正確な値を得るためにはベースラインのとり方や位相が重要となる．

　水やアルコール，カルボン酸，アミドなどの活性水素のシグナルはブロードニングする．そのため，積分強度の基準に用いることは避けるべきである．活性水素のシグナルかどうかを判断するためには温度を変えて測定すればよい．活性水素のシグナルの場合，温度を上げると水素結合が弱くなり，低周波数側(高磁場側)にシフトするので判別が容易である．

(2) ^{13}C NMR スペクトル

　^{13}C NMR 解析では以下の 2 点が重要である．
・化学シフト
・シグナルの数

<化学シフト>

　化学シフトが決まる要素は ^{1}H NMR と基本的に同じである．ただし，化学シフトの範囲が 20 倍ほど広い．さらに，第四級炭素やカルボニル炭素のような ^{1}H NMR では観測されない ^{13}C 核のシグナルも観測されることから，化学シフトによって骨格構造の概要をさらに詳細に知ることができる(図 2.18)．

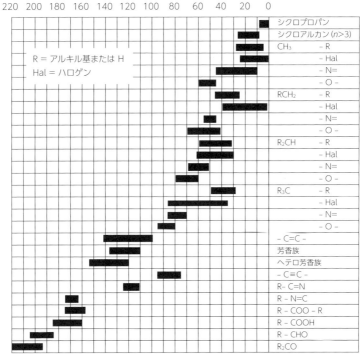

図 2.18　化学構造と ^{13}C 化学シフトとの関係[2)]

DEPT　distortionless enhancement by polarization transfer の略で，分極移動を利用した測定法の一つ．最も簡単な NMR 実験では rf パルスを照射してすぐにデータの取り込みを行うが（シングルパルス），DEPT では複数の rf パルスを照射する（マルチパルス）．^{1}H 核とのスピン結合を利用した測定法なので，第四級の ^{13}C 核の信号は現れない．一般に，分極移動に用いるフリップ角を 45°（DEPT45），90°（DEPT90），135°（DEPT135）に変えて測定する．それぞれの測定で観測される ^{13}C 核の種類やシグナルの符号が変わることから，級数の情報を得ることができる．

DEPT で観測される ^{13}C 核の級数と符号

	CH	CH$_2$	CH$_3$
DEPT45	+	+	+
DEPT90	+	0	0
DEPT135	+	−	+

符号はシグナルの向きを表し，0 は信号が現れないことを示す．

＜シグナルの数＞

^{13}C 核の感度は ^{1}H 核の 1/6000 しかない（表 2.1）．そのため，隣接する ^{1}H とのカップリングによってシグナルが分裂すると，S/N 比がさらに低下する．一般的には，^{1}H 核を広帯域デカップリングすることで，シグナルを単純化している．そのため，磁気的環境の異なる ^{13}C 核の数だけシグナルが観測される．

＜ ^{1}H NMR 解析との違い＞

^{13}C NMR では ^{1}H 核の共鳴周波数を照射し続けて，α–スピンと β–スピンとの区別がつかないようにデカップリングしている．そのため，NOE によるシグナル強度の増大が起こる．^{13}C 核の級数や測定条件などによって NOE の大きさが変わることから，シグナル間の定量性はなくなる．

また，デカップリングするとシグナルが 1 本になることから，^{13}C 核の級数の情報がなくなってしまう．^{13}C NMR で級数情報を得る測定方法はいくつかあるが，DEPT 測定が最もよく使われる．

2.4.6　二次元 NMR

シングルパルス実験では横軸（x 軸）が周波数（化学シフト）で縦軸（y 軸）が強度のスペクトルが得られる（一次元 NMR スペクトル）．マルチパルス実験ではパルスの組み合わせによって，横軸と縦軸が周波数で，x–y 平面に垂直な方向が強度を表すスペクトルを得ることができる．このようなスペクトルを二次元 NMR スペクトルという．縦軸の種類によって大きく二つに分類される．縦軸がスピン結合定数のものは二次元 J 分解スペクトル（J resolved spectrum）と呼ばれ，両軸とも化学シフトのものは二次元（シフト）相関スペクトル（correlation spectrum）と呼ばれる．歴史的には J 分解スペクトルが先に開発されたが，現在では相関スペクトルが用いられることが多く，特に

^{1}H–^{1}H および ^{1}H–^{13}C 化学シフト相関スペクトルがよく用いられる.

二次元 NMR 実験の概略図を図 2.19 に示す. シングルパルス実験では準備期 (preparation) と検出期だけであるが, 二次元 NMR 実験ではその間に展開期 (evolution) と混合期 (mixing) が入る. 準備期と混合期は一つまたは複数のパルスと待ち時間によって構成され, 実験の目的によってその内容が変わる.

^{1}H–^{1}H 間のシフト相関を求める方法である H–H COSY (correlation spectroscopy) のパルスシーケンスを用いて具体的に説明する. 展開期の時変数 t_1 を規則的に変化させながら測定を行うと, t_1 の関数として変調された FID (時変数 t_2 の関数) が得られる. まず t_2 に関して FT を行うと横軸が (f_2 軸) が周波数軸で縦軸が時間軸 (t_1 軸) のスペクトルが得られ, さらに t_1 に関して FT を行うと横軸 (f_2 軸) も縦軸 (f_1 軸) も周波数軸となった二次元スペクトルが得られる (図 2.20).

実際の二次元 NMR スペクトルは図 2.21 のように横軸と縦軸が一次元スペクトルである等高線図で表される. 対角線上の信号を対角信号 (diagonal peak) と呼び, 対角線から外れたところに現れる信号を相関信号 (correlation peak) または交叉信号 (cross

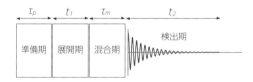

図 2.19 二次元 NMR 実験のパルスシーケンスの概略図

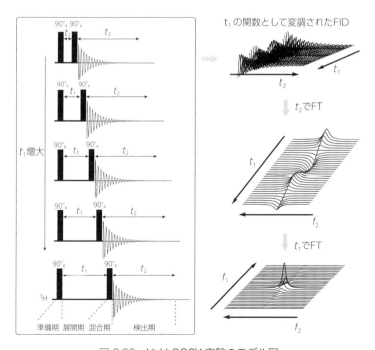

図 2.20 H–H COSY 実験のモデル図

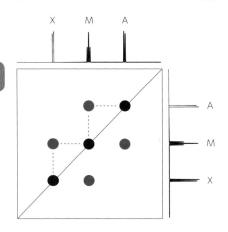

図 2.21　H–H COSY スペクトルの模式図

peak）と呼ぶ（図 2.21）．A と M との間および M と X との間に相関信号が観測されたことから，M は A と X の両方とスピン結合しているが，A と X との間にはスピン結合がないことがわかる．

　H–H COSY の二つ目の 90°パルスの前後に 0.1 ～ 0.4 s 程度の遅延時間 Δ を入れると，遠隔カップリングによる相関ピークを検出することができる（遠隔 H–H COSY）．また，H–C COSY 測定を行うと ^{1}H 核と ^{13}C 核との間のカップリングによる相関を検出することができる．最近の装置では，直接結合した ^{1}H 核と ^{13}C 核との間のカップリングを ^{1}H 核で検出する HMQC（heteronuclear multiple quantum coherence）や結合 2 本ないし 3 本を隔てた ^{1}H 核と ^{13}C 核との間のカップリングを ^{1}H 核で検出する HMBC（heteronuclear multiple bond correlation）などのインバース測定が簡便に行えるようになってきた．インバース測定では ^{12}C に結合した ^{1}H 核に由来するノイズ（t_1 ノイズ）の消去が問題になるが，パルス磁場勾配（pulsed field gradient: PFG）を利用することで除去できる．

　双極子カップリングの NOE を検出に利用すると NOESY（nuclear Overhauser enhanced spectroscopy）測定が行える．空間的に近い ^{1}H 核の間で相関ピークが観測されることから，立体化学の解析に有用である．また，PFG を利用すると溶質の拡散係数でシグナルを分離する DOSY（diffusion-ordered spectroscopy）測定を行うことができる．なお，二次元 NMR のようなマルチパルス測定では 90°パルスや 180°パルスを複数回照射するので，測定前に 90°パルスの正確なパルス幅を求めておく必要がある（2.5.2 項参照）．

2.5　固体 NMR

2.5.1　固体状態と溶液状態の違い

　固体高分解能 NMR スペクトルを測定するためには，固体用プローブ，試料管をマジック角で高速に回転する（Magic-Angle Spinning：MAS）ためのエアーコントローラー，高出力ラジオ波照射用の高出力アンプが必要である．固体 NMR 法で用いる試料管は，ジルコニア製（ZrO_2，瀬戸物と同じ）の胴体（スリーブ）の上下に Vespel$^®$ や Torlon$^®$ といったポリアミドイミド系，あるいはテフロン$^®$ 系のポリマーで蓋をする形式の試料管（ローター）を用いる．

　NMR スペクトルに現れる相互作用のうち，$I = 1/2$ の核種のスペクトル形状に影響を及ぼすのは，化学シフト，同種核および異種核間のスピン結合，双極子−双極子相互作用である．溶液 NMR スペクトルでは化学シフト項が平均化されて等方化学シフトとなり，スピン結合（数 Hz ～ 200 Hz 程度）が出現する（2.4.5 項）．固体試料では，溶液状態で観測される相互作用に加えて，巨大な双極子−双極子相互作用（数 10 ～数

固体 NMR 測定用プローブとローター　A：固体 NMR 用プローブ（phenix 社：http://phoenixnmr.com/）とプローブ内部の例（Doty Scientific 社：http://dotynmr.com/）．B：固体 NMR 用試料管（Agilent 社, Bruker 社, JEOL 社製ローターの一部）．現在市販されているローター径は 8 mm φ から 0.75 mm φ まで多種多用．半固体試料用に，ゴム製のシーリング（O リングゴム）が施されているスペーサーも市販されている．ローター径が細くなれば高速で回転できるが，試料量が少なくなるので絶対感度は落ちる．ただし，試料充填率の向上，高速 MAS による双極子相互作用の除去効果により ^{1}H 核などでは S/N 比は逆に向上する．

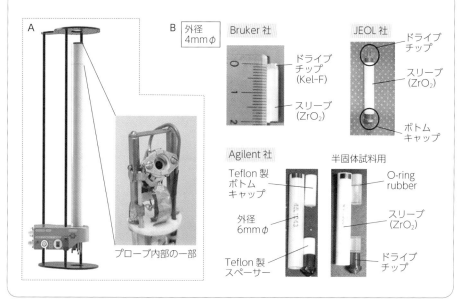

試料のつめ方と試料温度
・試料を細かくしてローター内にバランスよく封入する．
・5 kHz 程度で安定して回転しない場合には，再度つめ直す．
・粘性のある固体などで入れにくい場合は，液体 N$_2$ などで冷却してローター内に入れる．
・導電性材料などラジカルが存在する試料は，測定核種を含まない塩（KBr など）で薄める（磁場中で高速回転することによる電流発生を抑制し発熱させないため）．
・試料が感じる温度は回転するローターとエアーとの摩擦熱により上昇する（2.5.3 項の(5)参照）．
・ローターから試料を取り出すときは，蓋がスリーブとぴったりと収まっているので，液体 N$_2$ で蓋の部分を冷却する（蓋が少し収縮する）とはずしやすい．

100 kHz，単に双極子相互作用と記述）が存在し，高分解能スペクトルの観測を難しくする．さらに，化学シフト項は平均化されず，化学シフト異方性（数 10 〜数 100 ppm，つまり磁場強度に依存）が幅広い相互作用として顕在化する．したがって，固体高分解能 NMR スペクトルの実現には，化学シフト異方性を等方化学シフトに変換し，巨大な同種核および異種核間の双極子相互作用を取り除く，または減少させる工夫が必要である．

> ロックとシムについて　通常の固体 NMR 法では，ロックは行わない（プローブにロック用回路がない）．高分解能化してもピークの線幅が J 結合よりはるかに大きく，さらに超伝導磁場のドリフトより線幅が大きいからである．したがって，シムも通常は納入時のデフォルト値で事足りる．

2.5.2　パルス幅の調整と照射パワー

　パルス幅の調整と照射パワーの関係を知っておくことは重要である．図 2.22(a) にパルスパワーの異なる 2 種類の 90°パルスを示す．パルスパワー（出力）が弱いと，磁化を 90°倒す時間（パルス幅）が長くなるだけでなく，励起できる周波数の範囲が狭くなる．パルスを構成する rf（観測周波数で振動している）をフーリエ変換して周波数軸に変換し，励起できる範囲を図 2.22(b) に示す．

　一般に，溶液 ^{1}H NMR 法では 10 μs 程度の 90°パルス幅が利用されている（図中の破線）．溶液 NMR スペクトルで観測されるスペクトル幅（周波数単位）は，500 MHz の装置で ^{1}H が約 ±2.5 kHz（10 ppm = 5 kHz）である．図から 10 μs の 90°パルス幅で 5 kHz のスペクトル幅をほぼ100%の効率で励起できることがわかる．

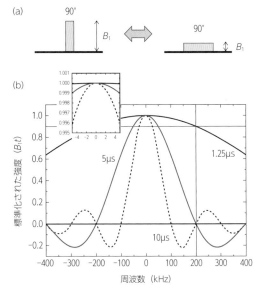

図 2.22　(a) 2 種類パルス幅とパワーの比較．どちらも同じ面積．(b) パルスの長さと励起できる周波数領域の関係

一方，^{13}C の信号は 500 MHz の装置で約 ±12.5 kHz（200 ppm = 25 kHz）に観測されるため，端の部分でわずかに励起効率は落ちる．固体 NMR 法では，相互作用が大きくスペクトル幅が広くなることから，幅が短く強いパルスを要する．たとえば 1.25 μs のパルス幅の励起効率は，±200 kHz の周波数範囲で 90%以上と広範囲である．

　90°パルスの長さ（パルス幅）を設定するために，強さ（B_1）を固定して長さ（t）を変え

パルスの周波数成分　観測周波数 $\nu_0 = \omega_0/2\pi$ で振動しているパルス関数 $f(t)$ は

$$f(t) = B_1 \cdot \exp(2\pi i \nu_0 t) = B_1 \cdot (\cos(2\pi i \nu_0 t) + i \cdot \sin(2\pi i \nu_0 t))$$

ここで B_1 はパルスの強さを表し，$\gamma B_1 = 2\pi\nu_1$（γ は磁気回転比）．周波数（$F(\nu_0)$）は

$$F(\nu_0) = \int_{-\frac{t}{2}}^{\frac{t}{2}} f(t) \cdot \exp(-2\pi i \nu t) = -\frac{B_1}{2\pi(\nu-\nu_0)} \times [e^{-\pi(\nu-\nu_0)t} - e^{\pi(\nu-\nu_0)t}]$$

$$= B_1 t \cdot \frac{\sin(x)}{x}$$

$x = \pi(\nu - \nu_0) \cdot t$ でありパルスの中間地点を $t = 0$ としている．$\sin(x)/x$ を sinc 関数といい，図 2.22(b) の曲線の形を表す．

る．NMR 信号は z 方向にある磁化を x–y 平面に倒し，x–y 平面の投影を測定するため（図 2.4），sin 波で推移する（図 2.23）．sin 波は 90° 近傍が最大強度となるが，その周辺の強度の違いを判断するのは困難である．そこで，信号が消える 180° パルスの長さの半分を 90° パルス幅とする．

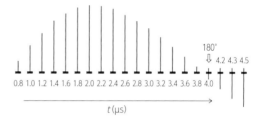

図 2.23　パルスの強さ（B_1）を一定にし，パルス幅を変更していったときのシグナル変化

照射パワー　パルス強度は，一般に周波数（ν_1）単位（Hz）で表される．1.25 µs のパルス幅でちょうど 90° パルスだったとすれば，$\theta_t = \omega_1 t = \gamma B_1 t = 2\pi\nu_1 t$（等速円運動の関係）から，

$$\nu_1 = \frac{\theta_t}{2\pi \cdot t} = \frac{\pi/2}{2\pi \times 1.25} \times 10^6 \mathrm{s}^{-1} = \frac{1/4}{1.25} \times 10^6 \mathrm{Hz} = \frac{250}{1.25}\,\mathrm{kHz} = 200\,\mathrm{kHz}$$

となる．この値は，励起効率がちょうど 0.9（90%）の時の周波数と同じである（図 2.22）．論文などでは，^{1}H デカップリングのパルス照射パワーが 200 kHz と記載されていることが多い．その場合，90° パルス幅は 1.25 µs と計算できる[5]．

データ点　TD で設定するデータ点については 2.4.3 項で述べてあるが，溶液 NMR 信号の場合は T_2 が長いため 16 K または 32 K のように多くのデータ点を設定して測定する．しかし固体試料の NMR 信号は T_2 が非常に短いため，FID は数 10 ms で減衰してしまう．さらに高出力 ^{1}H デカップリングを行うため，TD は取り込み時間が長くても 100 ms 程度以内になるように設定する．このときのデータ点は 2 の累乗にする必要はないが，一般に高速 FT のアルゴリズムは 2 の累乗を要求するため，FT を実行する時のデータ点数はゼロフィリングを行い 2 の累乗にする．

【パルス幅設定時の注意点】

①観測する信号を観測中心 (on resonance) にもってくる．スペクトル幅 (^{13}C で約 200 ppm) はそのままにする．

②信号を拡大するためにスペクトル幅 (*SW*) を狭めると，FID 信号の取り込み時間 (*DW* ×*TD*) が長くなる (2.4.3 項の (2) データ点参照，*SW* が小さくなると *DW* が長くなる)．すると，^{1}H 側を高出力デカップリングしている時間 (^{13}C FID の取り込み時間) が長くなるので，プローブを壊してしまうことがある．また固体 NMR の FID は T_2 が極端に短いため，*TD* は 500 ～ 1000 点程度で十分である．

2.5.3 固体^{13}C NMR スペクトルの高分解能化と高感度化

図 2.24 に，測定手法を変えたときの固体 ^{13}C NMR スペクトルの違いを示した[6]．観測されるスペクトルは以下の通りである．

(a) 溶液 ^{13}C NMR 法と同じ条件で測定した場合，NMR 信号は観測されない．

(b) 交差分極 (Cross Polarization：CP) 法を用いて ^{1}H 核の磁化を ^{13}C 核へ分極した場合，感度は約 4 倍となるが，幅広く凡庸な信号のみ観測される．

(c) (b) の状態で ^{13}C の FID 取り込み中に高出力 ^{1}H デカップリングを行った場合，^{1}H-^{13}C 双極子相互作用をある程度デカップリングできるため，^{13}C 核の化学シフト異方性が残ったスペクトルが観測される．

(d) (c) の状態で MAS 回転をして測定されたスペクトル．化学シフト異方性が等方化学シフト値となるため分解能は劇的に改善される．

(e) 同じ試料の溶液 ^{13}C NMR スペクトル．(d) のスペクトルとよく似ている．

　固体状態の巨大な ^{1}H-^{13}C 双極子相互作用と化学シフト異方性を除去したスペクトル d の分解能は劇的に改善されている．したがって，高感度ならびに高分解能化には，MAS 法により化学シフト異方性を等方化学シフトに変換し，高出力 ^{1}H デカップリングで双極子相互作用を除去し，CP 法で感度を 4 倍に増大することが重要である．

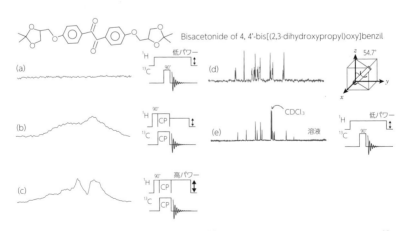

図 2.24　低分子有機化合物 (図中) の固体 ^{13}C NMR スペクトル (a ～ d) と溶液 ^{13}C NMR スペクトル (e) [6]

(1) MAS 角調整

図 2.12 で示したように，化学シフトは電子による遮蔽（しゃへい）により生じている．電子雲は球対称でない場合が多いが，溶液状態であれば電子の非対称な遮蔽は分子の速い運動で平均化されるため，方向に依存しないスカラー値 σ として扱って問題ない．しかし，固体状態では方向に依存して異なってしまうため，テンソル量 σ として扱う必要がある．観測される化学シフトは異方的（anisotropic）となる．図 2.25(a) は，分子中のカルボニル基（C＝O）の固体 ^{13}C NMR スペクトル例である．図中の σ_{ij} は方向に依存するテンソル量の要素であり，遮蔽定数 σ（図 2.25(b)）は

$$\sigma = \begin{pmatrix} \sigma_{11} & \sigma_{12} & \sigma_{13} \\ \sigma_{21} & \sigma_{22} & \sigma_{23} \\ \sigma_{31} & \sigma_{32} & \sigma_{33} \end{pmatrix} \tag{2.1}$$

と書ける．溶液 NMR では，すべての異方性項（σ_{ij}, $i \neq j$）は速い分子運動のために 0 となり，観測される化学シフト値 σ_{obs} は，$\sigma_{obs} = (\sigma_{11} + \sigma_{22} + \sigma_{33}) / 3 = \sigma_{iso}$（等方化学シフト値）となる．図 2.25(a) に示す C＝O 基の分子軸座標（x^m, y^m, z^m）は，オイラー角で表される回転行列を用いて，実験室座標系に変換される．実際に観測される化学シフト値 σ_{zz}（静磁場 B_0 方向）は

$$\sigma_{zz} = \frac{1}{3}(\sigma_{11} + \sigma_{22} + \sigma_{33}) + \frac{1}{6}(1 - 3\cos^2\beta)(\sigma_{11} + \sigma_{22} + \sigma_{33}) \tag{2.2}$$

となる．角度 β が $1 - 3\cos^2\beta = 0$ を満たすと，観測される化学シフト値は等方化学シフト値 σ_{iso} と等価となる．このときの角度をマジック角（Magic Angle，Spinning させるので慣例的に MAS 角）と呼び，マジック角で回転しながら測定する手法を MAS 法と呼ぶ．MAS 角は $\beta = \cos^{-1}(1/\sqrt{3}) = 54.736°$ である．

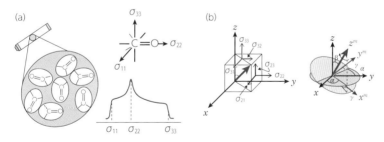

図 2.25 (a) カルボニル（C＝O）基のローター内のモデル図と遮蔽の方向，および化学シフト異方性が存在する時のモデルスペクトル．(b) 遮蔽の方向と MAS 角，およびオイラー角座標

　実際のスペクトル上には，MAS 回転数と化学シフト異方性スペクトルが干渉することで生じる人工的な偽ピーク，スピンニングサイドバンド（spinning side band：SSB）が観測される（図 2.26）．SSB は σ_{iso} から MAS 速度の整数倍（n 倍）だけ離れた位置に，化学シフト異方性（CSA）が存在するところまで観測される．MAS 速度が遅い場合には SSB が多く観測され，SSB の強度が真のピーク強度より大きいこともある．真

2

座標変換　ローターを z 軸からオイラー角 β だけ傾けた z^m 軸周りに高速回転した場合，観測される実験室系 (x, y, z) の化学シフトは，回転行列 $\mathbf{R}$ を用いて

$$\boldsymbol{\sigma}_{obs} = \begin{pmatrix} \sigma_{xx} & \sigma_{xy} & \sigma_{xz} \\ \sigma_{yx} & \sigma_{yy} & \sigma_{yz} \\ \sigma_{zx} & \sigma_{zy} & \sigma_{zz} \end{pmatrix} = \mathbf{R} \cdot \boldsymbol{\sigma} \cdot \mathbf{R}^{-1}$$

となる．ここで回転行列はオイラー角を用いて

$$\mathbf{R} = \begin{pmatrix} \cos\alpha & \sin\alpha & 0 \\ -\sin\alpha & \cos\alpha & 0 \\ 0 & 0 & 1 \end{pmatrix} \begin{pmatrix} \cos\beta & 0 & -\sin\beta \\ 0 & 1 & 0 \\ \sin\beta & 0 & \cos\beta \end{pmatrix} \begin{pmatrix} \cos\gamma & \sin\gamma & 0 \\ -\sin\gamma & \cos\gamma & 0 \\ 0 & 0 & 1 \end{pmatrix}$$

$$\mathbf{R}^{-1} = \begin{pmatrix} \cos\gamma & -\sin\gamma & 0 \\ \sin\gamma & \cos\gamma & 0 \\ 0 & 0 & 1 \end{pmatrix} \begin{pmatrix} \cos\beta & 0 & \sin\beta \\ 0 & 1 & 0 \\ -\sin\beta & 0 & \cos\beta \end{pmatrix} \begin{pmatrix} \cos\alpha & -\sin\alpha & 0 \\ \sin\alpha & \cos\alpha & 0 \\ 0 & 0 & 1 \end{pmatrix}$$

であり，z^m 軸周りの時間平均

$$\overline{\langle \sin^2\gamma \rangle} = \frac{\int_0^{2\pi} \sin^2\gamma \cdot d\gamma}{\int_0^{2\pi} d\gamma} = \frac{1}{2} = \overline{\langle \cos^2\gamma \rangle}, \quad \overline{\langle \sin\gamma \rangle} = \overline{\langle \cos\gamma \rangle} = 0$$

を用いて展開する．なお，ここでは分子座標軸がオイラーの座標軸と同じと仮定しているため，式(2.2)には MAS との干渉項(SSB 項)が顕わになっていない．

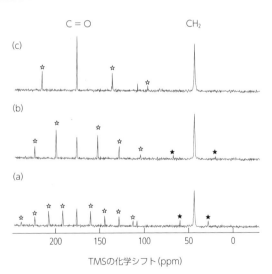

図 2.26　MAS 速度を変えて測定したグリシン (H₂NCH₂COOH)の固体高分解能 ¹³C NMR スペクトル MAS 速度は，(a) 3 kHz, (b) 4 kHz, (c) 5 kHz. ☆は C=O 基の SSB, ★は CH₂ 基の SSB

のピークの化学シフト値は MAS 速度を変えても変わらない．このことを利用して，真のピークか SSB か判断が微妙な場合には，MAS 速度を変えてスペクトルを観測し区別する．実際の測定では，MAS 速度は少なくとも 5 kHz 以上の速度に設定するとよい．

MAS 角の調節は SSB を観測して行う．MAS 角に近くなると SSB 信号が多く出現する．^{13}C NMR の場合には，観測周波数が近い ^{79}Br 信号を用いるのが一般的で，KBr が広く用いられている．図 2.27 に KBr の ^{79}Br 信号の FID (a, b) と FT 後のスペクトル (c) を示す．KBr の ^{79}Br NMR 信号を観測中心にあわせた FID は，本来であれば指数関数で単に減衰する曲線として観測される．SSB が存在すると，指数関数曲線上に "角" のような信号が，等間隔で MAS 速度の整数倍の位置に表れる．MAS 角がずれている場合，"角" は少なくなり (a)，MAS 角に一致すると多く出現する (b)．FID 信号 (b) をフーリエ変換したスペクトル (c) では，MAS 速度の整数倍の位置 ($\pm 5n$ kHz) に SSB が現れている．MAS 角の調節では，MAS 速度は遅め（3〜5 kHz 程度）で行うほうが，より多く SSB が観測されて調節しやすい．

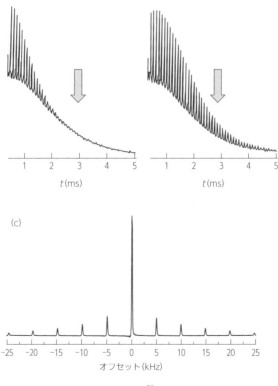

図 2.27　KBr の ^{79}Br NMR 信号
(a) MAS 角がずれているとき，(b) MAS 角があっているときの FID, (c)
(b) の FID を FT したスペクトル．MAS 速度は 5 kHz.

2

双極子相互作用　1 対の ^{1}H と ^{13}C の双極子相互作用による ^{13}C の線幅 $(\Delta\nu_{\mathrm{CH}})$ は，^{1}H が作る局所磁場 B_z^{H} を用いて

$$\Delta\nu_{\mathrm{CH}} = \frac{\gamma_{\mathrm{C}}}{\pi}|B_z^{\mathrm{H}}| = \frac{\gamma_{\mathrm{C}}}{\pi}\frac{\mu_z^{\mathrm{H}}}{r^3}(3\cos^2\theta_{\mathrm{CH}}-1) = \frac{\gamma_{\mathrm{C}}}{\pi}\frac{\gamma_{\mathrm{H}}\hbar I_z^{\mathrm{H}}}{r^3}(3\cos^2\theta_{\mathrm{CH}}-1)$$

となる．γ_{C} と γ_{H} は C と H の磁気回転比，μ_z^{H} は ^{1}H の磁気モーメント．θ_{CH} は C と H を結ぶベクトルと静磁場とのなす角．$\theta_{\mathrm{CH}} = 0$，$Iz^{\mathrm{H}} = 1/2$，$r = 0.11$ nm とすれば，$\gamma_{\mathrm{C}}\gamma_{\mathrm{H}}\hbar = \sqrt{(3.60\times10^4)}$ nm^{3}rad s^{-1} から，$\Delta\nu_{\mathrm{CH}} = 45$ kHz となる．実際には，^{1}H スピンどうしのエネルギー交換（flip-flop）による ^{1}H の磁気モーメントの揺らぎで，1/10 程度$(\Delta\nu_{\mathrm{CH}}/\Delta\nu_{\mathrm{HH}})$にスケールダウンする．

(2) 高出力 ^{1}H デカップリングの調整

　高出力 ^{1}H デカップリングも高分解能化に必要不可欠な要素である（図 2.24 (b) と (c) を比較してほしい）．溶液 ^{13}C NMR スペクトルの測定では，図 2.24 (e) のパルスシーケンスにあるように，^{1}H 側に rf を照射し続けて ^{1}H デカップリングを行う．FID 取り込み以外（待ち時間）にも rf 照射することで NOE を生じさせ，^{13}C 核の信号強度を増大させる．C-H スピン結合は 0.2 kHz 程度であるので，その 10 倍程度の強さで照射すればピークの分裂は回避される（90° パルス幅が 83 µs の場合，3 kHz のパルス強度）．この程度の弱いパルスを実験中ずっと照射し続けても，プローブを壊すことはない．現在の ^{1}H デカップリングは WALTZ などのコンポジットパルスで構成されており，広帯域で高効率にデカップリングが行える．

　固体 ^{13}C NMR スペクトルでは，C-H スピン結合も存在するが，その 10 ～ 50 倍の強さの C-H 双極子相互作用が存在するため，溶液 ^{13}C NMR スペクトルで用いる ^{1}H デカップリングの出力よりも，少なくとも 10 倍の出力が要求される．スピン結合が共有結合を介した相互作用であるのに対し，双極子相互作用は C と H の空間を通した相互作用である．固体 ^{13}C NMR 法で行う ^{1}H デカップリングは，双極子相互作用をデカップリングする (Dipolar Decoupling) ために行うが，必然的にスピン結合 J もデカップリングされる．

　高出力 ^{1}H デカップリングを用いる方法を ^{1}H high-power Dipolar Decoupling 法と呼び，DD 法と略記する．^{1}H DD 法は CW (continuous wave, 連続波) 法が主流であったが，最近では Griffin らが発表したコンポジットパルス，TPPM (two pulse phase modulation) 法[7]が広く用いられている（TPPM 以外にも SPINAL[8]や XiX[9]など派生の DD 法が発表されている）．図 2.24(d) の手法は，CP 法と MAS 法に DD 法を組み合わせているが，これを CPMAS 法と称し DD という略語は特に出さない．

　DD 法の出力と照射位置，CW 法と TPPM 法について比較してみよう．

● DD 出力と照射位置との関係

　有機系試料においては，^{13}C-^{1}H 双極子相互作用が最も強い CH$_2$ 基の ^{1}H 信号位置を ^{1}H rf 照射すると最も効率がよい．図 2.28 A は，出力 80 kHz の DD 照射位置（CW 照射）と固体 ^{13}C CPMAS NMR スペクトルの関係を示している．TMS から低磁場（左）側に

3 ppm ずらしたスペクトル c のピークで，30 ppm と 140 ppm のシグナル分裂が顕著であり（図 2.28 A 中の矢印部分参照），他のスペクトルよりも分解能がよい．これは，TMS の ^{1}H 信号（CH$_3$ 基）よりも 3 ppm ほど低磁場側に CH$_2$ 基ピークが観測されるからである．

● TPPM 法と CW 法の比較

図 2.28 B は，TPPM 法と CW 法で得られたスペクトルの比較を示す．照射位置を 3 ppm 低磁場側に固定し，CW 法の出力を 80 kHz（d）から 125 kHz（b）まで上げると，各ピークの分裂が明らかによくなる．しかし，同じ出力の TPPM 法（a）と CW 法（b）との分解能の差は歴然である（図 2.28 B 中の矢印部分参照）．

このように，通常は ^{1}H rf 照射位置を 3 ppm 程度 TMS から低磁場側に設定し，TPPM 法を用いて，プローブの許容している高出力で DD 法を行うと，高分解能 NMR スペクトルとなる．

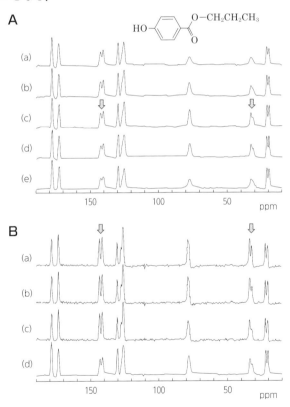

図 2.28　A ^{1}H DD の照射位置と ^{13}C スペクトルの分解能．CW 照射パワーは 80 kHz．試料は 4-ヒドロキシ安息香酸プロピル．照射位置は（a）13 ppm，（b）8 ppm，（c）3 ppm，（d）−2 ppm，（e）−8 ppm．
　　　　B　TPPM 法と CW 法との比較．照射位置は 3 ppm．照射パワーは，（a）125 kHz TPPM，（b）125 kHz CW，（c）100 kHz CW，（d）80 kHz CW．
　　　　提供：元 Agilent（Varian）芦田 淳 博士（現在，日本電子）．

(3)交差分極の調整
● Hartmann–Hahn の条件

　信号強度を増大させる方法として，通常の溶液 ^{13}C NMR 法では NOE 効果を用いる（2.4.3 項参照）．NOE では速い分子運動が駆動力となるため，固体状態のように運動が凍結された状態では NOE は期待できない．固体状態では，交差分極（cross polarization：CP）が有効に働き，感度増大効果が大きい．CP 法は低感度で天然存在比の低い ^{13}C 核に，高感度で天然存在比の高い ^{1}H 核の磁化を移す（分極）手法である．

　図 2.29(a)に CPMAS 法の一般的なパルスシーケンスを示した．また，^{1}H 側の CP の rf パルス強度を固定し，^{13}C の CP における rf 強度を変化させたときのアダマンタンの信号強度変化を図 2.29(b)に示した．CPMAS 法では，^{1}H 核を 90° パルスで励起して $x-y$ 平面上に倒し，その直後に ^{1}H 核と ^{13}C 核両方同時に，各々の観測周波数(ω_{0H}，ω_{0C})で rf パルスを照射する．このとき，^{1}H スピンは照射した rf パルス(強度：$\gamma B_{1H} = \omega_{1H}$)の方向に固定される(spin lock：SL という)．たとえば，y 軸方向から照射すれば，^{1}H スピンは y 軸周りを ω_{1H} で回転(歳差運動)する．同時に強度 B_{1C} で ^{13}C 側に rf パルスを照射すると(x 軸，y 軸の方向は問わない)，励起されていない ^{13}C スピンが，$x-y$ 平面上に現れる(分極移動)．この分極移動が起こるためには，rf パルス強度を $\gamma_C B_{1C} = \gamma_H B_{1H}$ ($\omega_{1C} = \omega_{1H}$)となるように調整する必要がある．これは，実験室座標系において観測周波数が異なる両スピンが，回転座標系において同じ速度で振動することを意味する．同じ振動をすることで，両核間で α スピンと β スピンの交換(flip-flop)が起こり，エネルギー交換(分極)が可能となる．この条件を提案者の名前をとり Hartmann–Hahn の条件(CP 条件ともいう)という [10]．

　CP 法の利点は，感度が最大 $\gamma_H/\gamma_C = 4$ 倍になることである．さらに，実験の繰り返し時間が ^{1}H のスピン−格子緩和時間(縦緩和時間 T_1^H)の 5 倍ですむことである．つまり，^{13}C 核を励起せずに ^{13}C 信号を取得するため，^{13}C のスピン−格子緩和時間(縦緩和時間 T_1^C)よりも一般的に短い T_1^H で繰り返し待ち時間を設定できる．したがって，同じ実験時間では積算回数を増やせるので，積算回数でも感度に寄与する．

　Hartmann–Hahn の条件($\gamma_C B_{1C} = \gamma_H B_{1H}$)の設定について，図 2.29 (a)のパルスシーケンスで設定するパルス出力の基本的な流れを下に記す．標準試料として，固体試料としては運動が速く信号がシャープで感度がよいアダマンタンを用いることが多い（同じ理由でヘキサメチルベンゼン：HMB も用いられる）．化学シフトは，アダマンタンの CH 基(高磁場側：低周波数側，右側)を外部基準(TMS を 0 ppm とした場合の値)として 29.47 ppm に設定する．アダマンタンの信号は，溶液のようにシャープで通常の固体試料の取り込み時間では全ての FID は取り込めない．そのため FT 後のピークの裾には sinc 関数由来の振動(wiggle)が発生するが，気にする必要はない．逆に FID 取り込み時間を長くすると装置に悪影響を与えるので注意．

・^{1}H 側の出力の決定(アダマンタンの ^{1}H 信号を観測幅 100 kHz 程度で観測)
　A. ^{1}H の 90° パルス幅および出力の決定．パルス幅はプローブの仕様で最短か最短に近い値にする．ローター径によって変化し，$1.5 \sim 4\ \mu s$ 程度．
　B. ^{1}H 側の CP 出力の決定．一般的には出力が $50 \sim 70$ kHz 程度．^{1}H の 90° パルス幅から決定する．たとえば 50 kHz にするなら，90° パルス幅が $5\ \mu s$ になるようにアンプのパラメータを決定する．

C. ^{1}H の DD で用いる出力の決定．プローブの仕様で最大出力となるようにする．通常は 90°パルス幅で出力の仕様が決められている．そのパルス幅になるようにアンプのパラメータを設定する．

・^{13}C 側の出力の決定

CP で用いる ^{13}C の rf 出力を決定．^{1}H 側の出力を固定し，^{13}C 側の出力を変更して信号強度が最大になるところ（図 2.29 (b)，Hartmann-Hahn 条件）．

・RampCP の強度変調の傾斜を設定

RampCP は，^{1}H または ^{13}C 側の CP で用いる rf パルスを，矩形波ではなく角度をつけることで Hartmann-Hahn 条件が少しずれても補完できる手法．図 2.29(b) と同様に，角度のパラメータを変更しながらスペクトルを観測し，ピーク強度が最大になる値を設定する．

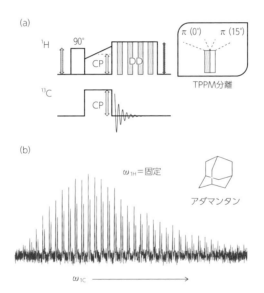

図 2.29　(a) CPMAS 法のパルスシーケンス（X 核：^{13}C），CP 部分は ^{1}H 側をランプ（傾斜）状でラジオ波照射．(b) ^{1}H 側の CP パワーは一定，^{13}C 側の CP パワーに依存して変化するアダマンタンの ^{13}C 信号
提供：元 Agilent（Varian）芦田 淳 博士(現在，日本電子).

Hartmann-Hahn の条件　rf 照射の強度が $\omega_{1C} = \omega_{1H}$ となる条件．このときの rf パルスの出力は一般に数十 kHz である．MAS 速度 (ω_r) も数 kHz となることから，CP 条件は MAS 速度に応じて干渉を受ける．つまり，MAS 回転下では $\omega_{1H} = \omega_{1C} \pm n \cdot \omega_r$ が CP 条件となる．$n = 1$ で最も CP 効率がよいことが多い．したがって，実際に測定するときの MAS 速度で，CP 条件を設定することが肝要である．MAS の回転数のわずかな搖動は VACP（Variable Amplitude CP：現在は一般に Ramped-amplitude pulse: RampCP）法[11]を用いることで補完される．

● CP 接触時間

図 2.30 A に，グリシン（H_2NCH_2COOH）の ^{13}C CPMAS NMR スペクトルについて，CP 接触時間（contact time，CP 照射時間の長さ）依存性を示した．CP 接触時間に応じて信号強度が増大するが，長すぎると減少に転じる．さらにカルボニル基（C = O）とメチレン基（CH_2）の強度比は CP 接触時間に依存して異なる．これは，官能基によって CP 効率が異なるためであり，一般に CP 実験では定量性は議論できない．定量性を議論する場合には，CP 効率が官能基ごとで同じになるような低温で実験する，または CP 接触時間を適切に選択するなど，工夫が必要である．

図 2.30 B は，CP 実験で観測される信号強度を，2 スピン系（図中の挿図）を仮定してシミュレーションした結果である．2 スピン系におけるパラメータは，交差緩和時間（T_{CH}）と，回転座標系における ^{13}C と ^1H のスピン－格子緩和時間（$T_{1\rho}^C$，$T_{1\rho}^H$）である．CP 効率は，C と H の空間距離が遠い場合や，分子運動が速く CP を阻害する場合に悪くなり，その結果 T_{CH} は長くなる．逆に C と H の空間距離が短い場合や，分子運動

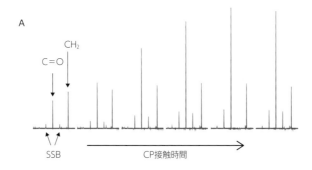

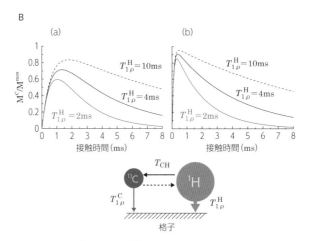

図 2.30　A グリシンの ^{13}C CPMAS NMR スペクトルの CP 接触時間依存性．B 2 スピン系（図中モデル図）における CP 接触時間と磁化強度のシミュレーション (i) T^{CH} = 0.6 ms，(ii) T^{CH} = 0.1 ms.

2スピン系の CP 実験中の磁化 2スピンの磁化 $M^C(t)$ と $M^H(t)$ の時間依存は次のようになる.

$$\frac{d}{dt}M^C(t) = -\frac{M^C(t)}{T_{1\rho}^C} - \frac{1}{T_{CH}}(M^C(t) - M^H(t))$$

$$\frac{d}{dt}M^H(t) = -\frac{M^H(t)}{T_{1\rho}^H} - \frac{1}{T_{CH}}(M^H(t) - M^C(t)) \cong -\frac{M^H(t)}{T_{1\rho}^H}$$

^{13}C は天然存在比が 1.1% であるので，^{13}C から ^{1}H への磁化移行（第2式の第2項）は無視できる．上記の連立方程式の解 $(M^C(t))$ は $M^C(0) = M^{Max}$ として次のようになる.

$$M^C(t) = \frac{M^{Max}}{T_{CH}} \cdot \frac{\exp(-1/T_{1\rho}^H) - \exp(-t/T_{CH} - t/T_{1\rho}^C)}{1/T_{CH} + 1/T_{1\rho}^C - 1/T_{1\rho}^H}$$

一般に $T_{1\rho}^C \gg T_{1\rho}^H \gg T_{CH}$ なので，

$$M^C(t) = \frac{M^{Max}}{T_{CH}} \cdot \frac{\exp(-1/T_{1\rho}^H) - \exp(-t/T_{CH})}{1/T_{CH} - 1/T_{1\rho}^H}$$

が凍結されている場合には，CP 効率はよくなるので T_{CH} は短くなる．図 2.30 B(a) は CP 効率が劣る場合（$T_{CH} = 0.6$ ms）で，(b) は CP 効率がよい場合（$T_{CH} = 0.1$ ms）を表している．実際の官能基では，(a) は CO や4級炭素など，(b) は CH_2 や CH 基に対応する．標準的な CP 接触時間は約1 ms と考えて問題なく，最初は CP = 1 ms に設定して実験を行う．ただし，アダマンタンの運動は非常に速く，CP 接触時間を CP = 4 ms 程度と長めに設定すると S/N よく信号を観測できる．

(4) プローブチューニング

2.4.2 項でも述べたが，チューニングとは，rf を受信するコイルの周波数を，測定する核種の観測周波数に一致（同調）させる操作のことである．最近の溶液 NMR 装置ではチューニングは自動化されているが，固体 NMR のプローブには装備されていないため，手動で行う（最近オートチューン対応製品が市販された）.

図 2.31 にプローブの共振回路とチューニングの仕組みを示した [12]．共振回路にある二つの可変コンデンサ C1 と C2 のコンデンサ容量（静電容量）を変えて，コイル（L）の共振周波数を，測定する核種の観測周波数で最もよくエネルギーを吸収するように設定する（チューニング）．このチューニング操作は，マッチング (b) とチューニング (c) に区分けされる．前者は (a) の状態から，測定する核種のラジオ波のエネルギーをコイルが最大限受容できるように，共振フィルタ特性を鋭く（深く）することであり，後者は測定する核種の観測周波数にコイルの共振周波数をあわせる同調操作である．このチューニング操作は，条件を変更したとき（核種を変更したとき，温度を変更したときなど）に測定前に必ず行う．チューニングがずれていると，最悪，プローブの故障につながる．最初にマッチング，その後チューニングを行うとあわせやすい.

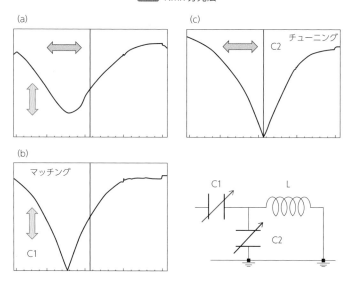

図 2.31　プローブ内の LC 回路モデルと同調の様子
(a) LC 回路の共振が観測周波数(図中央の縦線)からずれている様子,
(b) マッチング(可変コンデンサ C1)の調整, (c) チューニング(可変コンデンサ C2)の調整.

(5)温度校正

　固体 CPMAS NMR 法は高速 MAS 回転を行うため,回転によるローターと VT エアーとの摩擦熱により,試料が感じる温度は VT エアーガスの設定温度よりも上昇する.温度センサーの位置は装置やプローブにより異なるため,実際に試料が感じる温度をプローブごとに校正する必要がある.温度校正の一例として,水素結合の強さが温度に依存していることを利用したメタノール法を図 2.32 に示す[13].無水メタノールの ^{1}H NMR スペクトル (図 2.32 (a)) の OH と CH$_3$ ピークの化学シフト差 (Hz 単位) から,メタノールが感じている温度を直接決定できる.

　MAS 速度を変えて測定した結果は,図 2.32(b) のような直線関係となる.ただし,20 ℃以下では VT ガスを通常の大気から N$_2$ ガスに変更しているため,設定温度と校正温度の関係が 20 ℃を境に異なっている.各設定温度での校正温度を MAS 速度に対してプロットすると,最小二乗法により二次曲線で再現できる (図 2.32 (c)).この関係から,設定温度と MAS 速度がどんな値でも,校正温度を容易に計算できる.たとえば,MAS 速度を 22 kHz に設定した時の 6 種類の校正温度は,二次曲線から容易に算出される.計算から求めた校正温度と設定温度を図 2.32 (b) のようにプロットし直して直線関係を求めれば,ある設定温度で MAS 速度が 22 kHz のときの校正温度が求められる.

2.5.4　CPMAS と DPMAS

　図 2.33 に基本的な固体 ^{13}C NMR スペクトルのパルスシーケンスを載せた.
(a) ^{13}C 核を直接励起し,DD 法と MAS 法を組み合わせて固体高分解能 ^{13}C NMR

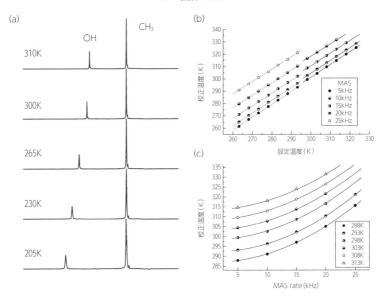

図 2.32 (a) 無水メタノールの ^{1}H MAS NMR スペクトル, (b) 設定温度と校正温度の関係, (c) MAS 速度と校正温度の関係.

校正温度　温度校正は 1970 年代以来, 温度に依存して化学シフト値が変化するさまざまな標準試料を用いて行われている[14]. 最も扱いやすい試料の一つは, 粉末の硝酸鉛 (Pb(NO$_3$)$_2$) の ^{207}Pb MAS NMR スペクトルを観測する方法である[15, 16]. ^{207}Pb NMR 化学シフト値は, 温度に比例して敏感に変化するが, 0 ppm に設定するときの温度 29 ℃の精度に気をつける必要がある. 図 2.32(a) に示した無水メタノールの OH と CH$_3$ ピークの化学シフト差 $\Delta\nu$ (Hz) から求められる温度 T (K) は

$$T = 403.0 - 0.491 \times |\Delta\nu| - 66.2 \times 10^{-4} \times \Delta\nu^2$$

である. ただし, 上式の化学シフト差 $\Delta\nu$ の値は ^{1}H の観測周波数が 60 MHz の装置なので, 用いた磁場の ^{1}H の観測周波数で補正 (500 MHz なら 60/500 を掛けた値) する.

スペクトルを得る DPMAS 法 (Direct Polarization MAS, DDMAS 法とも呼ばれている).

(b) CPMAS 法.

(c) および (d) 実験室座標系と回転座標系の ^{1}H 核のスピン−格子緩和時間 (T_1^H, $T_{1\rho}^H$) の測定法.

(e) および (f) 実験室座標系と回転座標系の ^{13}C 核のスピン−格子緩和時間 (T_1^C, $T_{1\rho}^H$) の測定法.

(g) Dipolar Dephasing 法[18]：t を長くすることで ^{1}H 核と双極子相互作用が強い ^{13}C

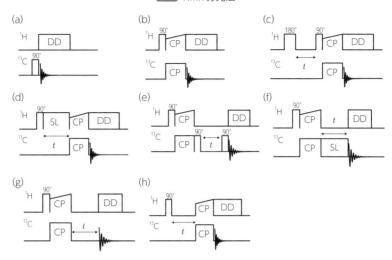

図 2.33　固体 NMR 法の基本的なパルスシーケンス
(a) DPMAS 法, (b) CPMAS 法, (c) T_1^H 測定 (CP 適用前に ^{1}H 側に Inversion Recovery 法を適用), (d) $T_{1\rho}^H$ 測定 (^{1}H 側に CP 適用前にラジオ波照射:Spin Lock), (e) T_1^C 測定 (Torchia 法 [17]), (f) $T_{1\rho}^C$ 測定, (g) Dipolar Dephasing 法 [18], h:T_2^H の測定または WISE 法 [19] (t を f_1 軸側観測幅の逆数で展開).

ピークの強度が小さくなる.

(h) ^{1}H 核のスピン-スピン緩和時間 (T_2^H) の測定用. また, このパルスシーケンスで t を f_1 軸側の観測幅の逆数 ($1/SW$) で展開した場合, 二次元 WISE 法 [19] となる. この場合, f_1 軸側は $1/T_2^H$ の線幅に依存したピークごとの運動性の違いとして視覚化される.

図 2.34 は, ポリγ-メチル-L-グルタメート (PMLG) の固体 ^{13}C DPMAS と CPMAS NMR スペクトルである. 帰属は溶液 ^{13}C NMR スペクトルと同様, 化学シフト値から図中に示す官能基とピークの対応が容易に可能である. ただし, (a) と (b) ではピークの強度が異なる箇所がある. 二つのカルボニル (C=O) 基は, 図中に帰属が表示されていなければ, どちらのピークが主鎖の C=O 基なのか, 側鎖の C=O なのか微妙である. また主鎖メチン (CH) 基と側鎖メトキシ (OCH$_3$) 基の化学シフト値は拮抗しており, 容易に区別できない. これらのピークは, 溶液 ^{13}C NMR スペクトルの化学シフト値から区別することも困難である. アリファティック領域のメチレン (CH$_2$) 基も同様であるが, これらは化学シフト値から図中に示したように区別可能である. ここで (a) と (b) のピーク強度の違いに着目してみると, 175 ppm 付近の二つの C=O 基ピークのうち, 低磁場側 (180 ppm に近い側) のピークは, (b) で非常に感度よく観測されるが, (a) では強度が弱い. 同様に 60 ppm 近傍のピークは, (b) では感度よく観測されるが, (a) では強度が弱い. これらピークは, どちらも主鎖にある炭素である.

これらは, DPMAS 法と CPMAS 法の違いに起因している. 図 2.30 で示したように, ^{1}H から ^{13}C への CP による磁化分極は, ^{1}H と ^{13}C が直接結合している場合や運動が遅い場合に効率がよい. 逆に空間的に離れている場合, 運動が速い場合は CP 効率が悪くなる. PMLG の場合, 主鎖はヘリックス構造をとり, 側鎖はヘリックスの外側に出て

いる．そのため主鎖の運動は遅く，側鎖の運動は速い．つまり，CPMAS 法で観測した場合のスペクトル (b) は側鎖ピークよりも主鎖ピークが強く観測され，DPMAS 法で観測したスペクトル (a) では運動性のよい側鎖ピークの強度が強くなる．

【注意事項】
2.5.3 項の (3) で述べたように，CPMAS 法では $5 \times T_1^H$ で繰り返し時間を設定できるが，DPMAS 法では ^{13}C を直接励起するため，$5 \times T_1^C$ で繰り返し時間を設定する必要がある．一般に T_1^C は数秒から数十秒になるため，励起パルスを 90° に設定して $5 \times T_1^C$ とするよりも，30° や 45° にして $1 \sim 3 \times T_1^C$ 程度に設定したほうが同じ

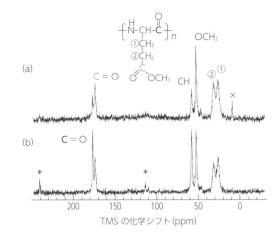

図 2.34　ポリγ−メチル−L−グルタメート（PMLG）の ^{13}C DPMAS NMR スペクトル (a) と CPMAS NMR スペクトル(b)
積算回数は (a) 2048 回，(b) 256 回，測定時間は (a) 17 時間（45° パルスを使用して繰り返し待ち時間 30 s），(b) 20 分（繰り返し待ち時間 5 s）．

実験時間で積算回数を増やせ，S/N がよくなる（2.4.3 項の(5)繰り返し待ち時間を参照）．

2.5.5　緩和測定（^1H スピン拡散）

溶液 NMR の緩和時間は分子運動を反映して値が変わる．固体 NMR の緩和時間も同様であるが，^{13}C のスピン−格子緩和時間（縦緩和時間，T_1^C，$T_{1\rho}^C$）が分子運動を反映するのに対し，固体の ^1H スピン−格子緩和時間（縦緩和時間，T_1^H，$T_{1\rho}^H$）は分子運動に加えて，^1H スピン拡散現象に大きく影響を受ける．一般に，固体状態の遅い運動のときや溶液状態のように速い運動のときに T_1 値は長くなり，観測周波数（ω_0）と同程度の運動（運動の相関時間 $\tau \sim 1/\omega_0$ 近傍）のときに最も効率よく緩和して，T_1 は最小値をとる．

固体中の T_1^H や $T_{1\rho}^H$ に影響を与える ^1H スピン拡散は，^1H スピンどうしのエネルギー交換で起きる．^1H スピン拡散現象により，本来は異なる値の T_1^H（または $T_{1\rho}^H$）をもつ官能基が，互いに同じ T_1^H 値になる．この結果，化合物中の異なる官能基から測定した T_1^H はすべて同じ値として観測される．この原理を利用して，材料の混ざり具合の指標とすることができる [20]．

図 2.35 に，ポリメタクリル酸（PMAA）とポリ酢酸ビニル（PVAc）とのブレンド試料のアリファティック領域の固体 ^{13}C CPMAS NMR スペクトルおよび T_1^H と $T_{1\rho}^H$ の組成依存性を示す [20, 21]．緩和時間 T_1^H と $T_{1\rho}^H$ は，それぞれ図 2.33 (c) と (d) のパルスシーケンスより求められる．図 2.35 (a) 中の矢印で示したピーク（○と▲）は，PMAA の CH_2 基（55 ppm）と PVAc の OCH 基（68 ppm）である．

図 2.35 (b) に示した T_1^H とブレンドの組成比の関係を見ると，ブレンド前の PMAA の T_1^H が 0.76 s，PVAc の T_1^H が 3.17 s であるのに対し，ブレンド後では，どちらの T_1^H も組成比（χ_{PMAA}）に応じた中間の値をとり，互いに一致した値となっている．もし

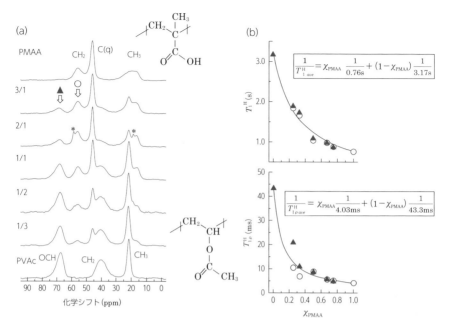

図 2.35　ポリメタクリル酸／ポリ酢酸ビニル (PMAA/PVAc=3/1 〜 1/3) ブレンドの (a)
^{13}C CPMAS NMR スペクトルと(b) T_1^H および $T_{1\rho}^H$ の組成依存性[20,21]

---

^{1}H スピン拡散　^{1}H スピンどうしのフリップ–フロップ (flip–flop) により起こるエネルギー交換．拡散する距離 (r) は拡散定数 (D) と時間に依存する．拡散距離は拡散方程式の解により見積もることが可能である．拡散方程式の解(r) は初期条件(拡散前のエネルギーの形) に依存するが，δ 関数を初期条件に選べば $r^2 = 6Dt$ と求まる．高分子の場合，D の値は $600 〜 800\ nm^2s^{-1}$ 程度である．したがって数 s の T_1^H で数十 nm，数十 ms の $T_{1\rho}^H$ で数 nm の距離に到達する．一般に T_1^H で $20 〜 50\ nm$，$T_{1\rho}^H$ で $2 〜 5\ nm$ のドメイン内であれば，異なる複数の緩和時間は ^{1}H スピン拡散により一致するといって差し支えない．

も ^{1}H スピン拡散が起こらなければ，両者の T_1^H はブレンド前の値と同じ値として観測され変化しない．つまり，この観測結果は，PMAA と PVAc との間で ^{1}H スピン拡散が効率よく働いた結果といえる．図中の実線は，^{1}H スピン拡散が完全に起こった場合の理論値(平均値)を表しており，緩和速度 $(1/T_1^H)$ の単純な ^{1}H モル比 (f_{PMAA}) の分配から求められる (図中の式：PMAA と PVAc では構成ユニットの H の数と分子量が同一となり $\chi_{PMAA} = f_{PMAA}$ が成り立つ)．同様に $T_{1\rho}^H$ の場合，ブレンド前の PMAA の $T_{1\rho}^H$ が 4.03 ms，PVAc の $T_{1\rho}^H$ が 43.3 ms であるが，ブレンド後では組成比に応じた中間の値となる．ただし，組成比が PVAc リッチ($\chi_{PMAA} = 0.2 〜 0.4$)では，PMAA の値と PVAc の値は完璧には一致していない．このことは，^{1}H スピン拡散は働くが不十分であることを示す．

^{1}H スピン拡散が効果的に働く距離は，目安として T_1^{H} 程度の時間で 20 〜 50 nm，$T_{1\rho}^{\mathrm{H}}$ で 2 〜 5 nm である．そのため，PMAA/PVAc ブレンドの場合，50 nm 以内に両者のドメインが存在し，この距離の分解能では完全相溶と認識されることを示している．一方，5 nm 以内の分解能で見ると，PMAA リッチブレンドは相溶であるが，PVAc リッチブレンドは部分相溶であるといえる．

【注意事項】
①図中の実線はブレンド前の緩和時間を用いている．ブレンドの影響により分子運動が変わり，ブレンド中の各ポリマーの緩和時間自体が変わってしまうこともあるので，理論式から得られる値は，あくまでもブレンド後に単体の緩和時間が変わらないという仮定が入っていることに注意が必要である．
②$T_{1\rho}^{\mathrm{H}}$ を観測するパルスシーケンス (図 2.33 (d)) は，CP の前に ^{1}H 側に rf パルスを照射 (スピンロック：SL) して ^{1}H 磁化を減衰させる．しかし，CP 中にも ^{1}H 磁化の減衰は進行するので，CP 接触時間は $T_{1\rho}^{\mathrm{H}}$ の 1/10 程度まで短く設定する．

【参考文献】

1) T. D. W. Claridge，『有機化学のための高分解能 NMR テクニック』，講談社サイエンティフィク (2004)
2) 竹内敬人，加藤敏代，『よくある質問 NMR の基本』，講談社サイエンティフィク (2012)
3) M. Hesse 他，『有機化学のためのスペクトル解析法 (第 2 版)』，化学同人 (2010)
4) K. Hatada, T. Kitayama，『NMR Spectroscopy of Polymers』，Springer (2004)
5) 浅野敦志，ぶんせき，6, 266 (2014)
6) C. S. Yannoni, *Acc. Chem. Res.*, **15**, 201 (1982)
7) A. E. Bennett et al, *J. Chem. Phys.*, **103**, 6951 (1995)
8) B.M. Fung et al, *J. Magn. Reson.*, **142**, 97 (2000)
9) A. Detken et al, *Chem. Phys. Lett.*, **356**, 298 (2002)
10) S. R. Hartmann, E. L. Hahn, *Phys. Rev.*, **128**, 2042 (1962)
11) G. Metz et al, *J. Magn. Reson. A*, **110**, 219 (1994)
12) 竹腰清乃理，『磁気共鳴 - NMR −核スピンの分光学−』，サイエンス社 (2011), p.45
13) A. L. Van Geet, *Anal. Chem.*, **42**, 679 (1970)
14) M. Kitamura, A. Asano, *Anal. Chem.*, **29**, 1089 (2013)，およびこの論文中の参考文献
15) A. Bielecki, D. P. Burum, *J. Magn. Reson. A*, **116**, 215 (1995)
16) T. Takahashi et al, *Solid State Nuc. Magn. Reson.*, **15**, 119 (1999)
17) D. A. Torchia, *J. Magn. Reson.*, **30**, 613 (1978)
18) S. J. Opella et al, *J. Am. Chem. Soc.*, **101**, 5856 (1979)
19) K. Schmidt-Rohr, H. W. Spiess，『Multidimensional Solid-State NMR and Polymers』，Academic Press (1994)
20) A. Asano，『Experimental Approaches of NMR Spectroscopy』，Springer (2017), p.313-340
21) A. Asano et al, *Macromolecules*, **35**, 8819 (2002)

【さらに詳しく勉強したい読者のために】

1) 齊藤肇他，『NMR 分光学−基礎と応用−』，東京化学同人 (2008)
2) 阿久津秀雄他編，『NMR 分光法 原理から応用まで』，学会出版センター (2003)
3) 日本分光学会編，『分光測定入門シリーズ 8 核磁気共鳴分光法』，講談社サイエンティフィク (2009)
4) 高分子学会，『新高分子実験学 5 高分子の構造 (1) 磁気共鳴法』，共立出版 (1995)
5) 北川進他，『錯体化学会選書 4 多核種の溶液および固体 NMR』，三共出版 (2008)
6) 引地邦男，『NMR ノート』，http://www.nda.ac.jp/~asanoa/lectures/hikichi/index.html

3 質量分析法

川﨑英也(関西大学化学生命工学部)・山本敦史(公立鳥取環境大学環境学部)

3.1 はじめに

トムソン(J. J. Thomson，1856 〜 1940，イギリスの物理学者)は，異なる質量をもつ荷電粒子が電場と磁場の作用によって分離できることを示した．彼の実験では電荷 q と質量 m が同一の荷電粒子は同一の放物線上を感光させる．図 3.1 に示すように，ネオンの気体分子は質量が 20 のものと 22 のものに分離された．2 個の電子を失った粒子は $m/2$ に相当する質量の荷電粒子として観測されること，特定の軌道の到達点にファラデーカップなどを用いることによって電気信号として検出できることから，現在，質量分析は価数の絶対値を z として m/z とその強度を求める分析法とされる．なお，ここでいう質量は g で表す質量ではなく，統一原子質量単位（静止した基底状態の ^{12}C の

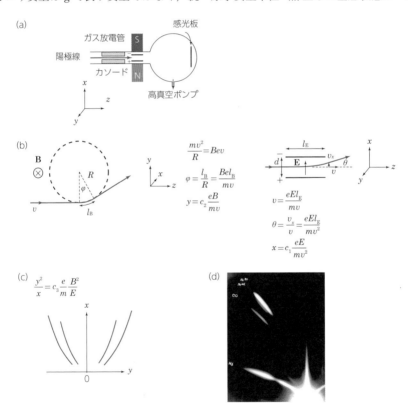

図 3.1　陽極線発生管によるネオン同位体の分離
(a) トムソンが用いた装置の概略図，(b) 電場と磁場によって z 方向に速度 v で移動する荷電粒子に働く力によって x, y 方向にずれる軌道，(c) 同一の e/m をもつ荷電粒子はこの式で示される放物線上を感光する．(d) ^{20}Ne から分離された ^{22}Ne が検出された様子（*J. Chem. Soc.*, Dalton Trans., 3893(1998)より）.

質量の 1/12) で割った相対質量である. m/z を x 軸にとり, 強度を y 軸にとったデータをマススペクトルという.

　質量分析は当初, 原子質量の精密な測定や, 同位体の分離に用いられた. そして, 信号強度が物質の量と関連があることから定量分析に使われた. 有機分子の分析ではイオン化やフラグメンテーション(断片化)がその分子構造に基づいて起ることから有機化学の構造解析に用いられた. 特にクロマトグラフィーと組み合わせた手法は微量定量分析が可能であるとして, 飲料水・食品・医薬品・環境汚染の検査などに用いることが定められ, 社会の至るところで一般的に用いられるようになった. 質量分析の特長に微量の物質の検出ができることの他に, 膨大な物質を検出できるという点がある. 今ではプロテオミクスやメタボロミクスなどの分野において, 試料中に現れている生体分子を網羅的に分析できる手法としても活用の範囲を広げている.

3.2 原理

　質量分析で分離できるのは正または負の気相イオンである (気相イオンを扱う質量分析では陽イオン・陰イオンとはいわない). 質量分析ではまず, 試料をイオン化し磁場・電場により分離し, 検出器でイオンを電気信号として検出する. 現在, 一般に用いられている質量分析計では, この過程に少なくとも 10^{-5} 秒程度かかる. 化学反応の反応速度はさまざまであるが, この時間は分子や電子にすればとても長い時間といえる. そのため, 質量分析計で物質を分析するといっても, 実際に検出しているのはこの時間スケールで十分な寿命をもつ気相イオンである.

　気相イオンの周辺に中性分子があると, それらと接することにより電荷がやりとりされ, 目的の物質が中性化することがある. そのため, 気相イオンとして維持するには装置内を真空とする必要がある. 最終的に, 質量分離されたイオンは電気信号として検出される. 質量分析装置はイオン化部, 質量分離部, 検出器からなる装置である. 質量分析は現在, きわめて微量の物質を分離できるが, それぞれの過程での効率は 100% ではなく, 試料に含まれる対象物質のすべてを検出することはできない手法ともいえる. イオン化, 質量分離, 検出に用いられる原理にもさまざまなサイエンスが組み合わされているが, 使おうとするユーザーには何が測れているのかを理解して使用してほしい. ここでは, イオン化, 質量分離, 検出器をそれぞれ解説する.

3.2.1　イオン化
(1)電子イオン化(EI, Electron ionization)
　タングステンフィラメントなどから電子を物質に衝撃し, 物質をイオン化する手法であり, 真空中(10^{-3} Pa 以下, 真空を表す単位には Torr が使われることも多い. 1 Pa ≒ 0.0075 Torr) で行われる. ガスクロマトグラフィー (GC), もしくは直接導入プローブによってイオン源に気化した試料分子が導入される. 一般的に, 照射される電子のエネルギーは 70 eV とされる. 試料分子が一様にこのエネルギーを受けとるわけではなく, 試料分子のもつエネルギーには分布ができる. イオン化エネルギーよりも大きいエネルギーを受けとった分子は一価の正イオンとなる.

$$M + e^- \rightarrow M^{+\cdot} + 2e^- \tag{3.1}$$

　　質量分析では,電子を失い正イオンとなった分子イオンを$M^{+\bullet}$のように書く.中黒($\bullet$)は分子が奇数電子のラジカルとなっていることを表している.ただし,電子ビームによるイオン化の効率は数パーセントであり,高効率とはいえない.多環芳香族におけるEIでは多価イオンが生じることもある.

　　分子にはEIによりイオン化エネルギーよりも過剰なエネルギーを受けとるものも多い.一般的な共有結合のエネルギーを$150 \sim 500$ kJ/molとすると,電子ボルト換算では$1.6 \sim 5.2$ eVとなり,過剰なエネルギーによって結合が切断されフラグメンテーションが起きる.複数の反応経路でフラグメンテーションが起り,さまざまなフラグメントイオンが生じる.その反応の起りやすさに応じて,生じるフラグメントイオンの信号強度が変化する.EIのイオン源で生じた気相イオンは他の分子と衝突することがないため,その反応は凝縮系での反応と異なり,反応の再現性は高い.異なる装置を用いても同様の結果が再現できることから,得られたマススペクトルはライブラリとして蓄積され,物質の同定に使われている.

(2)化学イオン化(CI, Chemical ionization)

　　EIはフラグメンテーションが起こりやすいイオン化であり,分子量情報が得られる$M^{+\bullet}$がマススペクトル上に現れないことも多い.これを避けるため,より穏やかな条件で物質をイオン化する方法の一つにCIがある.あらかじめイオン化した試薬ガス(反応ガスともいう.炭化水素,アンモニア,アルコール類,貴ガスなど)との間に起こるイオンと中性分子の化学反応を用いる方法である.試薬ガスの圧力は数十Paであり,EIとは異なり,生じる気相のイオンは中性分子と高頻度で衝突を起こす.このため,さまざまな反応が起り得る.試薬ガス由来の$R^{+\bullet}$やRH^+との電荷移動(Charge transfer)反応とプロトン移動(Proton transfer)反応は代表的なCIでのイオン化反応である.$M^{+\bullet}$の他にプロトン化分子も生じる.

$$M + R^{+\bullet} \longrightarrow M^{+\bullet} + R \tag{3.2}$$
$$M + RH^+ \longrightarrow [M + H]^+ + R \tag{3.3}$$

　　分析化学では,角括弧[　]で囲うと濃度を意味する.ただし質量分析では,括弧で囲われた化学種が結果としてどのような価数となっているかを括弧の外に書く.そのため,$[M + H]^+$と$[M - H]^+$と書いたとき,括弧の中のHの意味が前者ではプロトン,後者では水素化物イオンを意味する.中性試料分子のイオン化エネルギーと試薬イオンの再結合エネルギーの大小関係,中性試料分子と試薬ガス分子のプロトン親和力の大小関係によって反応の起りやすさが決まる.

　　試料によっては負イオンのCIが高効率で起こるものがある.電荷移動,プロトン移動に加えて,ジクロロメタンなどのハロゲンを含む試薬ガスを用いたときに生じる負イオンX^-が,中性試料分子に付加する$[M + X]^-$が生じる.

(3)大気圧イオン化

　　EIやCIでは,真空中に導入された気体分子をイオン化するが,ここで示すのは大気圧下でイオン化される手法である.液体クロマトグラフィー(LC)は物質の絶対量がGCに比べて非常に大きく,LCの移動相を気化して通常のEIやCIに接続することは難しい.一方,CIについては試薬ガスの圧力が高いほうが,試薬ガスと試料分子の衝

突回数が増加するためにイオン化の効率が高くなる.

　大気圧化学イオン化（APCI）では，LCからの溶出液を数百度に加熱し窒素などの噴霧ガスとともに気化させる.　噴霧口には針電極を配置し，数kVの電圧をかけることでコロナ放電を起こす.　大気圧において大量に存在する窒素や移動相分子はコロナ放電によりイオン化され，試薬ガスとして目的成分とイオン分子反応を起こす.　結果として[M＋H]⁺や[M−H]⁻が生成する.　これらの気相イオンは大気圧にあるために，後述の差動排気インターフェイスを経て真空下にある質量分離部へ運ばれる.　APCIでのイオン化はCIにおけるイオン化に似たものとなる.

　一方で，液体が流出しているキャピラリーに数kVの高電圧を印加すると，溶液中で正・負イオンの分離が起こり，キャピラリーの先端に円錐状の液体コーン（テーラーコーン）が形成されることはよく知られていた.　図3.2に示すように，流出した液体はテーラーコーンの先端から過剰に帯電した微細液滴として放出され，そこから最終的に気相のイオンが生成する.　この現象はエレクトロスプレー（ESI）と呼ばれ，後に質量分析計のイオン化法として用いられるようになった.

　帯電液滴からの気相イオン生成には二つの機構が考えられている.　テーラーコーンから放出された液滴では，加熱され溶媒が蒸発されるにつれ，表面電荷密度が増加する.　クーロン反発が液滴の表面張力を超えたとき，液滴が爆発的に細分化される.　さらに液滴のサイズが小さくなると液滴中のイオンがクーロン反発により気相に飛び出す.　それとともに，液滴の分裂による微細化が液滴にイオンが一つのみ含まれるまで進み気相のイオンになる.　ESIではこれら二つの機構が起こっていると考えられている.

　ESIでは液体が微細液滴になっていかねばならない.　液体には表面張力があり，表面積を小さく保つ力が働いている.　液滴が小さくなることで表面積は増加するため，表面張力の大きな液体はESIにとって不利である.　LCの移動相に用いる水の表面張力は72 mN/mと高いが，メタノールやアセトニトリルはそれぞれ22，28 mN/mである.　ESIの効率を考えると，有機溶媒の比率が高いほうがよいといえる.　また，沸点の高

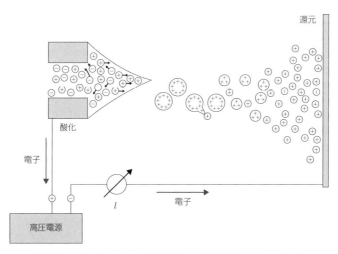

図3.2　正イオンモードESIにおける気相イオンの生成
(*Anal. Chem.*, 65, 972A (1993) より)

い溶媒は蒸発もしにくいため，高沸点の溶媒も ESI にとって不利である．

　ESI の特長として，極性物質に対して非常に効率がよい点，低分子から高分子まで非常に幅広い質量範囲のイオン化が可能である点があげられる．プロトン付加，脱離したイオンが基本であるが，多数のプロトンが付加，脱離した多価イオンや，さまざまなイオンとの付加イオン形成が起こりやすい．

3.2.2　質量分離

　イオン源によってイオン化された試料イオンは，電磁気力によって m/z の値に応じて分離される．トムソンによって用いられた磁場型に始まり，四重極型，イオントラップ型，飛行時間型，FT-ICR など，さまざまな原理に基づく装置が考案されている．

(1)磁場型

　磁場，電場に置かれたイオンには，それぞれローレンツ力，クーロン力が働く．磁場に導入されたイオンはローレンツ力と向心力のつりあいによって，その軌道が曲げられる．等速円運動をしている物体に働く中心に向かう力が向心力である．m/z の大きなイオンはその軌道半径が大きくなり，小さなイオンほど軌道半径が小さくなる．特定の軌道のイオンのみが通過するスリットと検出器を用いることで，m/z の値ごとにイオンを検出できる．

　扇形(セクター型)磁場を用いると，イオン源から磁場への軌道でわずかに異なる方向に出射した，ある m/z のイオンを同一点に収束させることができる．さらに扇形電場を用いると，クーロン力と向心力のつりあいによって，同様に m/z ごとに軌道半径を変えることができる．イオン化の時点でイオンの運動エネルギーには分布があるが，扇型電場によってこれを収束させることができるため，扇形電場と扇形磁場の両方を用いた質量分析計を二重収束型という．二重収束型の質量分析計では高い質量分解能が実現できる．特定の m/z のイオンのみを検出する動作様式を選択イオンモニタリング(SIM)，磁場・電場を走査し，どのような m/z のイオンが検出されるかを見る動作様式をスキャンという．

　二重収束型質量分析計を SIM モードで用いると，定量性が高いため，GC や EI と組み合わせてダイオキシンなどの超微量分析にも長く用いられてきた．しかし装置が大型であることや，磁場の掃引速度が遅いという欠点がある．同等の定量性が他の原理の質量分析計でも可能になりつつあるため，ユーザーの数は減少傾向にある．

(2)四重極型

　パウル(W. Paul，1913 〜 1993，ドイツの物理学者)は 1953 年に四重極型の質量分析計を開発した．図 3.3 に示すように，四重極型は対向する双曲形の二組の電極（多くの場合は円柱状の電極で代用される）で構成されている．隣りあう電極に，位相が異なる直流電圧 U と高周波電圧 V $(U + V \cos\omega t)$ を印加することで，x 方向と y 方向には引力と斥力が交互に作用する．四重極内におかれたイオンは m/z の値によって振動運動が異なり，安定な振動のまま四重極を通過できるもの以外は電極に衝突し電荷を失う．U と V の比を一定に保ちつつ V を変化させると，特定の m/z のイオンのみが安定な振動運動をして四重極を通り抜けることができることから質量分離が可能となる．図 3.3 に示すように四重極を通過できる振幅となる U，V の領域は決まっている．これらの電

圧値を掃引することにより，SIM・スキャンモードで測定できる．

　四重極型は，磁場型のように大型の磁石が必要ではなく，定量性にすぐれ，高速の掃引が可能であるために多成分定量分析に向いている．通常は，ユニット分解能と呼ばれる電圧値の設定で用いられる．これは質量分解能が m/z で1の差を分けられるという設定である．四重極型でより詳細な分解能を求めると，大幅にイオンの透過率を犠牲にしなくてはいけない．m/z で3000以上のイオンを測定することは，高周波印加電圧の限界から難しいという欠点がある．

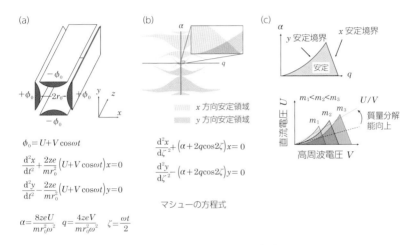

図3.3　四重極質量分析計の概念図

（a）双曲線電極形状を用い隣り合う電極に位相の異なる高周波電圧を印加したときの，x, y 方向の運動方程式について変数変換を行うとマシューの方程式が得られる．（b）マシューの方程式は α, q が色つきの値をもつ場合のみに安定な解をもつ．（c）安定領域の頂点近傍を利用した場合，質量分解能は高いが，透過率は低下する．

(3)イオントラップ型

　一般にイオントラップ型とは，四重極型と同様にパウルによって開発されたものをいう．図3.4に示すようなドーナツ状のリング電極とその上下に配置された双曲面エンドキャップからなる．二つのエンドキャップは電気的に接続され，エンドキャップとリング電極には $(U + V \cos \Omega t)$ で示される直流電圧 U と高周波電圧 V が印加される．四重極型と同様に安定な振動となる m/z または m/z の範囲を作り出すことができる．四重極型との大きな違いは，四重極型が安定な振動のイオンを検出器まで送るのに対して，イオントラップではイオンの振動を不安定にしてイオントラップから排出して検出するという点にある．

　四重極型と同様に装置の小型化が可能である．大きな特長に，多段階の質量分離が可能であるという点がある．これについては3.3節で述べる．一方，イオントラップは空間電荷の影響で，一度に多量のイオンをトラップすることができない．ユニット分解能での走査においてトラップできるイオンの数は最大で $10^3 \sim 10^4$ 個であることから，あまり定量分析には用いられない．

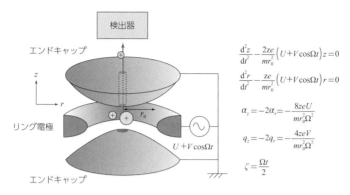

図 3.4　**イオントラップの概念図**
四重極型と同様に *r*, *y* 方向の運動方程式について変数変換を行うとマシューの方程式が得られる.

(4) 飛行時間型（TOF）

　飛行時間型の質量分析計は 1946 年にステファン（W. E. Stephen, 1912〜80, アメリカの物理学者）によって提案された. あるイオンが一定の距離 *L* の自由空間を飛行する時間が *m/z* によって異なることを利用したものである. エネルギーの保存則により, *m/z* とイオンの速度 *υ* の間には, 統一原子質量単位を m_u として

$$\upsilon = \sqrt{\frac{2\,eV}{m_u \times m/z}} \tag{3.4}$$

の関係があり, 飛行時間 *T* は

$$T = \frac{L}{\upsilon} = L\sqrt{\frac{m_u \times m/z}{2\,eV}} \tag{3.5}$$

となる.（1）〜（3）の質量分離が空間的に行われるのに対して, TOF ではすべてのイオンが検出される時間的な質量分離が行われる. イオンはパルス状に質量分離部に導入され, 飛行時間が測定される. イオンはきわめて短い時間幅で飛行するために, 詳細な *m/z* の差を見分けるにはナノ秒スケールの時間差を見分けられる検出器が必要となる. パルスの幅を短くすること, 飛行距離を伸ばすことによって, より高い質量分解能が実現できる. イオンの運動エネルギーに分布があると, 同じ *m/z* のイオンでも飛行時間に分布ができてしまうために分離が悪くなる. この分布を収束させるために 2 段階加速法, 直交加速法, リフレクトロンなどが用いられる.

　TOF は, すべての *m/z* のイオンを検出するため高感度であることや, 質量分解能が高く, 測定可能な *m/z* の範囲に制限がない, 測定時間が短いという特長がある. 一方, 検出器に到達したイオンをコンピュータのデジタル信号に変換する際の速度が遅く定量分析が困難であった. しかし近年は変換速度が高速化し, 定量性が向上した TOFMS が登場している.

(5)フーリエ変換イオンサイクロトロン共鳴(FT-ICR)

FT-ICRはマーシャル(A. G. Marshall, アメリカフロリダ州立大)らによって1974年に発表された. 一様な磁場Bに垂直な方向へ速度vで導入されたイオンはローレンツ力によって円形の回転運動を行う. このときの回転周波数(f, サイクロトロン共鳴周波数)は軌道半径に依存しない. そのためfとBを測定することでm/zを得ることができる.

$$f = \frac{eB}{2\pi m_{\mathrm{u}} \times m/z} \tag{3.6}$$

実際には, 図3.5に示すような構造の装置を用い, 励起電極にサイクロトロン共鳴周波数の高周波電圧をかける. 導入されたイオンは回転運動が励起され, 同じm/zのイオンの位相が揃い, 各イオン群の回転運動が検出電極に対して誘導電流をもたらす. 複数のイオンの周波数成分が重ねあわさった誘導電流は増幅され, デジタル化されフーリエ変換によりm/zに対応するデータに変換される.

FT-ICRの検出は他の質量分離の原理に比べて間接的であり非効率である. 高い信号強度を得るためには強い磁場が必要であり, 市販の装置では超電導磁石を用いている. FT-ICRでは, 誘導電流の検出に長時間をかけるほど, 質量分解能が高くなる. そのためには高い真空度を確保し, イオンが残留ガスと衝突することなく回転運動を続けられるようにする必要がある. FT-ICRは非常に高い質量分解能を得ることができるが, 超電導磁石や高真空を用いる必要があり, 大型かつ高価である.

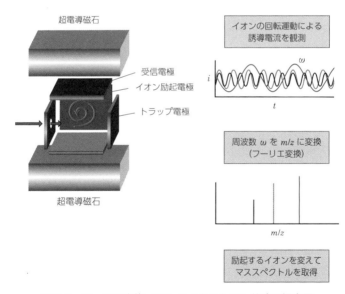

図3.5 フーリエ変換イオンサイクロトロン共鳴の概念図

3.3 タンデム質量分析

質量分析を連続して行う手法をタンデム質量分析 (MS/MS) といい, 二つの質量分離部を用い空間的なタンデムとするものと, イオントラップのように同一の装置内で時間

的にタンデムとするものの2種類がある．MS/MS はイオンの構造情報を得るために，1段階目の MS の後，衝突ガス・反応ガスを用いることで解離反応などを起こし，生成したイオンについてさらに2段階目の MS を行う．また，起こる反応が事前にわかっていれば，反応前後のイオンの m/z 値を用いることで，より選択性の高い分析が可能となる．解離前のイオンをプレカーサー（前駆）イオン，解離後のイオンをプロダクトイオンという．

3.3.1　時間的タンデム質量分析

　イオントラップ型の質量分析計では，特定の m/z のプレカーサーイオンをトラップすることができる．これに衝突ガスを導入し衝突させることによってフラグメンテーションを起こさせる．これを衝突誘起解離（Collision induced dissociation：CID）という．プロダクトイオンについて m/z を測定し，さらにトラップ内で CID を起こさせることもできるため，多段階の MS/MS が可能である．n 段階の質量分析によって得られたプロダクトイオンを n 次プロダクトイオンという．

3.3.2　空間的タンデム質量分析

　2台の質量分離部で，解離反応室を挟んで接続することによっても MS/MS は可能である．二つの分離部に同じ原理を用いるものも，異なる原理を用いるもの（ハイブリッド型）も市販されている．最も一般的な空間的 MS/MS は三連四重極型である．三連四重極では1番目と3番目の四重極が質量分離に用いられ，2番目はすべてのイオンを通す四重極イオンガイドとしての役割と衝突ガスを用いた CID の場としての役割がある．

質量分離について前段を MS1，後段を MS2 とし，それぞれに SIM，スキャンに相当する動作様式が可能である．

　図 3.6 に示すような四つの動作モードが可能である．それぞれ特定の m/z のイオンのみを通すモードとしたものを選択反応モニタリング（SRM，機器メーカーによっては MRM とも呼ばれる）という（図 3.6 (a)）．解離反応前後で生じるイオンの m/z 値がわかっているときに，SRM を用いると選択性の非常に高い測定が可能となる．また，MS1 を SIM，MS2 をスキャンとすることで，特定のイオンから生じるフラグメントイオンのマススペクトル

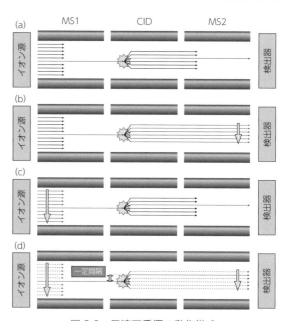

図 3.6　三連四重極の動作様式
(a) 選択反応モニタリング，(b) プロダクトイオンスキャン，(c) プレカーサーイオンスキャン，(d) 中性ロススキャン．

を取得できる．これをプロダクトイオンスキャンという（図 3.6(b)．MS1 をスキャン，MS2 を SIM とすることで，特定の *m/z* をもつフラグメントイオンを生成する前駆イオンについてのマススペクトルを取得できる．これをプレカーサーイオンスキャンという（図 3.6(c)．また，MS1 と MS2 をともにスキャンとすると，解離反応の前後で特定の質量差を生じるイオンの組合せが検出されるかどうかを調べることができ，これを中性ロススキャンという（図 3.6(d)）．解離反応は構造に依存するため，ハロゲン原子の HX での脱離，CH_4O，H_2O，CO_2 脱離など，構造に特有の中性ロスに関する情報を得ることができる．

3.3.3　DDA, DIA

　質量分析計のデータ取得は高速化が進んでおり，2 段階の動作モードを用いてデータを取得しても，クロマトグラフィーの時間スケールを考えると，二つのモードについて連続的なデータがとれていると見てよい．そのような特性を利用した動作様式に Data dependent acquisition（DDA，メーカーによっては IDA とも呼ばれる）がある．DDA ではいったん MS2 でどのイオンがどの程度検出されているかを測定した後，その情報に基づき，高いシグナル強度で測定されたイオンについて改めて MS1 で選択し，それについてのプロダクトイオンスペクトルを得る手法である．これによって，事前に分析対象を決めることなく検出されたデータからイオンの構造解析ができる．MS2 には，おもに TOF などの高速な質量分離部が用いられる．

　一方，DDA では 1 段目の測定で一定の信号強度をもたないイオンについては二段階の測定が行われないため，取りこぼしのある測定であるともいえる．そのため，Data independent acquisition（DIA）といわれる動作様式も用いられる．前段の MS1 ですべてのイオンを通過させるか，もしくは一定の *m/z* 範囲のイオンをすべて通過させ，それらすべてを CID でフラグメンテーションさせた後，MS2 でマススペクトルを取得する方法である．MS2 には TOF やフーリエ変換型の高質量分解能の分離部が用いられる．この DIA（All ion fragmetation，もしくは SWATH と呼ばれる）は取りこぼしのないより網羅的なデータ取得法といえる．

3.3.4　フラグメントイオンの表記法

　ペプチドと糖鎖については開裂様式によって生じるフラグメントイオンの表記法が決まっている．ペプチドの例を図 3.7 に，糖鎖の例を図 3.8 に示す．

　ペプチドの主鎖骨格を構成する結合には①α炭素原子とカルボニル基（C=O）間，②

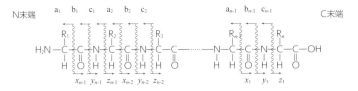

図 3.7　ペプチドの開裂様式によって生じるフラグメントの表記法
矢印の方向のフラグメントに電荷があるとして右の下付きでフラグメントに含まれるアミノ酸残基の数を示す．

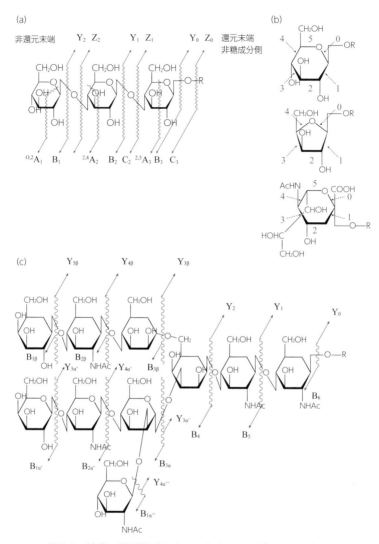

図 3.8 糖鎖の開裂様式によって生じるフラグメントの表記法
(a) 矢印の方向のフラグメントに電荷があるとして右の下付きで糖残基の数を示す，(b)
環内開裂位置の表記，(c) 分岐糖鎖の表記．

カルボニル基とイミノ基(NH)間(ペプチド結合)と③イミノ基と α 炭素原子間の3種類がある．①で開裂し，N末端側のフラグメントに電荷がくるものを a イオン，C末端側に電荷がくるものを z イオン，②で開裂し，N末端側に電荷がくるものを b イオン，C末端側に電荷がくるものを y イオン，③で開裂し，N末端側に電荷がくるものを c イオン，C末端側に電荷がくるものを z イオンという．ペプチドの末端から数えて何番目のアミノ酸残基までフラグメントに含まれるかで a_1，a_2，a_3，…というように表記する．CID では b イオン，y イオンのフラグメントが生じやすい．糖鎖ではグリコシド

結合の還元末端側か，非還元末端側か，または環内開裂により生じるフラグメントかによってペプチドと同様に表記する．

3.4 検出器

トムソンは初めの質量分析で分離したイオンを写真乾板に記録していた．感度の低さや量的な比較が困難であることから，現在の装置では質量分離した後にイオン電流を測定している．イオン電流はフェムトアンペアといった非常に小さな値の世界であるため，増幅させて検出する必要がある．

3.4.1 エレクトロンマルチプライヤー

エレクトロンマルチプライヤーは電子を増幅させるもので，図3.9に示すように，多数のダイノードと呼ばれる電極からなっている．イオンがダイノードに衝突することにより二次電子が発生する．電極には $100 \sim 200$ V の電位差が与えられており，発生した電子は加速され第二のダイノードに衝突し，さらに電子を発生させる．これを繰り返すことでねずみ算式に電子が増え，通常は $10^6 \sim 10^7$ 倍に増幅される．

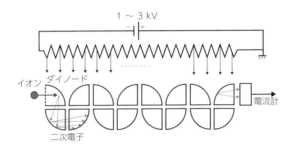

図3.9　二次時電子増倍管の模式図
(日本質量分析学会編，「質量分析学」，図2-23 より引用)

3.4.2 フォトマルチプライヤー

フォトマルチプライヤーは，エレクトロンマルチプライヤーと同様に，イオンがまずダイノードに衝突して二次電子を生じさせる．この電子を加速してシンチレータに当て，その発光をフォトマルチプライヤーで検出する．フォトマルチプライヤーは検出器自体が密封され真空となっているために，試料などによって汚染することがなく長寿命である．

3.4.3 マルチチャンネルプレート

管状の構造で二次電子を増幅させるものもあり，管のサイズを小さくして束にして用いたものをマルチチャンネルプレート（MCP）という．電子の走行距離が短いために応答が速く，高速の質量分離を行う飛行時間型でよく用いられる．

3.5　質量分解能

得られたマススペクトルをm/z軸で拡大すると，イオンのもつm/z値には幅がある（一定ではない）ことがわかる．これは実際にイオンの質量にばらつきがあるわけではなく，同じm/zのイオンがもつエネルギーには幅があり，またそれぞれのイオンには電荷の反発があるために完全に同じ位置に収束させることができないためである．そのため，m/z値が近いイオンと分離できる能力が質量分析では大切であり，これを分解能という．質量分析における分解能は，質量mの値ではなく，区別できる質量差Δmを用いて$m/\Delta m$と定義される．

何をもってΔmとするかについて，図 3.10 に示すようにピークの幅を用いる方法と

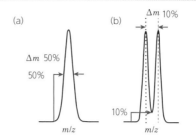

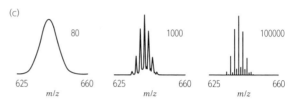

図 3.10　**質量分解能の例**

(a) ピークの半値幅をΔmとする例（FWHM），(b) 近接する高さの同じピークが 10% の高さで分離するところの差でΔmとする例（10% バレイ），(c) ヘキサブロモシクロドデカン（$C_{12}H_{18}Br_6$）をESI 負イオンモードでイオン化したときに生じる脱プロトン化分子をそれぞれ FMWH の分解能で表したときのマススペクトル．^{79}Brと^{81}Br を三つずつ含むアイソトポログが主イオンとなる．

近接する同じ高さのピークがどの程度分離しているかを見る二つの手法がある．ピーク幅を用いるものは通常，ピークの半分の高さにおける幅である半値幅（full width half maximum：FWHM)を用いる．近接する二つのピークを用いるものは通常はピーク高さの 10% の位置で分離されているものを分離すると見る 10% バレイを用いる．磁場型，飛行時間型のように数万の分解能をもつものから，FT-ICR のように分解能が百万あるものまで，高分解能質量分析計は身近なものになりつつある．図 3.10 に分解能の違いにより，マススペクトルがどのように変わるかを示した．高分解能の質量分析計を用いることで各イオンの精密質量を求めることができる．

3.6　クロマトグラフィーとの組合せ

質量分析は微量の多成分を同時に分析できる優れた方法である一方で，目的成分を検出するに至る過程でのロスが多く，共存する成分に影響を受ける方法でもある．そのため，異なる原理の分離分析と組み合わせて用いられることが多くなっており，その代表例がクロマトグラフィーである．質量分析の前段階の分離法としてクロマトグラフィーを用いることで，時間的に分離された試料について連続的にマススペクトルが得られ，定性的，定量的な性能は飛躍的に向上する．

3.6.1 GC/MS

ゴールケ（R. S. Gohlke, 1929～2000, アメリカ）とマクラファティ（F. W. McLafferty, 1923～, アメリカ）によって1956年に初めてガスクロマトグラフと質量分析計を組み合わせた装置が開発された．気体を用いるクロマトグラフィーであるため，試料は分析される温度において分解されず気化できる必要がある．そのため，気化からクロマトグラフィー分離，質量分析計への導入の過程で温度の管理は特に重要である．GCでは移動相が気体であるために，固定相との分配平衡にかかる時間も短く，カラムも長くすることが容易であるために，分解能の高い分離を行うことができる．ただし，一般に使われることが多くなったキャピラリーカラムを用いるGCのピークの幅は0.1分程度であり，質量分析のデータ取得もこれにあわせて十分なデータ点がとれるように設定しなくてはならない．

GC/MSでは現在，キャリアガスの流量・圧力は電子式制御で行われており，温度制御も精密である．また，イオン化法も再現性の高いEIが用いられることが一般的である．そのため，GC/MSで得られるデータは条件設定が同じであれば装置が異なっていても同一試料で同じデータが得られやすい．そのため，公定法やアプリケーションノートなどにある分析例の条件をそのまま適用できる場合が多い．分解性や不揮発性の成分は分析できないが，固体試料に対しても熱分解によって生じる揮発性成分を測定の対象とすることができる．

3.6.2 LC/MS

1970年代に，LCをオンラインでMSに接続する報告例が複数の研究者によって報告され始めた．大気圧イオン化の登場によって，LCのような凝縮系の移動相を質量分析に用いるクロマトグラフィーが適用しやすくなった．ESIでは高極性の生体高分子などにも適用できるなど，GC/MSよりも分析試料への制約が少ないためにユーザーは急増している．

しかし，分析例の条件をそのまま適用してもGC/MSほどデータの再現性が高くならない．ESIなどのイオン化は凝縮系の反応であり，イオン源の構造やLCの移動相組成を変化させるグラジエント，LCカラムなどの細かな違いによって影響を受けるためである．またGCに比較して粘性の高い液体を使うため，耐圧の限界からくる流量の上限値もあり，GC程の高分離を得ることができない．

3.6.3 インターフェイス

質量分析の分離部は，気相イオンを対象とするため，分離部は高真空となっている．一方，GCにせよLCにせよ，クロマトグラフィーでは移動相によって試料が運ばれて導入される．そのため高真空を保てる状態でクロマトグラフィーをいかに接続するかが大きな課題であった．GCに関しては，キャピラリーカラムの登場によって移動相流量を減らすことができるようになり，真空を保ったままカラムの出口をイオン源に接続できるようになった．LCに関しては大気圧イオン化の登場により，イオン源とLCの接続が可能となった．一方，圧力差のあるイオン源と高真空の分離部を接続することになるため，差動排気と呼ばれる接続部を複数の部屋に分割し，段階的に真空度を上げる技術が用いられている．

3.6.4　真空系

　気相イオンが残留ガスとの衝突により電荷を失ったり，散乱されたりしないように，装置の内部は真空に保たれる必要がある．飛行時間が長いほど分解能が増す飛行時間型や，回転運動を長時間行うほど分解能が増す FT-ICR では，四重極型などのイオンの移動距離の短いものに比べ，高い真空度を確保する必要がある．

　通常，質量分析計の真空排気は，ターボ分子ポンプや油拡散ポンプといった高真空ポンプと，高真空ポンプの排気に接続するロータリーポンプによる二段階排気によって行われている．ターボ分子ポンプは動作や停止がすみやかに行え，電力消費も約 100 W と小さいという利点がある．油拡散ポンプは消費電力が大きく動作に時間を要するが，機械的可動部分がないために静音で長寿命である．現在の質量分析計ではターボ分子ポンプを用いるものが多数となっている．

3.6.5　メンテナンス

　どのような分析機器でもトラブルが全く起こらないものはない．高濃度のものや，不十分な精製しかされていない試料を分析すると，装置に大きな負荷がかかる．装置の状態の確認を容易にするために，状態をチェックする試薬などを定め，装置の使用終了時など一定の間隔で測定し記録する．分析機器の安定性を考えると，装置を立ち上げて 1 本目の測定は連続的な測定を続けている状態に比べて定常的な状態になっていないことが多く，定量分析には用いないほうが好ましい．

3.7　操作方法

　ここでは，クロマトグラフと質量分析計を組み合わせて使う方法について解説する．例として，GC/EI-MS および LC/ESI-MS を用いる分析法をとりあげる．分子量 500 程度以下の熱に安定な揮発性物質であれば，GC を用いることが一般的である．

3.7.1　試料の前処理

　生体試料，食品試料，環境試料など，GC/MS，LC/MS を用いて微量分析を行う媒体はさまざまであり，機器分析にかける前に混合物から目的の成分を抽出し，精製，濃縮するという前処理を行わなくてはならない．最も一般的に使われているものは溶媒抽出と固相カラムを使った抽出と精製である．食品中に含まれる残留農薬の分析では，図 3.11 に示すような前処理の段階を効率化した QuEChERS 法も使われている．固相抽出も組み合わせることによって作業時間の短縮や使用する溶媒の量の低減が実現されている．

3.7.2　測定条件の最適化

　GC/EI-MS で定量分析を行う場合，まず目的成分のマススペクトルが観測できているかを確認する．キャピラリーカラムを用いる GC で一般的に用いられるカラムには，表 3.1 に示すようなものがある．

　GC の測定条件は他の分析事例からの移行が容易であり，通常は類似した分析例を参考にする．適切な分析例が得られない場合は，固定相の選択性と対象成分の極性を考えてカラムを選択する．まずは内径 0.25 mm×30 m，膜厚 0.25 μm の無極性のメチルシ

図 3.11 固相抽出と QuEChERS 法を組み合わせた食品試料の前処理の例

表 3.1 主な GC カラムとその極性

固定相	極性	分析対象の例
ジメチルシロキサン	無極性カラム	炭化水素, 塩素系農薬・塩素系溶媒, フェノール, 高沸点化合物
5% ジフェニル -95% ジメチルシロキサン	低極性カラム	農薬, フタル酸エステル, 多環芳香族
50% ジフェニル -50% ジメチルシロキサン	中極性カラム	ステロイド, 薬物, 農薬
シアノプロピルフェニルジメチルシロキサン	中極性カラム	揮発性有機化合物
トリフルオロフェニルメチルジメチルシロキサン	中極性カラム	有機リン系農薬, 含ハロゲン, ニトロ化合物
ポリエチレングリコール	高極性カラム	脂肪酸, アルコール

リコン固定相をもつカラムから用い，フェニル基の含有量を変えたり，シアノプロピル，ポリエチレングリコールなどの極性官能基をもつものを試したりする．カラム径が小さいほど理論段数は増えるが，カラムヘッド圧が高くなる．内径の太いカラムはガスを高流量で使うときに用いるため GC/MS ではあまり使用されない．多数の分析成分を含むときは膜厚，カラム長の大きいものを用いると分離能が向上する．よく分離されたピークから得られたマススペクトルをアメリカ国立標準技術研究所（NIST）などのデータベースに収載されているものと比較し確認する．スキャン測定で観測されたピークのうち，目的成分に由来する m/z のイオンを 2 種類以上選択し，SIM 測定の対象 m/z とする．SIM の測定から最も感度のよく，ノイズの少ないクロマトグラムが得られる m/z のイオンを定量に用いる．通常は一つの物質に複数の m/z を選択し，保持時間と強度比から物質の確認を行う．

　LC/MS では GC/MS ほど測定条件の移行は容易ではない．装置の性能にもよるが，通常は 1 μM 以下の濃度に希釈した標準溶液をシリンジポンプでイオン源に導入するインフュージョン測定を初めに行う．目的の成分のイオンが検出されることを確認し，最も強いシグナル強度が得られるイオン源条件に最適化する．

3

　MS/MS を用いる際は，プロダクトイオンスキャンにより，よりシグナル強度の大きなフラグメントイオンが生じるよう CID の条件も最適化しなくてはならない．MS/MS でも通常は二つ以上の SRM の組合せを一つの物質の定量に用いる．ESI では目的成分のイオンは比較的容易に検出できることが多いが，APCI では溶媒から生じる試薬イオンと分析対象の間の反応を利用しているため，溶媒の流量や組成，イオン源の温度に影響を受けやすいため，全く目的成分のイオンが見えない際は溶媒や温度なども変化させる必要がある．

　インフュージョンで条件を最適化できれば，次は LC を接続してフローインジェクションによって，インフュージョンで見えた SRM が同様に見えるかを確認する．移動相の水の比率が多いほど，添加する酢酸アンモニウムなどの添加物の濃度が高いほど，ESI のイオン化の効率は悪くなりやすい．次にカラムを接続する．LC のカラムは GC のキャピラリーカラムに比べて非常に種類が多い．疎水性成分の分析に用いられるオクタデシル基で修飾されたシリカを充填した一般的な逆相の ODS カラムでも，炭素含量，結合様式，残存シラノール基の違いなどの細かな違いがあるために，類似の分析例を参考にしても同様な結果が得られないこともある．

　LC/MS では，移動相の組成を分析中に変化させ，強くカラムに保持される成分の溶出を早めるグラジエント分析が用いられることが多い．ODS カラムで保持されないような成分は，近年使用例の増えている親水性相互作用クロマトグラフィー（hydrophilic interaction chromatography：HILIC）カラムを用いるとよい分離が得られることがある．各カラムメーカーから HILIC カラムが販売されているが，メーカーによって固定相が全く異なるので注意が必要である．同じ HILIC という名前でありながら，修飾されていないシリカの場合もあれば，ジオール，スルホベタインなどの極性の官能基で修飾されているものある．

3.7.3　データが得られないときの対処

　装置の感度低下はさまざまな原因によって起こり得る．正常に動作する部分を一つずつ確認して動作不良の原因を解明していく必要がある．GC/EI–MS では，通常はペルフルオロトリブチルアミン（PFTBA）を用いて装置を較正する．真空度が悪い場合や，質量分離部に水が残っている場合などは正常に較正できないこともある．真空の漏れを，ブロースプレーなどを用いて調べたり，水由来のイオンがどの程度でているかを見たりする必要がある．真空を解放した際や，ボンベ交換などで配管を操作した際に水の影響が残ることがある．イオン源や質量分離部の温度を上げる，配管の水分はキャリアガスの流量を多く流すなどして取り除く．ピーク形状が悪くなっているときは，注入口の汚れや，カラムの劣化などが原因である場合がある．注入口ライナーの交換や，注入口自体の洗浄，カラムの注入口側の先端をカットすることで改善できることがある．また，オートサンプラーのシリンジが詰まることもあり得る．

　GC/MS では，ある目的成分に対して，標準溶液で測定したときと実際の試料を測定したときでは，同じ量含まれていたとしてもシグナル強度に大きな差が出る場合があり，これをマトリックス効果という．目的成分として検出器まで到達するためには，分析の間，安定な気相分子の状態が維持されなくてはならない．しかし，熱に弱い成分や極性のある成分などは分解や凝縮が起こることがある．このようなときに試料由来のさまざまな成分が共存していると，その共存成分が目的成分を保護する働きをし，実際の試料

の分析で信号強度がより大きくなる．低濃度の標準溶液で顕著なピーク形状の悪化が見られることがあるが，ポリエチレングリコール（平均分子量 300）などの極性成分を試料由来の成分の代わりに標準溶液に添加することで，マトリックス効果による定量値の変動を緩和することができる．

LC/MS でデータが得られない場合は，まずはカラムを外してインフュージョンでイオンが観測されるかどうかを確認する．次に，LC を接続しフローインジェクションでピークが観測されるかどうかを確認する．データが得られない原因が，質量分析計にあるのか，カラムから出てこないのか，そもそも LC で注入できていないのかを見分けなくてはならない．思ったようなシグナルが得られないからといって，次々と濃い濃度の試料を分析していくのは賢明ではない．

装置の汚染は，放電などさまざまな問題を引き起こす．近ごろはイオン源の真空を解放することなくイオン化室を取り出して洗浄できる EI イオン源もある．負イオンモードは正イオンモードに比較して放電が起りやすい．ESI では電子がキャピラリー先端部の高電場がかかっている領域で気体をイオン化する．イオン化によって生じた電子が次々と気体をイオン化することでコロナ放電プラズマが発生する．放電が起こると ESI が安定に持続できなくなる．正イオンモードの場合，電子は正の電位にあるキャピラリーに回収されるが，負イオンモードでは電子は回収されず放電を起こしやすくなる．ESI には中を見る窓がついているものもあり，期待したデータが得られていないときはキャピラリーの状態を確認するとよい．

3.8 マトリックス支援レーザー脱離イオン化質量分析法

3.8.1 原理と装置の概要

マトリックス支援レーザー脱離イオン化（matrix-assisted laser desorption ionization：MALDI）法は，紫外線レーザーの波長を吸収する固体マトリックスと微量の試料を混合して，その混合物（混晶）に真空中で紫外線レーザー光をパルス照射することにより，試料をイオン化する方法である．レーザーを直接試料に照射すると熱による分解などが起こるが，マトリックスを介して試料にレーザーを照射しイオン化することで，熱に不安定な試料も分解せずに測定が可能となる．MALDI で生成したイオンは，m/z 値の違いでイオンの飛行時間が異なることを利用して質量分析を行う TOFMS と組み合わせて質量分析（MALDI TOF MS）を行う．MALDI TOF MS は，種々のイオン化法の中で最も高質量領域まで測定可能であり，タンパク質など分子量のきわめて大きな化合物の測定に適する．

MALDI 法では，比較的小型で安価な窒素レーザー（波長 337 nm）や Nd:YAG レーザーの3倍（波長 355 nm）などのパルスレーザーがよく用いられる．試料とマトリックスの混合溶液を MALDI ターゲット（ステンレス鋼製の試料ホルダー）の上で混ぜ合わせた後，自然乾燥などで溶媒を蒸発させて乾固させて混晶を得る．この混晶にパルスレーザー光を照射して試料分子をイオン化させる．

イオン化のメカニズムは未だ完全に解明されていないが，次のような現象が起こっていると考えられている．まず，マトリックスがパルスレーザー光を吸収して励起され，急速な加熱が起こる．これによりマトリックスと試料には瞬時にアブレーション（ablation）と呼ばれる爆発的気化が起こる．アブレーションによって混晶表面に生じる

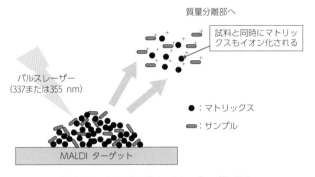

図 3.12　MALDI 法のイオン化の模式図

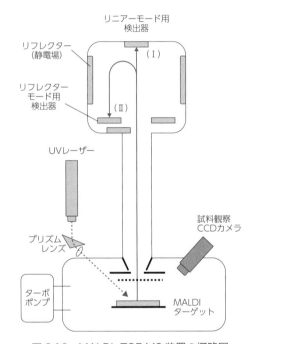

図 3.13　MALDI-TOF MS 装置の概略図

　噴出柱のことをプルームと呼ぶ．プルーム生成前後では，分子イオン $M^{+\cdot}$ が生成したり，マトリックスと試料分子の間でプロトンなどの授受が起こり，プロトン化分子 $[M+H]^+$ や脱プロトン化分子 $[M-H]^-$ が生成，あるいは金属イオンが付加したナトリウムイオン付加分子 $[M+Na]^+$ などが生成する (図 3.12)．MALDI のイオン化機構の詳細については，文献を参照されたい [1, 2]．

　MALDI 法ではパルスレーザー光を用いるため，イオン化はパルス的に生成する．このため MALDI 法は，TOF MS との組合せが原理的に適している．TOF MS では，生成したイオンの m/z の違いにより飛行時間が異なることを利用して質量分析を行う (図

3.13). MALDI法は高真空下でイオン化を行うので，GC/MSやLC/MSのようにクロマトグラフィーと直接接続して測定するのは難しい．前処理としてクロマトグラフィーを用いる場合は，クロマトグラフィーを用いて試料を分離し，分取されたそれぞれの試料をMALDI TOF MSで測定する．

MALDIの特徴として，次の五つがあげられる．

① 　TOF MSとの相性がよく，高分解能で質量を精度よく測定できる．

② 　高分子量試料($\geq$ 100,000 Da)のイオン化が可能である．

③ 　夾雑物の影響が少ない．

④ 　主に1価イオンがマススペクトルで観測される．

⑤ 　高感度であり，少量(数 μL)の試料で測定できる．

3.8.2 　MALDI測定における試料調製法

紫外レーザー光を使用するUV-MALDIでは，UVレーザー光のエネルギーを効率的に吸収するマトリックスと試料との混晶を作ることで，試料の脱離イオン化を補助し，フラグメンテーションを抑制する．そのためUV-MALDI用の有機マトリックス分子の多くは，UVレーザー光を吸収する芳香族化合物が多い．UV-MALDI用の有機マトリックス分子として広く用いられている化合物を表3.2にまとめた[1]．

MALDIのイオン化メカニズムは完全に解明されていないため，測定に用いるマトリックスの選択，試料の調製方法などは，経験的な知見に基づく場合が多い．一般に，マトリックスと試料はよく混ざり，結晶となる必要があると考えられている．たとえば，高極性の試料には高極性の有機マトリックスがよく，非極性の試料には非極性のマトリックスを組み合わせるのが望ましい．ただし，試料の種類によっては，特定の有機マトリックスを用いないと良好なMALDIマススペクトルが得られないことがある．

MALDI法ではm/zが500以下の低質量域に有機マトリックス由来の多くのピークが強く現れるため，低分子(分子量500以下)の測定は困難である．低分子の測定には，UVレーザー光を吸収する無機マトリックス（酸化チタンナノ粒子，酸化鉄ナノ粒子，金ナノ粒子，および白金ナノ粒子など）や微細加工したシリコン基板などの表面の効果を用いた方法である表面支援レーザー脱離イオン化質量分析法(surface-assisted laser desorption/ionization mass spectrometry：SALDI-MS) などの有機マトリックスを用いないイオン化方法も開発されている[3,4]．

標準的な試料調製法を以下に示す．

① 　試料濃度が1 ～ 100 pmol/μL程度になるように溶媒に溶かす（注意事項のIを参照）．

② 　マトリックスは，飽和溶液か約10 mg/mLの濃度となるようにマトリックスを溶媒に溶解させる(注意事項のIIを参照)．

③ 　試料溶液とマトリックス溶液を混合する（注意事項のIII，IVを参照）．一般的には，マトリックスと分析種のモル比を500：1 ～ 5000：1の範囲内で混合する（注意事項のVを参照）．

④ 　MALDIターゲット表面上に試料とマトリックスの混合溶液0.5 ～ 2 μLを滴下して乾燥させる(注意事項のVIを参照)．これにより，マトリックスと試料の混晶を形成

させる（注意事項のⅦを参照）．

【注意事項】
Ⅰ．溶媒には，塩，可塑剤，界面活性剤などがなるべく混入しないようにする．使用する溶媒が有機溶剤の場合は，プラスチック製の器具や容器を溶出させる可能性がある．この場合は，ガラス製の器具・容器を用いるとよい．また，難揮発性の溶媒の使用は避ける．
Ⅱ．溶け切らないマトリックスがある場合は，遠心して上澄み溶液を使用する．
Ⅲ．合成高分子やオリゴ糖など中性分子を効果的にカチオン付加してイオン化させるために，Na^+，K^+，Cs^+，あるいは Ag^+ などの１価イオンを含む金属イオンの溶液（1 mg/mL 程度）を，あらかじめ MALDI プレート上に 1 µL 程度滴下して，乾燥させておくことがある．
Ⅳ．乾燥過程における「むら」の発生を避けるため，マトリックスと試料の両方に溶解する共通の溶媒を用いるのが望ましい．

表 3.2　UV-MALDI でよく用いられるマトリックスの名称，略号，および主な用途

マトリックスの名称	略号	主な対象試料
・ピコリン酸 ・3-ヒドロキシピコリン酸 ・3-アミノピコリン酸	PA HPA 3-APA	オリゴヌクレオチド，DNA
・2,5-ジヒドロキシ安息香酸（ゲンチジン酸） ・DHB を主成分とするマトリックスの組み合わせ	DHB スーパー DHB	オリゴ糖
・α-シアノ-4-ヒドロキシ桂皮酸	α-CHC, α-CHCA, 4-HCCA, CCA，など	ペプチド，低分子量タンパク質，トリアシルグリセロール，その他様々な化合物
・3,5-ジメトキシ-4-ヒドロキシ桂皮酸（シナピン酸）	SA	タンパク質
・2-(4-ヒドロキシフェニルアゾ)安息香酸	HABA	ペプチド，タンパク質，糖タンパク質，ポリスチレン
・2-メルカプトアゾベンゾチアゾール ・5-クロロ-2-メルカプトアゾベンゾチアゾール	MBT CMBT	ペプチド，タンパク質，合成ポリマー
・2,6-ジヒドロキシアセトフェノン	DHAP	糖ペプチド，リン酸化ペプチド，タンパク質
・2,4,6-トリヒドロキシアセトフェノン	THAP	固相担持されたオリゴヌクレオチド
・1,8,9-アントラセントリオール（ジスラノール）		合成ポリマー
・9-ニトロアントラセンベンゾ[a]ピレン ・2-[(2E)-3-(4-tert-ブチルフェニル)-2-メチルプロプ-2-エニリデン]マロノニトリル	9-NA DCTB	フラーレン類，その誘導体

Jürgen H. Gross 著，日本質量分析学会出版委員会訳，「マススペクトロメトリー」，シュプリンガー・ジャパン株式会社，p.460.

Ⅴ．マトリックスの量は試料種に比べて大過剰になっているため，分析種の周囲にはマトリックスが多く存在することになる．これにより，レーザー照射時に効率よくマトリックスから分析種へのエネルギー供与やプロトン供与が起こり，試料の分解も抑制できる．

Ⅵ．有機溶媒のみを用いた混合溶液の場合，溶液の表面張力が小さいために，混合溶液が MALDI ターゲット上で薄く広がってしまうことがある．この場合は，水を有機溶媒に加えた混合溶媒を用いるとよい．試料溶液とマトリックス溶液が互いに溶解しない場合は，先にマトリックス溶液を MALDI プレート上に滴下して乾燥させた後，試料溶液を滴下して再度乾燥させるとよい．

Ⅶ．混晶を作るための乾燥方法は大きく三つある．1．室温で自然乾燥させる，2．温風をあてて乾燥させる，および 3．減圧下で乾燥させる．混晶状態の観察は，実体顕微鏡で行うとよい．

3.8.3　実際の測定
(1)測定モード
分離モードには以下の二つがある．

・リニアモード：図 3.13 の（Ⅰ）のように直線的に飛行した分子イオンを測定する．イオン源で生成したイオンすべてが検出されるため，感度が比較的高く，測定できる質量範囲が広い．ただし，リフレクターモードに比べてピークの質量分解能や質量精度が劣る．

・リフレクターモード：図 3.13 の（Ⅱ）のように直線的に飛行した分子イオンにさらに磁場をかけて行路を曲げた分子イオンを測定する．イオン発生直後の飛行時間のばらつきを補正するため，リニアモードに比べてピークの質量分解能や質量精度が優れている．

　一方，検出モードには以下の二つがある．

・ポジティブ（イオン）モード：正イオン（プロトン化分子，Na^+ や K^+ 付加分子，ラジカルカチオンなど）を選択的に測定する．

・ネガティブ（イオン）モード：負イオン（脱プロトンした負イオンなど）を選択的に測定する．

(2) MALDI 法での試料分子やマトリックスのピークの現れ方
MALDI 法で得られるマススペクトルでは，分子イオン（$M^{+\cdot}$）やプロトン付加分子（$[M+H]^+$）やカチオン付加分子（$[M+metal]^+$）などの試料ピークが正イオンモードで，脱プロトン化分子（$[M-H]^-$）は負イオンモードで，主に 1 価イオンとして観測される（注意事項の Ⅰ を参照）．加えて，一連のマトリックス関連イオン（クラスターイオンやフラグメントイオンなど）が低分子量域（m/z 700 以下）に強く観測される．

(3) MALDI 法での測定でのコツ
MALDI 法では，CCD カメラで映し出された MALDI プレート上の混晶に，真空下

でレーザーを照射して測定する．その際，でき具合のよさそうな混晶を探し（注意事項のⅡを参照），その部分にレーザーを照射する（注意事項のⅢを参照）．また，混晶に照射するレーザーの強度を徐々に高めていくと，ある閾値(しきいち)において脱離イオン化が急激に起こりはじめ，試料ピークが現れてくることがある（注意事項のⅣを参照）．MALDI 法で分析対象とするイオンの質量を精度よく測定するためには，質量既知の標準物質を用いたキャリブレーション測定を行う必要がある(注意事項のⅤを参照)．

【注意事項】

Ⅰ．プロトン付加分子や脱プロトン化分子の生成量は，マトリックスや試料溶液の pH 値にも影響を受ける．試料の pK_a 値がマトリックスの pK_a 値より大きい場合は，マトリックスから試料分子へプロトンが移動し，プロトン付加分子が生成しやすくなる．他方，試料の pK_a 値がマトリックスの pK_a 値より小さい場合は，試料分子からマトリックスへプロトンが移動し，脱プロトン化分子が生成しやすくなる．

Ⅱ．一般に，マトリックスと試料はよく混ざり，混晶となる必要があると考えられている．しかし，混晶は固体であるため結晶中の試料分子の分布は不均一であり，結晶が生成した場所すべてから分析種由来のイオンが得られるわけではない．その結果として，生成した結晶のごく一部分にレーザーを照射した場合のみ分析種由来のイオンが得られることがある．この部分は，「スイートスポット」と呼ばれる．しかし，スイートスポットが結晶のどの部分であるかは経験から見つけるしかない．

Ⅲ．同一箇所にレーザーを照射し続けると試料ピークが現れにくくなるので，ある程度測定したら，別の場所の結晶に移動して測定するとよい．

Ⅳ．レーザーの強度が高すぎると試料ピークの分解能が悪くなり，ノイズ（バックグランド）が大きくことがある．その場合は，逆に少しずつレーザー強度を下げていくことで，ピークの分解能がよくなり，ノイズも減らすことができる．

Ⅴ．質量較正用の標準物質として，アミノ酸組成が既知のペプチドやタンパク質などの標準物質が市販されている．測定精度は，一般に内部標準法の方が外部標準法よりも高くなる．

3.8.4　測定例

(1)ペプチド

【マトリックス】

　α-cyano-4-hydroxycinnamic acid（CHCA）

【調製法】

・水／アセトニトリル混合溶液(体積比で 1：1)にトリフルオロ酢酸(TFA)を 0.1% 加える．この混合溶液に CHCA を約 10 mg/mL の濃度で溶解させて，マトリックス溶液を調製する．あるいは CHCA の飽和溶液となるようにマトリックス溶液を調製する．

・サンプル溶液 2 pmol/μL とマトリックス溶液を体積比 1：1 の割合で混合する．

・サンプルとマトリックスの混合液 1 μL を MALDI ターゲット上に滴下後，乾燥させて混晶を得る．

・混晶にレーザーを照射し測定し，マススペクトルを得る(図 3.14)．

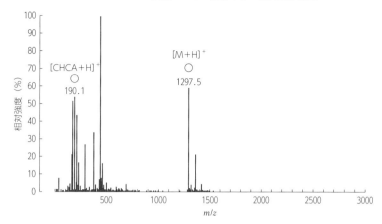

図3.14 アンギオテンシンIのMALDIマススペクトル

アンギオテンシンI（$C_{62}H_{89}N_{17}O_{14}$ = 1296.4987）のプロトン付加分子［M+H］$^+$とマトリックスである CHCA（CHCA = 189.17）のプロトン付加分子［CHCA+H］$^+$が観測されている．

(2)タンパク質

【マトリックス】

synapic acrd（SA）あるいは 2-(4-hydroxyphenylazo)benzoic acid）(HABA)

【調製法】

・ペプチドと同様に行う．　タンパク質では，試料濃度が 1 〜 10 pmol/μL となるように調製する．

・MALDI の正イオンモードでペプチドやタンパク質を測定した場合，プロトン付加分子（［M+H］$^+$）が生成しやすい．

(3)糖質

【マトリックス】

2, 5-dihydroxy-benzoic acid（DHBA）

【調製法】

・エタノール溶液または 40% アセトニトリル水溶液に DHBA を約 10 mg/mL となるようにマトリックス溶液を調製する．サンプル溶液は 10 〜 100 pmol/μL となるように調製する．

・以下，ペプチドと同様に行う．

　試料と DHBA の混晶では，試料が偏在しやすいために，イオンが検出される混晶の位置（スイートスポット）にレーザーを適切に照射する必要がある．また，MALDI の正イオンモードで中性糖質を測定した場合，プロトン付加分子ではなく，糖鎖にナトリウムイオンやカリウムイオン付加したカチオン付加分子（［M+metal］$^+$）が検出されやすい．

(4)オリゴヌクレオチド

【マトリックス】

3-hydroxypicolinic acid（3HPA）

【調製法】
・オリゴヌクレオチド水溶液（1 ～ 10 pmol/μL）を調製する.
・50% アセトニトリル水溶液に 3HPA を 50 mg/mL（あるいは飽和水溶液）となるように 3HPA 溶液を調製する.
・クエン酸水素二アンモニウム水溶液を 100 mg/mL となるように調製する.
・3HPA マトリックス溶液とクエン酸水素二アンモニウム水溶液を，体積比 10：1 の割合で混合してマトリックス溶液を調製する.
・マトリックス溶液 1 μL を MALDI ターゲット上に滴下後，室温で乾燥させる．続いて，オリゴヌクレオチド水溶液 1 μL を MALDI ターゲット上に滴下後，室温で乾燥させる.
・MALDI ターゲット上の混晶にレーザーを照射し，負イオンモードで測定する.

(5)合成高分子 [5]

　親水性高分子ではマトリックス：2,5-dihydroxy-benzoic acid（DHBA）や CHCA などが，疎水性高分子では 1, 8-Dihydroxy-9（10*H*）-anthracenone（Dithranol）や *trans*-2-[3-(4-*tert*-Butylphenyl)-2-methyl-2-propenylidene] malononitrile（DCTB）が用いられる場合が多い.

　MALDI 法による合成高分子のイオン化では，タンパク質などの生体高分子の場合に比較してプロトン化分子 [M+H]$^+$ が生じにくいことが多い．このため，測定試料にカチオン化剤として NaI，KI，トリフルオロ酢酸ナトリウム（NaTFA），芳香族系高分子にはトリフルオロ酢酸銀（AgTFA）などの塩類を添加し，イオン化効率の向上を図る.

【調製法】
・濃度 1 mg/mL 程度となるように，分析高分子が溶解する溶媒（良溶媒）を用いて調製する.

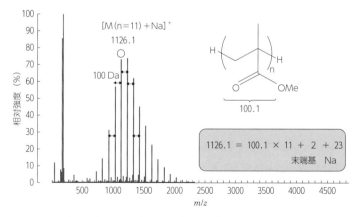

図3.15　ポリメタクリル酸メチル（PMMA）の MALDI マススペクトル
PMMA のモノマー分子量（100.1）を単位とした間隔のピーク群が，ナトリウム付加分子 [M+Na]$^+$ として観測されている.

・試料と同溶媒でマトリックス溶液を調製する（濃度は約 10 mg/mL）.
・試料とマトリックスを 1 : 10 の割合で混合する.
・試料と同溶媒でカチオン化剤溶液を調製する（濃度は約 1 mg/mL）.
・MALDI ターゲット上に, 1 μL 程度のカチオン化剤溶液を滴下し, 乾燥させる. 次に, 試料とマトリックスの混合溶液を 1 μL 程度, MALDI ターゲット上に滴下し, 乾燥させて混晶を得る.
・混晶にレーザーを照射し測定し, マススペクトルを得る（図 3.15）.

　上記の各種の試料調製法は一例に過ぎない. MALDI 法の試料調製法において最適な方法を見つけるには, 文献を参考にしながら, 試行錯誤が必要であることを付記しておく.

3.9　質量分析から得られるデータ

3.9.1　マススペクトルの見方

　マススペクトルは, イオンの m/z 値とその強度からなっている. 定量分析で特定の m/z のイオンのみを相手にするのではなく, マススペクトルからイオンの構造を解析する際には, 質量の違うイオンを正しく識別する必要がある. 多くの場合, 質量の異なる同位体が含まれるため, 単独の化合物から質量の異なる複数のイオンが生成するので, それぞれの呼び方が決まっている. 表 3.3 に示すように同位体の組成が異なるイオンの中で, 最大の感度をもつイオンを主イオン（principal ion）という.

　イオン化に応じて, 同じ正イオンでも M^+ は分子イオン, $[M + H]^+$ はプロトン化分子といい区別する. その他にも, イオン化の過程でフラグメンテーションを起こしたフラグメントイオンや付加イオンがマススペクトル上に見られることがある. 安定同位体をもつ元素を含むイオンについては, 同じ分子式でも質量の異なるイオンがあるため,

表 3.3　マススペクトルに現れるピークに関する用語

a	Isobar　同重体	整数質量が同じ
b	Isotopomer　同位体異性体	同位体の結合位置が異なる
c	Isotopolog　同位体組成異性体	同位体の組成が異なる
d	Principal ion　主イオン	最大感度のイオン
e	Monoisotopic ion モノアイソトピックイオン	各構成元素で天然同位体存在度が最大の同位体のみで構成されたイオン
f	Isotopic ion アイソトピックイオン	天然同位体存在度が最大ではない同位体を含むイオン
g	Isotope pattern 同位体パターン	Isotopolog のピークパターン
	Base peak 基準ピーク	マススペクトル上で最大の強度をもつピーク
	Mass defect (chemistry) 質量欠損	整数質量と精密質量のずれ
	$[A + n]$ イオン	Monoisotopic イオンを A として整数質量が n 大きいイオン

a　$CO_2 \leftrightarrow N_2O$
b　$C^{13}H_2=CH_2$
　　$\updownarrow$
　　$CH_2H=CH_2H$

$C_{12}H_{17}Br_6$

質量分析ではそれぞれ *m/z* の異なるイオンとして検出される.

この同位体の組成の異なる一連のイオンをアイソトピックイオン（isotopic ion）という．その中でも最も安定同位体存在比の大きな同位体のみで構成されるイオンがモノアイソトピックイオン（monoisotopic ion）である．これらアイソトピックイオンの関係をアイソトポログ（isotopolog, 同位体同族体）といい，このアイソトポログの現れ方を同位体パターンという.

この同位体パターンには，そのイオンにどのような元素が含まれているかの情報が含まれている．図3.16に示すように，^{13}C の存在比は 1.1% なので，質量が[A + 1] / [A] の強度比からイオンに含まれる炭素原子の数を予測することができる．ESI や MALDI のように高質量の分子のイオン化が可能となったため，[A + 1] / [A] の強度比によって得られる情報の価値が増している.

また，塩素，臭素，硫黄など，質量数が大きな同位体を複数もつ場合は，同位体パターンに明らかな特徴が現れる．一方，APCI におけるイオン化など，M^+ と $[M + H]^+$ が同時に生成する場合もあり，このときそれぞれの同位体パターンが重なるため，見かけ

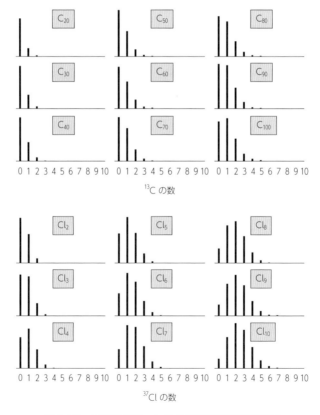

図 3.16　同位体パターンから読む構成元素の組成
(a) 炭素原子数による同位体パターンへの影響，(b) 塩素原子数による同位体パターンへの影響.

の同位体パターンがいびつになる．これらのイオンを精密に分離するには少なくとも50万程度の分解能が必要であるが，質量分析ではそのような分解能は一般的ではなく，同位体パターンの重なりには注意を払わなくてはならない．

　イオンの整数質量が奇数であるか偶数であるかも有用な情報である．C, H, O, N, S, P, ハロゲンからなる一般的な有機分子では，分子イオンの質量は奇数個の窒素を含むときには奇数となる．これは窒素のみが偶数の質量数であり，奇数の原子価をもつためである．なお，ESI で見られるような $[M + H]^+$ や $[M - H]^-$ のときはこの関係は逆となり，奇数個の窒素を含むときにイオンの整数質量は偶数となる．

　高分解能の質量分析計を使うことで精密な質量の測定も可能である．質量分析では計算によって得られた精密質量を計算精密質量（exact mass）といい，測定によって得られた精密質量を測定精密質量（accurate mass）といい区別する．この二つは同意語ではない．主要な元素，粒子についての計算精密質量を表 3.4 に示す．正確な測定精密質量が得られれば比較的大きな質量のイオンに対しても容易に分子式を導くことができる．

表 3.4　元素の同位体存在比

	質量数	m	存在比		質量数	m	存在比
陽子	1	1.00727647	–	S	32	31.97207	95.99
中性子	1	1.00866492	–		33	32.97146	0.75
電子		0.000548580	–		34	33.96787	4.25
H	1	1.0072825	99.988		35	35.96708	0.01
	2	2.01410	0.011	Cl	35	34.96885	75.76
C	12	12	98.93		37	36.96590	24.24
	13	13.00335	1.07	K	39	38.9637068	93.26
N	14	14.00307	99.636		40	39.963998	0.0117
	15	15.00011	0.364		41	40.961826	6.730
O	16	15.99491	99.757	Ca	40	39.962590	96.97
	17	16.99913	0.038		42	41.958617	0.64
	18	17.99916	0.205		43	42.958766	0.15
F	19	18.99840	100		44	43.955481	2.06
Na	23	22.9897693	100		48	47.952522	0.18
Si	28	27.97693	92.223	Br	79	78.91834	50.69
	29	28.97649	4.685		81	80.91629	49.31
	30	29.97377	3.092	I	127	126.90447	100
P	31	30.97376	100	Cs	133	132.905451	100

m は質量を統一質量単位で割った値．

3.9.2　定性分析

　GC/EI-MS では 70 eV のエネルギーで衝撃した電子によってイオン化が起こるが，この値はイオン化エネルギーよりも大きく，過剰なエネルギーを受けとったイオンはフラグメンテーションを起こす．フラグメンテーションの様式は物質の構造によるため，マススペクトル上のフラグメントイオンの出方を見ることでイオンの構造に関する情報を得ることができると期待される．GC/EI-MS から得られるマススペクトルでまず注

目するのは，分子イオン［M］$^{+\cdot}$，検出されているフラグメントイオンと分子イオンの質量差（中性ロス），低質量域に見られる特徴的な *m/z* のフラグメントである．分子イオンの整数質量が奇数か偶数かもイオンが窒素を含むかどうかの判断材料となる．また，分子イオンの同位体パターンを見ることで塩素や臭素，硫黄などの特徴的な同位体をもつ元素が含まれるかどうかがわかる．

ヒドロキシ基やフッ素の存在を示唆する質量 18 や 20 の中性ロスや，ベンジル基・トリル基の存在を示唆する *m/z* 91 のイオンな

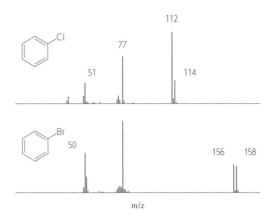

図 3.17　クロロベンゼンとブロモベンゼンの EI によるマススペクトル例

ど，いくつか特徴的な値があり，構造を読み解くうえでの材料となる．表 3.5，3.6 に，EI–MS で見られる代表的な中性ロスと計算精密質量の値とそれに対応する構造を示す．小さな値からイオンの部分的な構造を読み，全体の分子を組み立てていくことによって分子式も推定できる．

図 3.17 に EI におけるクロロベンゼンとブロモベンゼンのマススペクトルを示す．それぞれ分子イオンが特徴的な同位体パターンを示し，ベンゼン構造に由来するフラグメントイオンが見られていることがわかる．

また，分子に含まれる元素組成から，そのイオンがいくつ二重結合や環状構造をもつかを求めることができる．二重結合の数と環の和（ring and double bond equivalent：RDB）は次式で求められる．

$$RDB = x - \frac{1}{2}y + \frac{1}{2}z + 1$$

ここで x は炭素のような原子価 4 の元素の数，y は水素やハロゲンのような原子価 1 の元素の数，z は窒素，リンのような原子価 3 の元素の数である．ESI の MS/MS で見られるイオンは偶数電子であることが多く，通常は RDB の値はイオンで 0.5 の端数となり，中性ロスは整数値となる．

MS/MS における CID によるフラグメンテーションでは，1 段目の MS で特定の *m/z* のイオンのみを選択しているため，この時点でプロダクトイオンスペクトルからは同位体パターンの情報は失われている．しかしこの場合でも特徴的な質量の中性ロス，特徴的な *m/z* のフラグメントの情報は得られる．なお，MS/MS において DIA を用いた場合は，プロダクトイオンスペクトルにも同位体パターンの情報が残るため，構造解析向きのデータ取得モードであるといえる．

表 3.5 代表的な中性ロスの値と可能な化合物の種類

イオン	脱離している中性ロス	中性ロスの計算精密質量	可能な化合物の種類 一般	芳香族化合物の場合
M-1	H˙	1.007825	アルデヒド，N-アルキルアミン	
M-2	H_2	2.015650		
M-15	CH_3˙	15.023475		
M-16	O˙	15.994915	N-オキシド，スルホキシド	$Ar-NO_2$
M-16	NH_2˙	16.018724	第一アミド	$Ar-SO_2NH_2$
M-17	HO˙	17.002740		
M-17	NH_3	17.026549		
M-18	H_2O	18.010565	アルコール	
M-26	C_2H_2	26.015650		$Ar-H$
M-27	HCN	27.010899		$Ar-CN$,含窒素芳香族化合物
M-28	CO	27.994915	キノン，酸無水物	
M-28	C_2H_4	28.031300	エチルエステル $-CO-\overset{\mid}{C}-CH_2CH_3$	$Ar-O-CH_2CH_3$
M-29	CHO	29.002740		
M-29	C_2H_5˙	29.039125	$-CO-CH_2CH_3$	$Ar-\overset{\mid}{\underset{\mid}{C}}-CH_2CH_3$
M-30	CH_2O	30.010565		$Ar-O-CH_3$
M-30	NO˙	29.997989		$Ar-NO_2$
M-31	CH_3O	31.018390	メチルエステル	
M-32	CH_3OH	32.026215		
M-33	HS˙	32.979897	チオール	
M-34	S_2O	33.987722	チオール	
M-42	CH_2CO	42.010565	エノールアセタート	$Ar-COCH_3$, $Ar-NHCOCH_3$
M-42	C_3H_6	42.046950	$-CO-\overset{\mid}{\underset{\mid}{C}}-CH_2CH_2CH_3$	$Ar-O-CH_2CH_2CH_3$, $Ar-\overset{\mid}{\underset{\mid}{C}}-CH_2CH_2CH_3$
M-43	CH_3CO˙	43.018390	メチルケトン	
M-43	C_3H_7˙	43.054775		
M-44	CO_2	43.989830	酸無水物	
M-45	COOH˙	44.997655	カルボン酸	
M-45	C_2H_5O˙	45.034040	エチルエステル	
M-46	C_2H_5OH	46.041865		
M-46	NO_2˙	45.992904		$Ar-NO_2$
M-56	C_4H_8	56.062600	$-CO-\overset{\mid}{C}-C_4H_9$	$Ar-O-C_4H_9$ $Ar-\overset{\mid}{C}-C_4H_9$
M-57	C_2H_5CO	57.034040	エチルケトン	
M-57	C_4H_9˙	57.070425	$-CO-C_4H_9$	$Ar-\overset{\mid}{\underset{\mid}{C}}-C_4H_9$
M-60	CH_3COOH	60.021130	酢酸エステル	

（中田尚男，「有機マススペクトロメトリー入門」，講談社サイエンティフィク，表 4-3 より）

表 3.6　低質量域の特徴的なフラグメントイオン

一般的フラグメント（炭化水素系など）

m/z	イオン
15	CH₃⁺ 15.0229
18	H₂O⁺· 18.0100
26	C₂H₂⁺· 26.0151
27	CO⁺· 27.9944
28	N₂⁺· 28.0056；C₂H₄⁺· 28.0307
29	C₂H₅⁺ 29.0386
42	CH₂CO⁺· 42.0100；C₃H₆⁺· 42.0464
43	C₃H₇⁺ 43.0542
56	C₄H₈⁺· 56.0621
57	C₄H₉⁺ 57.0699
70	C₅H₁₀⁺· 70.0777
71	C₅H₁₁⁺ 71.0855

アルコール
- CH₂=O⁺H 31.0178
- C₂H₅O⁺ 45.0335
- C₃H₇O⁺ 59.0491
- C₄H₉O⁺ 73.0648

エーテル
- C₂H₅O⁺ 45.0335
- C₃H₇O⁺ 59.0491
- C₄H₉O⁺ 73.0648

アミン
- CH₂=N⁺H₂ 30.0338
- C₂H₆N⁺ 44.0494
- C₃H₈N⁺ 58.0651
- C₄H₁₀N⁺ 72.0808

チオール
- CH₂=S⁺H 46.9950
- C₂H₅S⁺ 61.0107
- C₃H₇S⁺ 75.0263

アルデヒド
- CHO⁺ 29.0022
- CH₂=CH-O⁺H 44.0257
- C₃H₆O⁺· 58.0413（CH₃CH₂-CO⁺ — HC≡C-O⁺·H）
- C₄H₈O⁺· 72.0570

ケトン
- CH₃CO⁺ 43.0178
- C₃H₅O⁺ 57.0335
- CH₃-C≡O⁺ 58.0413
- C₄H₇O⁺ 71.0491
- C₄H₈O⁺· 72.0570

エステル
- CH₃CO⁺ 43.0178
- C₃H₅O⁺ 57.0335
- O=C-O-CH₃ 59.0128
- 73.0284（O=C-O-C₂H₅）
- H₂C=C(OCH₃)O⁺H 74.0362

カルボン酸および酸アミド
- O=C=N⁺H₂ 44.0131
- H₃C-C(OH)=N⁺H₂ 60.0226
- CH₃COOH₂⁺ 61.0284
- C₂H₅COOH₂⁺ 75.0441

芳香族化合物

m/z	イオン
50	C₄H₂⁺· 50.0151
51	C₄H₃⁺ 51.0180
77	C₆H₅⁺ 77.0386
78	C₆H₆⁺· 78.0464
91	C₇H₇⁺ 91.0542
92	C₇H₈⁺· 92.0621
105	C₇H₅CO⁺ 105.0335
105	C₈H₉⁺ 105.0699
122	C₆H₅COOH⁺· 122.0362
123	C₆H₅COOH₂⁺ 123.0441

(CH₃)₂Si=O⁺H 75.0261

(中田尚男、「有機マススペクトロメトリー入門」、講談社サイエンティフィク、表4-4を改変)

3.9.3 ライブラリサーチ

EI によるイオン化は，気相単分子反応であるため再現性が高い．測定により得られたマススペクトルを用いて，ライブラリ上にあるマススペクトルから類似のものを検索できる．NIST やワイリー社からマススペクトルのライブラリが市販されていて，その数は数十万を超えており，化合物の同定が容易になった．また近年では MS/MS のライブラリや高分解能の装置で測定されたマススペクトルのライブラリも数が増えつつある．

3.9.4 フラグメンテーションの様式

プレカーサーイオンが，EI でのイオン化で通常見られるような奇数電子のイオン種によるものか，ESI でのイオン化に見られるような偶数電子のイオン種によるものかによって，フラグメンテーションは大きく異なる．奇数電子のプレカーサーイオンからは奇数電子と偶数電子のフラグメントイオンが生成するが，偶数電子のプレカーサーイオンからは基本的に偶数電子のフラグメントイオンが生じる．

フラグメンテーションは主に単純開裂と転移反応によって起こる．フラグメンテーションの反応を表記するうえで，共有結合の二つの電子のうちの一つ，あるいは不対電子が移動する場合を片羽根矢印で書き，二つの電子が対で移動する場合を両羽根矢印で書く．不対電子による単純開裂をホモリシス，電子対の移動による単純開裂をヘテロリシスという．不対電子，正電荷，負電荷によって起こる反応について表 3.7 に示す．

表 3.7 フラグメンテーションにおける主要な反応

不対電子によって起こる単純開裂

（*は正または負の電荷を示す）

反応によって生じる生成種の安定性が，反応の起りやすさに影響する．ラジカル Z・ の場合，安定性は次の順番で大きい．
RO・ > HO・ > R・ (*tert*>*sec*>*prim*) > CH₃・ > H・
開裂のしやすさには差があり，Y が N > O > S > Br > Cl の順で起りやすいことが経験的に知られている．

不対電子によって起こる転位反応

転移反応が起った後，新たに生じた Z 上のラジカルによって開裂反応が進む．

R が水素原子の時，Y と R の間に二重結合があり R が Y から数えて 6 番目になるとき，Y と R の間に二重結合がなくとも R が Y から数えて 4 か 6 番目になるときに起こりやすい 6 番目の水素が転移する場合の反応は McLafferty 転位といわれる．

+ Z・ それ自体が開裂を伴う転移反応．

Z がアルキル基のときに起りやすい．五員環が生じるときに起りやすい．

正電荷によって起こる単純開裂

$$Z-A\overset{\frown}{-}Y^+ \longrightarrow Z-A^+ \ + \ :Y$$

Yの原子，原子団に O，N が含まれオニウムイオンとなっている場合で起こる開裂．Y が H_2O，CO，CH_3COOH といった安定な化学種の場合によく起こる（オニウムイオンとはヘテロ原子水素化物にプロトンが付加してできるイオンの形（NH_4^+，OH_3^+ など）．

$$Z\overset{\frown}{-}A-Y^+ \longrightarrow Z^+ \ + \ A=Y$$

Yの原子，原子団が3価の C からなるカルベニウムとなっている場合に起こる開裂．基本的に N は2価のニトレニウム，O は1価のオキシリウムのカチオンにはならない．

正電荷によって起こる転位反応

$$\begin{array}{c} RY^+ \\ | | \\ Z-A \end{array} \longrightarrow R-Y^+ \ + \ Z=A$$

Yの原子，原子団に O，N が含まれオニウムイオンとなっている場合で起こる転位開裂．
R は水素原子の場合が多い．

$$\begin{array}{c} R \\ | \\ A-Y^+ \end{array} \longrightarrow \begin{array}{c} R \\ | \\ ^+A-Y \end{array}$$

Yの原子，原子団が3価の C からなるカルベニウムとなっている場合に起こる開裂．

負電荷によって起こる単純開裂

$$^-Y\overset{\frown}{-}A\overset{\frown}{-}Z \longrightarrow \ Y=A \ + \ :Z^-$$

負電荷によって起こる転位反応

$$\begin{array}{c} R Y^- \\ | | \\ Z A \end{array} \longrightarrow \begin{array}{c} R-Y \\ | \\ :Z^- \ A \end{array}$$

中田尚男，「有機イオンの構造とフラグメンテーション」より．*J. Mass Spectrom. Soc. Jpn.*, 63 31（2015）.

3.9.5　定量分析

　GC/MS や LC/MS を用いた定量分析では，目的成分に特有の SIM あるいは SRM についてかかれたクロマトグラムについて得られるピークの面積値を定量に用いる．濃度とピーク面積値の関係に幅広い線形関係があることが，質量分析が定量分析に多く用いられている理由の一つである．

　絶対検量線法では，ピーク面積値と濃度の関係から検量線を作成する．内標準法では目的成分に似た性質をもつ成分を用いて，目的成分のピーク面積値と内標準のピーク面積値の比率と濃度の比率から検量線を作成する．内標準法では，安定同位体で標識した化合物を用いると，質量を除く物理化学的性質はほぼ同じであるために，実験工程の各段階におけるロスを補正できる．ダイオキシンの分析では試料採取時，実験室での精製・濃縮時，機器分析時のそれぞれ工程の直前にラベルの数の違う異なる質量の内標準を添加して，どの工程にどの程度ロスがあるかを調べている．一方，そのような安定同位体標識標準物質は高価であり，すべての目的成分に用意することは現実的ではない．

3.10 妥当性評価

　近年，定量分析を行って値を求めることに対して，用いる試験法が妥当であるかどうかを示すことが求められようになってきている．定められた手順に沿って定量分析を行うだけでなく，定量分析を行う機関自身が，目的成分を食品などの実際の試料に添加して，定量値が正しく添加した値になるかどうかや，複数の分析による値の変動についての結果を取りまとめなくてはならない．変動についても，同時に複数の試料を処理する場合(併行精度)，同一の分析法，実験環境において複数の日数で試料を処理する場合(室内精度)，異なる環境で試料を処理する場合（室間精度）など，さまざまなものがある．公的に定められている試験法はこのような過程を経て，一定の水準で正確であり，精度のよい結果が得られるものとして規定されている．

3.11 おわりに

　高分解能質量分析が身近なものとなり，これまで区別できなかったものが区別できるようになり，用語においてもそれらを適切に使い分ける必要性が増している．一度に多くの成分の微量分析ができるようになり，かつ量的な比較，精密質量等膨大なデータが得られるようになった．PC におけるファイルサイズも数 GB と大きくなった．必要とする情報は必ず含まれているはずであり，何が測れているのかを正しく認識し，必要な情報を取り出せるようになってほしい．

【参考文献】

1) J. H. Gross, 『マススペクトロメトリー』, シュプリンガー・ジャパン(2007), 10 章
2) 高山光男, *J. Mass Spectrom. Soc. Jpn.*, **64**, 169(2016)
3) 川﨑英也, *J. Mass Spectrom. Soc. Jpn.*, **61**, 1(2013)
4) 平修, 片野肇, *J. Mass Spectrom. Soc. Jpn.*, **64**, 197(2016)
5) 佐藤浩昭, *J. Mass Spectrom. Soc. Jpn.*, **64**, 191(2016)

【さらに詳しく勉強したい読者のために】

1) J. Gross, "Mass Spectrometry: A Textbook", Springer(2017)
2) 豊田岐聡, 『質量分析学―基礎編―』, 国際文献社(2016)
3) 高山光男他編, 『現代質量分析学』, 化学同人(2013)
4) 平岡賢三, 『質量分析の源流』, 国際文献社(2011)

4 紫外・可視・近赤外分光法 および蛍光分光法

森澤勇介
（近畿大学理工学部）

4.1 紫外・可視・近赤外分光法

4.1.1 はじめに

図 4.1 に紫外・可視の波長領域とその区分を示す．人の目に見える可視の光の波長はおよそ 400 ～ 800 nm であり，それよりも短波長の光を紫外光という．また，可視光よりも長波長の光を赤外光と呼び，赤外のなかでも可視光よりの領域を近赤外光（800 ～ 2500 nm）という．

紫外光の区切り方には場面や使い方によってさまざまな名前があるが，分光学でよく用いられる区分は次のようである．可視光に近い領域を近紫外光（300 ～ 400 nm）と呼ぶ．そこより短波長はそれぞれオゾンによって吸収が始まる 300 nm，酸素によって吸収が始まる 200 nm，フッ化マグネシウム基板の吸収が始まる 120 nm を境界にして，深紫外光（200 ～ 300 nm），遠紫外光（120 ～ 200 nm），真空紫外光（10 ～ 120 nm）と分ける．

このような紫外・可視・近赤外の波長の光を分子に照射すると，照射した光のうち，分子の電子基底状態と電子励起状態のエネルギーの差に一致するエネルギーの光は一定の確率で吸収される．電子励起状態のエネルギーや吸収される確率は分子によって異なるので，この波長領域の吸収スペクトルを用いた定量・定性分析法を紫外・可視・近赤外分光法という．波長領域で第 5 章の近赤外分光法と重なる部分もあるが，本章ではもっぱら電子遷移による吸収について述べる．

図 4.1 紫外・可視・近赤外の振動数，波数，波長と励起エネルギーの関係

4.1.2 紫外・可視・近赤外分光法で何がわかるか

(1) 定量分析ができる

光の吸収する度合いを吸光度で表せば，測定分子の濃度と比例関係をもつ（ランベルト・ベールの法則）ので定量分析が可能である．分子が測定範囲に許容電子遷移をもつ場合，溶液であれば 1 cm の光路長のセルを用いて容易に 10^{-6} mol dm^{-3} 程度の感度での定量分析が可能である．また，分子によって吸収を示す波長が異なることから，一つのスペクトルの複数の波長を用いることで同時に複数成分を定量できる．複数成分が同一の溶液に存在しても同時に定量できるため，定量のための成分分離を省略できる．

(2)電子状態がわかる

分子は特有の電子状態をもつので，紫外・可視・近赤外スペクトルから，その電子状態に関する情報が得られる．定性的であるが，分子中の電子の被占有軌道と空軌道の差である，いわゆる HOMO–LUMO ギャップの情報を得ることができる．また，理論計算との比較によって分子内で電子がどのように広がっているかを知ることができる．

(3)分子の同定ができる

上記のように分子は特有の電子状態をもつので，紫外・可視・近赤外スペクトルでは，既知の分子と測定分子のスペクトルを比較することで同定が可能である．ただし赤外・ラマン分光のようにスペクトルから構造を特定することが難しいことが多い．一方で，会合体の構造の中での会合する分子の電子遷移の遷移双極子モーメントの向きにより図 4.2 のような会合体の構造を見分けることができる．

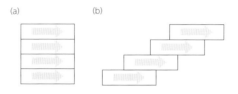

図 4.2 　電子遷移エネルギーに変化を及ぼす会合体形成
(a) H 会合体：単量体に比べて短波長シフトしたものが観測される．
(b) J 会合体：単量体に比べて長波長シフトしたものが観測される．

4.1.3 　測定の原理
(1)電子遷移

分子に光が照射されると，光の周期的な電場の振動が分子の中の電子に作用し，電子は一定の確率で高いエネルギー準位へ励起される．電子遷移が起こるためには次の二つの条件を満たす必要がある．

・分子の基底状態と励起状態のエネルギー差（遷移エネルギー）と一致するエネルギーをもつ光の波長が強く吸収される（ボーアの振動数条件）

分子の中の電子のエネルギー準位は量子化されている．これは，分子のような微小な空間においては原子核と電子の量子的な性質が際立つため，取り得る電子の軌道が限られていることに起因する．電子状態のエネルギーとは，どのようなエネルギーをもつ軌道にどのようなスピンの電子が存在するかによって決まる．安定な状態にある分子では，パウリの排他則により，許された軌道には互いにスピン量子数の異なる電子が 2 個ずつ存在でき，フントの規則に従って低エネルギーの軌道から電子が入っていく．分子と光の相互作用においては，基底状態のエネルギー （E_i）と励起状態のエネルギー （E_f）の差に表すボーアの振動数条件に一致するとき，分子は異なる電子状態へ遷移する．

$$h\nu = |E_f - E_i| \tag{4.1}$$

外力のかからない状態において，分子は最もエネルギーが低い電子基底状態にあるので，分子に光が照射され，式 (4.1) を満たす振動数であるときこの光は吸収され，低エネル

ギーの軌道にあった電子が高エネルギーの軌道に乗り移り，電子励起状態になる．詳細は参考書に譲るが，軌道エネルギーの差が励起エネルギーの差ではないことには注意．

・遷移双極子モーメントがゼロではないときに光は吸収される

　電子遷移が起こる確率は遷移双極子モーメント μ_{12} に比例する．簡単のために光の電場が空間座標 z 方向に振動していると仮定すると，それに対する遷移双極子モーメント $(\mu_z)_{12}$ は以下の式で示される．

$$(\mu_z)_{12} = \int \psi_2^* \mu_z \psi_1 dr \tag{4.2}$$

ここで，$\mu_z = \sum ez_i$（z_i は i 番目の電子座標の z 成分）は分子の双極子モーメントの z 成分であり，ψ_1 と ψ_2 はそれぞれ遷移前と後の電子状態の波動関数を示し，ψ_2^* は ψ_2 の複素共役を示す．つまり，電子遷移が起こるかどうかは分子内の電子配置によって決まり，遷移双極子モーメントが 0 であれば，ボーアの条件を満たしていても光は吸収されず，電子遷移は起こらない．分子の電子状態について，詳しくは 4.3 節で説明する．

(2) スペクトルの縦軸と横軸

　横軸に光のエネルギー（波長または波数），縦軸にそれぞれの波長における光の強度の増減（吸光度など）を示した図をスペクトルという．図 4.3 に示されるように，紫外・可視・近赤外吸光光度計では光がどれだけ試料に吸収されたかを示す値として，透過度（率）T（$T\%$）または吸光度 A を用いる．強度 I_0 の単色光が試料を通過し，その強度が I となるとき，透過度(率) T（$T\%$）および吸光度 A はそれぞれ

$$T = \frac{I}{I_0}, \ \ T\% = \frac{I}{I_0} \times 100, \ \ A = -\log \frac{I}{I_0} \tag{4.3}$$

となる．いずれの値も単位は無次元である．

　透過率は測定値となる強度の割り算で求まることから，誤差は強度のもつ相対誤差 $\delta I/I$ の伝搬より次のように表される．

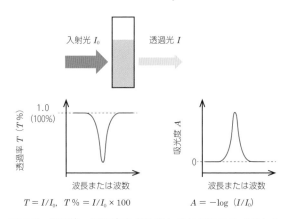

$$T = I/I_0, \ \ T\% = I/I_0 \times 100 \qquad\qquad A = -\log\ (I/I_0)$$

図 4.3　吸光度，透過率の求め方とそれぞれのスペクトル

$$\frac{\delta T}{T} = \sqrt{\left(\frac{\delta I}{I}\right)^2 + \left(\frac{\delta I_0}{I_0}\right)^2} \tag{4.4}$$

　一方，吸光度についてはトワイマン・ロンシャンの法則として知られるように，透過率の誤差δTとそのときの透過率Tを用いて次の式で見積もられる.

$$\frac{\delta A}{A} = \frac{\delta T}{T \ln T} \tag{4.5}$$

　図 4.4 はδTがすべての透過率で同じとして式（4.5）をプロットしたものである．図のように，吸光度の相対誤差は吸光度が 0.434 程度のときに最小値をとり，0.1 〜 1.0の間では大きく変わらないものの，その前後で大きくなることがわかる.

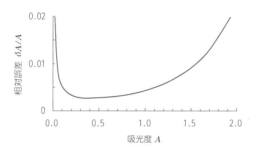

図 4.4　吸光度の相対誤差
透過度の誤差$\delta T = 0.001$ の（透過度が 3 桁読める）ときの
吸光度の相対誤差 $\delta A/A = -\delta T/(T \log T)$. 吸光度も 3 桁読
めるのは A がおよそ 0.1 〜 1.0 の間.

(3)ランベルト・ベールの法則

　気体中の分子や希薄溶液では，吸光度が試料中の光の光路長（セルの厚さ）l に比例するというランベルトの法則と，吸光度が試料のモル濃度 c に比例するというベールの法則をあわせた，ランベルト・ベールの法則が成り立つ.

$$A(\lambda) = \varepsilon(\lambda)cl \tag{4.6}$$

　このときの比例係数$\varepsilon(\lambda)$はモル吸光係数であり，1 mol dm^{-3} の濃度で光路長を 1cm として測定したときの値（単位は mol^{-1}dm^{3}cm^{-1}）で表すことが多い．定量分析では，この式が成り立つとして，既知濃度の溶液の吸光度から$\varepsilon(\lambda)$を算出した後，濃度未知の試料の吸光度を測定することで濃度を得る．式（4.5）に示した吸光度の相対誤差の性質から，精度よく定量を行うためには，吸光度の測定値はできるだけ 0.1 〜 1.0 の範囲に収めなければいけない.

　ランベルト・ベールの法則では，分析する濃度範囲において$\varepsilon(\lambda)$が不変であることを仮定している．よって，分子の会合体形成などによりスペクトルが濃度によって変わる場合は成り立たなくなる．また，式（4.6）は適用する波長において分析する分子以外には吸収がないことを仮定している．n 種類の別の分子がその波長に吸収をもつ場合，吸光度の加成性から次の式を考える必要がある.

$$A(\lambda) = \left(\sum_{i=1}^{n} \varepsilon_i(\lambda) c_i \right) l \tag{4.7}$$

各成分の $\varepsilon_i(\lambda)$ について, n 個以上の波長で既知であれば, 連立方程式から n 個の成分の定量分析が可能である.

4.1.4　装置のあらまし

　測定に用いる紫外・可視・近赤外分光光度計は広く市販されている. 分光光度計は光源, 分光部, 試料部, 検出器, データ解析部の五つの要素に分かれている. 各要素にはいくつかの種類がある.

(1) 光源

　光源には価格, 強度の長時間安定性や寿命の長さの観点から, 市販装置においてはタングステンランプ (350 〜 2600 nm) と重水素ランプ (190 〜 400 nm) を波長に応じて切り替えて用いるものが多い. しかし, 高輝度, 高時間分解能が必要な用途ではキセノンフラッシュランプ (190 〜 2000 nm) を用いる. また, 位相の揃った広帯域なパルス光源としてはスーパーコンティニウム (SC) 光源 (400 〜 2400 nm) がある.

(2) 分光器

　光源から入口スリットへ入射する光は, 広い波長の光が連続的に含まれる白色光である. この白色光を, 回折格子を分光素子として波長の異なる光に分ける装置を分光器という. 分子素子としては他にプリズムなど, 光の波長分散を用いて一定波長幅の光のみをスリットに導くものが用いられる回折格子における法線と入射光軸, 出射 (回折) 光軸のなす角をそれぞれ α, β とすると, 波長 λ とこれらの角度の関係式は, 回折格子の溝間隔 d を用いて次のように書ける.

$$d(\sin\alpha + \sin\beta) = 2d \sin\phi \cos\gamma = n\lambda \tag{4.8}$$

このとき, 角度 $\phi = (\alpha + \beta)/2$ は入射光軸と出射光軸の二等分線と回折格子の法線のなす角であり, $\gamma = (\alpha - \beta)/2$ はその二等分線と入出射光軸のなす角となる. n は回折次数を示す. この式から, 波長 λ の光がスリットから出射する条件においてはその波長の半分, 3分の1の波長の光の高次回折光 (n がそれぞれ2倍, 3倍の光) が同じ角度で反射される. 光源にこれらの光が含まれるのであれば短波長側の光を取り除くための光学フィルターを入射スリットの前に設置する必要がある. 装置ではこれらの光学フィルターが適切な波長で切り替わるように設定することが必要である.

　分光器は単色計 (モノクロメーター) と多色計 (ポリクロメーター) に大別できる (図 4.5). 入り口スリットへ入射した白色光を, 単一の波長の (単色化した) 光として出口スリットから出射する装置を単色計という. 上記のように, 回折格子は白色光を入射すると異なる波長の光を異なる角度で出射する. よって回折格子を回転させるとその角度に応じて, 出口スリットからは異なる波長の光が出射する. ダブルモノクロメーター型といわれる装置はこの単色計が2台直列につながった装置である. 多色計は, 入口スリットに入射した白色光を異なる波長の光を同一面上の異なる位置に導き, マルチチャンネル型の検出器 (後述) によって同時に観測する分光器である. 多色計では同一面上に異な

る波長の光を集光するため，単色計とは異なる回折格子や集光鏡またはレンズが必要になる．

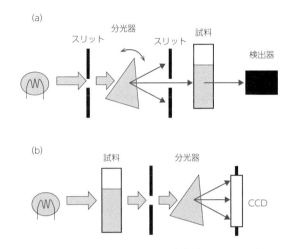

図4.5 （a）モノクロメーターと（b）ポリクロメーター

(3)試料部

スペクトルの測定には参照光の強度（I_0）と試料を透過した光の強度（I）の二つの強度の値が必要となる．分光器から出射した光を単純な光路でサンプルに照射するシングルビーム方式の分光光度計では，サンプルなしのセルを用いた測定によって参照スペクトル強度I_0を得て，その後，サンプル入りのセルを用いてその透過光強度Iを得て吸光度を測定する．

シングルビーム型の分光器では光路が単純になるために，試料室の自由度が高いというメリットがあるが，時間の異なる2回の測定から一つのスペクトルを計算するので，

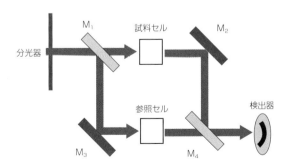

図4.6 ダブルビーム方式分光光度計の光路の概念図
M_1 および M_4 は同期して動く（たとえば回転しながら透過と反射を時間で2分する）ミラーで，M_1 が透過のとき M_4 が反射すれば上側の光路を，M_1 が反射のとき M_4 が透過すれば下側の光路の光が検出器に届く．いずれかを参照側，もう一方を試料セルとして測定する．

時間の経過による装置の感度ドリフト(光源の変動や検出器の感度変化)の影響が無視できず高精度な測定や，長時間の測定，また多検体の測定には向かない．一方，参照側とサンプル側の二つの光路およびセルをもち，回転ミラーなどを使って短時間のうちに切り替えて交互にデータを取得するダブルビーム方式の分光光度計(図4.6)では，ほとんど同時にI_0とIを測定することができる．このような場合，装置における感度のドリフトや外乱(温度や湿度)の影響を最小限にできる．

(4)検出器

　光の強度を電気信号に変換する装置を用いて参照光やサンプルを透過した光の強度が測定される．単色計の分光器で単色化された光の強度を測定する場合には，シングルチャンネル検出器が用いられる．紫外・可視の領域ではSiフォトダイオード(感度のある波長は190〜1100 nm)や光電子増倍管(PMT)(185〜900 nm)が用いられる．Siフォトダイオードは安価で高い安定性をもつ．一方，PMTは非常に微弱な光をとらえることができる．近赤外領域の光にはInGaAsフォトダイオードが900〜1800 nmで強い感度を示し，その他にもPbS光導電セルが1000〜3200 nmという広い範囲の波長の光を検出することができる．

　多色計の分光器は検出面における位置とその光強度を検出でき，マルチチャンネル検出器と組み合わせて用いられる．マルチチャンネル検出器の位置検出に際しては一次元と二次元のものがある．一次元マルチチャンネル検出器の例はリニアフォトダイオードアレイ検出器であり，二次元マルチチャンネル検出器の例は電荷結合素子(charge coupled device：CCD)検出器である．CCD検出器は一般的には300〜1000 nm程度に感度をもつものが多い．

(5)データ解析部

　得られた光強度はPCに取り込まれ，ディスプレイ上に表示され，吸光度，透過率など縦軸の変換や波数と波長の変換などをソフトウエア上で行うことができる．また，得られたスペクトルの数値微分やスムージング，吸収バンドの面積計算機能なども備えている場合が多い．

4.2　紫外・可視・近赤外分光光度計による測定方法

4.2.1　測定に用いる資材

(1)分光用セル

　液体や気体のサンプルを測定する場合，定まった光路長をもち，入射・透過面が透明な窓材でできた分光用セルが用いられる．市販されているセルについて，一例を表4.1に示す．市販されている液体用セルの光路長は0.3〜100 mm程度である．また，短光路長セルとして窓板とスペーサを組み合わせた，組み立てセルなども市販されている．材質や形状によって価格・性質(透過波長範囲耐薬品性など)が大きく変わる．

　セルを選ぶ際には材質(窓板)が透過する波長範囲が重要である．合成石英で作られたセルは高価である一方，170〜2500 nmという広範囲の波長に対して大きな透過率をもち，化学的安定性も高く，工作精度も高いためにさまざまな形状のセルが入手可能である．プラスチックセルは使い捨て可能なほど安価なものが市販されている．使用の際

表 4.1　分光用セルの種類と波長，特徴

材質		波長(nm)	価格	備考
液体用セル				
石英	溶融石英	170 〜 2500	1 本　2 〜 6 万円	
	石英	200 〜 2500	1 本　1 万円〜	
ガラス	ホウ酸 Si ガラス	320 〜 2000	1 本　3 千円〜	
プラスチック	ポリスチレン	400 〜 800	100 本　1 千円	耐薬品性弱
	ポリメタクリル酸メチル(PMMA)	250 〜 800	100 本　2 千円	耐薬品性弱
組み立てセル(窓材)				
フッ化マグネシウム		110 〜 7500	1 本　3 〜 5 万円	水にわずかに可溶
フッ化カルシウム		130 〜 12000	1 本　2 万円〜	水にわずかに可溶
サファイア		150 〜 5500	1 本　3 万円〜	高い反射率

には窓板の透過率および溶媒に対する化学的耐性に注意が必要である．気体用セルや組み立て用セルの窓板については，最も短波長まで透過性があるのはフッ化リチウム(104 nm 〜) だが潮解性があり扱いが難しい．フッ化マグネシウムは，110 nm という遠紫外から 7500 nm という赤外まで高い透過率をもつ．フッ化リチウムに比べて潮解性は低いが，水にわずかに溶けるために乾燥材を入れたデシケーターのような，低湿度の環境下で保存する必要がある．

(2)溶媒

　紫外・可視・近赤外分光光度計を用いて定量分析を行う場合，サンプルを溶媒に溶かして吸光度を測定すると精度の高い分析ができる．溶媒はサンプルを溶かすことができ，サンプルが吸収を示す測定範囲に吸収がないものを選択しなければならない．表 4.2 によく用いられる基本的な溶媒について，1 cm のセルを用いたときに，吸光度が 0.1 を超えない短波長の下限を示す．イオン交換水は 180 nm まで透過する優れた溶媒である．有機溶媒では，n-ヘキサン，シクロヘキサン，アセトニトリルなどが遠紫外まで透過する溶媒である．

表 4.2　用いられる溶媒の測定可能な最短波長

測定可能な最短波長(nm)	溶媒
190 以下	蒸留水，アセトニトリル，シクロヘキサン，n-ヘキサン
220	メタノール，エタノール，イソプロピルアルコール，ジエチルエーテル
250	1,4-ジオキサン，クロロホルム
270	ジメチルホルムアミド，酢酸エチル
275	四塩化炭素
290	ベンゼン，トルエン，キシレン
335	アセトン，メチルエチルケトン，ピリジン
380	二硫化炭素

　一方，極性の有機溶媒としてはメタノール，エタノールは比較的短波長まで（220 nm）吸収をもたない．これらの溶媒を用いて 200 nm 付近の短波長を測定する場合，溶媒に含まれる不純物には注意が必要である．溶媒は不活性ガスとともに封入されている間は空気と混じりあわないが，開封後，時間の経過に従って空気中の酸素が溶けだすと，220 nm 以下の短波長に吸収を示す．このような溶媒については，モレキュラーシーブスなどを用いて酸素を吸着させて除去するなどの処理が必要になる．

4.2.2　測定溶液の調製

　ランベルト・ベールの法則を用いた溶液濃度の定量分析において，分析の精度を決めるのは検量線の正確さであり，精確な濃度の溶液調製がその精度を決定する．ここでは溶液濃度の精度に影響のある要因について表す．

(1)溶媒の選択

　溶媒の選択において，絶対条件となるのは溶媒とサンプルの間で化学反応が起きず，溶媒がサンプルを溶かすということである．紫外・可視・近赤外分光法を用いて分析するサンプルのモル吸光係数はおよそ $10^2 \sim 10^5$ mol^{-1} dm^3 cm^{-1} 程度であるため，1 cm の光路長のセルを用いて精度よく定量分析を行うには，$10^{-2} \sim 10^{-6}$ mol dm^{-3} 程度で測定することが必要である．よって，10^{-2} mol dm^{-3} 程度の溶液が調製できる溶解度があればよい．

　測定中に溶媒が揮発して，溶液の濃度が変化すると測定誤差の要因となる．したがって，揮発性の低い溶媒を用いるのが望ましい．揮発性の高い溶媒を選択する場合は，キャップ付きセルを用いるなどして溶液濃度が変化することを防ぐ必要がある．無極性溶媒ではサンプルどうしの会合，極性溶媒では溶媒とサンプルの会合がスペクトルに影響を与える可能性がある．検量線作成の際，定量時に用いるのと同じ溶媒で作成し，あらかじめ測定濃度域での直線性を確かめる必要がある．

(2)調製時の注意

　溶液の調製において，秤量は容器に封入した試料を分析天秤で測定すると，0.1 mg の精度で測定できる．吸光度測定のダイナミックレンジとなる 3 ～ 4 桁の精度を出すためには，秤量を 0.2 ～ 1 g 以上で行うことが必要であり．それよりも低濃度の溶液が必要であれば，メスフラスコとホールピペットを用いた希釈によって調製する．これらの定容測定器の公定精度は 5 桁以上あり，正しい手順で操作を行えば十分な正確さで希釈することができる．

　未知の濃度の試料を測定する場合において，そのままの測定で吸光度が 1.0 の範囲を超える場合は，この範囲に吸光度が収まるように溶液の一部を正確に希釈した後，希釈溶液のスペクトルから濃度を決定し，さらに希釈率をかけて濃度を求める必要がある．ただし，吸光度が 3 ～ 4 となる場合は，すでに吸光度を正確に測れておらず，実際はもっと高い吸光度である可能性が高い．よって，希釈率は 10 倍程度にするほうがよい．1 cm のセルで測定を行う場合，セルに入れる溶液の量はおよそ 4 mL である．溶液の入替え時に共洗いをすることを考えれば，10 倍の希釈には 20 mL のメスフラスコと 2 mL のホールピペットと用いて行うとよい．

4.2.3 吸光度の測定

　以下に市販の吸光光度計で一般的に用いられる単色計の分光器を用いて吸光度を測定する場合の手順とその注意点を述べる．多色計を用いる場合はシングルビーム型装置の測定に習えばよいが，設定条件は大きく異なる．

(1)実験条件の設定

　市販の吸光光度計を用いる場合，当該機種においての実験条件の設定方法や標準的な測定方法はマニュアルに記載されているので，それに従う．設定するパラメーターで共通するものを以下に紹介する．

スリット幅：4.1.2項で述べた通り，分光部において光は異なる波長の光が異なる角度で反射または透過し，スリットで特定の波長に切り分けられる．よって，スリットの幅は試料に照射される光の波長幅，つまりはスペクトルの分解能を表すパラメーターである．スリット幅の値はスリットの空間的な間隔ではなく，照射する波長幅で表示するのが一般的である．
　スリット幅が小さいほど，本来の形に近いスペクトルが得られる．一方，用いる光をスリットで絞ることになるので，シグナル・ノイズ比 (s/n) をよく測定するには長い時間を要する．スリット幅が大きいと，光量が大きいため短時間で s/n のよいスペクトルを得ることができるが，広すぎると得られるスペクトルの分解能が落ちるため，吸収バンドのピーク幅の増大や，波長の近いピークどうしがオーバーラップするなどの弊害が生じる場合がある．スリット幅の設定は測定試料によって適切に選ばなければならない．

データ(取込み)間隔，スキャン速度：データ間隔とは，データを何波数ごとに記録するかというパラメーターである．スリット幅の半分の値より小さい値を設定しなければ，スリット幅で決まる分解能を発揮できない．この条件を満たせば，スリット幅によってスペクトルの分解能は決まるが，表示されるスペクトルの滑らかさはデータ間隔によって変わる．十分な光量があればデータ間隔が小さいほど滑らかなスペクトルを表示できるが，反面で1点にかかる取り込み時間が小さくなるため，光量が小さい場合は s/n が悪くなるリスクがある．スキャン速度はスペクトル測定時の単位時間あたりの波長の測定範囲を表している．よって，スキャン速度が遅いと，データ間隔の間に積算する時間を多くとれるので s/n が改善される一方，測定にかかる時間は長くなる．

測定範囲，検出器／光源／高次光フィルター切替え波長：分散型分光器では波長を連続的に変えながら測定していくため，測定波長範囲が大きければそれだけ時間がかかる．また，広い波長範囲の測定では測定範囲の途中で検出器や光源，高次光フィルターの切り替えが必要になる．これらの切り替え波長ではデータの不連続が生じやすいため注意が必要である．切り替え波長が見たいスペクトルの真ん中にある場合などでは，切り替え波長を問題ない波長にずらすなどの設定変更が必要である．

(2)ベースライン・参照スペクトルの測定

　ダブルビーム型の吸光光度計では，溶液を測定する場合，参照側と試料側を通る二つの光路に対する感度を補正するためのベースライン測定を行う．参照セルと試料セルと

もに溶媒を入れてベースライン測定を行う．シングルビーム型の吸光光度計では，参照スペクトル I_0 を得るために，溶媒を入れたセルの透過強度を測定する．

　基板上に形成した薄膜の透過測定では，溶媒の入ったセルの代わりに清浄乾燥した基板のみを測定する．

　純液体を測定する場合は，何も入れずにベースライン測定をした後，空のセルの吸光度を測定しておくとよい．空のセルでベースライン・参照スペクトル測定を行った場合，目的試料となる液体を入れて吸光度測定すると，ベースラインが負の値になることが多い．これは空容器ではセル内部の壁面での反射による光の減少がサンプル入りの場合よりも大きく，参照光強度が過小評価されてしまうからである．

　ベースライン・参照スペクトル測定は，試料の吸光度を計算するにあたって基本となる測定であり，この測定が間違っていれば，その後の測定のすべてが無駄になる可能性すらある．ある意味で最も重要な測定であるので，注意深く測定する必要がある．シングルビーム型の吸光光度計では，得られた参照スペクトルが別の日のものと変化がないかなどを確認することで，間違った測定を回避できる．また，積算回数について，可能であれば参照光測定は試料の透過光測定の倍の回数を積算することが望ましい．これにより，参照スペクトルからの吸光度に対する誤差を抑えることができる．

(3)試料透過光，試料の吸光度の測定

　ダブルビーム型光度計の測定においては，ベースライン測定の後，参照側には溶媒を入れたセルのまま，試料側のセルは溶媒から試料溶液へ入れ替えて測定を行う．このとき，試料溶液でセル内部を共洗いするため，可能なら測定に用いるよりも倍の量の試料溶液を用意する．シングルビーム型の場合は，参照スペクトル測定の後，セルの溶媒と溶液の入れ替えを行う．

　透過光強度はセルの表面での反射によっても減少するため，二つのセルの角度が変わってもベースラインがずれる原因となるため，精密な測定ではセル設置の再現性に注意する．同様に，試料が濁っている場合は散乱によって透過光強度が減少し，ベースラインがずれる．散乱の大きな試料の測定は 4.2.5 項の(1)積分球を参照．

4.2.4　データの解析
(1)定量分析における検量線の作成

　分光光度計を用いて，目的となる分子について濃度が正確に知られている標準試料(4～5個かそれ以上)を，目的となる試料と全く同じ条件で測定し，目的分子の吸収する波長(多くの場合吸収バンドのピーク波長)の吸光度を濃度に対してプロットすることで検量線を作成できる(図 4.7)．ランベルト・ベールの法則によると吸光度は式(4.6)のように濃度に対して一次の式で表されるため，次式の回帰分析により，検量線を求めることができる．

$$y_i(\lambda) = ax_i + b \tag{4.9}$$

このとき，$(y_i(\lambda), x_i)$ を(吸光度，試料モル濃度)として最小二乗法を用いると，a はモル吸光係数と光路長をかけたもので $a = \varepsilon(\lambda)l$ であり，b はセルの反射や溶媒による吸収などによる系統的なゼロ点のズレ(残差)となる．

　求めた検量線を用いて濃度未知の試料のその波長における吸光度 $y_u(\lambda)$ を測定し

$$x_u = (y_u(\lambda)-b)/a \tag{4.10}$$

によって試料の濃度 x_u を得ることができる.

　上記の方法を適用するときの注意点として，未知試料における測定波長の吸光度が目的分子のみによるものかを考えなければならい．他の分子が同じ波長に吸収をもつ場合は，系統的な誤差を生む要因になる.

　吸収が単一分子によるものかを確認するためには，検量線作成で測定したスペクトルの，検量線に用いたピーク波長だけでなく，その他の波長も含めた吸収バンドの形が，未知試料のそれと一致するかどうかを見ればよい．もし，バンドの形が大きく検量線のものから変化しているときは，他成分の影響を考慮する必要があり，標準添加法やケモメトリックス(詳しい解説は参考書を参照)などを用いる必要がある．ケモメトリックスについては次章の近赤外分光法で詳しく述べられるので，ここではより簡便に用いることができる，差スペクトルと微分スペクトルについて述べる.

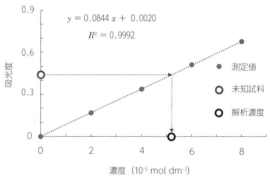

図 4.7　検量線の作成

(2)差スペクトル

　差スペクトルとは二つの試料 a,b の吸光度 A_a, A_b の差 ΔA のスペクトルのことである.

$$\Delta A(\lambda) = A_b(\lambda) - A_a(\lambda) \tag{4.11}$$

式 (4.11) では，試料 b に比べて試料 a に多く含まれる成分の吸収は下向きに，逆に試料 a に比べて試料 b に多く含まれる成分の吸収は上向きにシグナルを示す．吸収スペクトルの微小な差や変化を検出するのに簡便で有効である.

(3)微分スペクトル

　得られた吸光度 A のスペクトルを波長 λ に対して微分し，その微分係数を波長 λ に対してプロットしたスペクトルを微分スペクトルという．微分スペクトルではベースラインシフトの影響を除き，重なり合ったスペクトルの分離をよくするメリットがある．スペクトルの微分はコンピュータを用いれば簡単に行うことができるので，たいへん使いやすいデータ処理の一つである．しかし一方で，人工的なピーク(アーティファクト)

や波長シフトを引き起こし，場合によっては s/n が悪くなるデメリットがある．

微分スペクトルの形状：吸収スペクトルの代表的なスペクトル形としてガウス関数を用いて，その一〜二次微分スペクトルの形状を図 4.8 に示した．吸光度スペクトル $A(\lambda)$ が λ_0 を中心波長，半値全幅を $\sqrt{\ln 4w}$ となるガウス関数で表されるとき，$A(\lambda)$ は以下の式で示される．

$$A(\lambda) = \alpha \exp\left[-\left(\frac{\lambda - \lambda_0}{w}\right)^2\right] \tag{4.11}$$

一次および二次の導関数は次のようになる．

$$\frac{dA}{d\lambda} = -2\frac{\lambda - \lambda_0}{w^2}\alpha exp\left[-\left(\frac{\lambda - \lambda_0}{w}\right)^2\right] = -2\frac{\Delta\lambda}{w^2}A \tag{4.12}$$

$$\frac{d^2A}{d\lambda^2} = \left(-2\frac{1}{w^2} + \frac{4(\lambda - \lambda_0)^2}{w^4}\right)\alpha exp\left[-\left(\frac{\lambda - \lambda_0}{w}\right)^2\right] = -2\frac{A}{w^2}\left(1 - 2\frac{\Delta\lambda^2}{w^2}\right) \tag{4.13}$$

中心波数と測定波数の違いを $\Delta\lambda$ としたときに，$\Delta\lambda = 0$ において，一次導関数は 0 となる．逆に考えれば，一次導関数が 0 になる値が元のスペクトルのピークである．また，二次導関数は $-2\dfrac{A}{w^2}$ であり，元のピークのピーク位置では負の極小値になることが示される．また，計算された式から，微分スペクトルにおいて元のスペクトルと同様の定量性を担保するためには，スペクトル線幅が変化しないことが必要である．

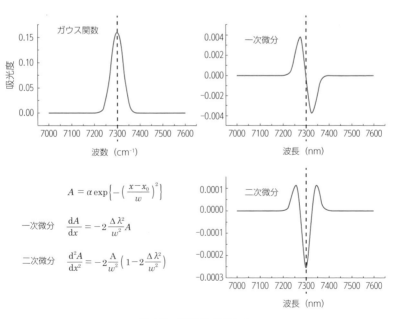

$$A = \alpha \exp\left\{-\left(\frac{x - x_0}{w}\right)^2\right\}$$

一次微分　$\dfrac{dA}{dx} = -2\dfrac{\Delta\lambda^2}{w^2}A$

二次微分　$\dfrac{d^2A}{dx^2} = -2\dfrac{A}{w^2}\left(1 - 2\dfrac{\Delta\lambda^2}{w^2}\right)$

図 4.8　微分スペクトル

　また，上記の計算結果から一次，二次導関数には $1/w^2$ が乗じられるため，線幅の広いピークは目立たなくなり，線幅の狭い変化が際立ってくる．このことは，溶媒の裾に埋もれた目的物質のピークを検出するというメリットにもなる一方で，ノイズを際立たせてしまうことも意味する．よって，微分スペクトルを用いるときはできる限り s/n のよいスペクトルを用いることが重要である．

ベースラインシフトの除去：目的となるスペクトル $A(\lambda)$ に，加法的ベースライン b と線形ベースライン $c\lambda$ が何らかの影響で混入してしまったとする．このスペクトル

$$A(\lambda) + b + c\lambda$$

の一次および二次の導関数はそれぞれ次のようになる．

$$\frac{dA}{d\lambda} + c \quad および, \quad \frac{d^2A}{d\lambda^2}$$

一次微分では加法的ベースライン（b），二次微分では線形ベースライン（$c\lambda$）が除去される．

Savitzky-Golay（SG）法：SG 法は多項式近似を使った数値微分法である．スペクトルのある点 λ_i における微係数を求めるために λ_i を中心に長・短波長それぞれ k 個の点（$\lambda_{i-k} \sim \lambda_{i+k}$，つまり用いる点数は $2k+1$ 個）を含めて，n 次の多項式にあてはめる．多項式の各次の係数が求まれば，ただちに微係数を求めることができる．たとえば，$\lambda_{i-k} \sim \lambda_{i+k}$ の点を二次多項式

$$A(1) = a\lambda^2 + b\lambda + c$$

を用いて最小二乗法で係数 a, b, c を得られれば，その一次微係数，二次微係数はそれぞれ

$$\left(\frac{dA}{d\lambda}\right)_{\lambda i} = 2a\lambda_i + b \quad および \quad \left(\frac{d^2A}{d\lambda^2}\right)_{\lambda i} = 2a$$

により求めることができる．n 次の多項式では最大で $n-1$ 個のピークしか作らないので，SG 法は微分だけでなくスムージングの効果もある．

4.2.5　適用可能な測定法
(1)積分球
　積分球とは図 4.9 のように内面が球形で内壁を反射率の高い素材で覆った素子である．積分球の中に取り込まれた光が壁面で一様に散乱されて，検出器を置いた受光部に導かれる．受光部の他には分光光度計の光路が通過するように壁面に入口と出口の穴が開かれている．この素子を用いて懸濁溶液の吸収スペクトルや固体試料の拡散反射スペクトルが測定可能である．
　懸濁液の測定の場合，図 4.9（a）のように，入り口側に試料を設置し，出口側を反射率の高い標準散乱板で閉じれば，試料を通過した光の透過光および散乱光の両方が受光部で検出できる．散乱光によって光が減少する効果をなくし，懸濁液を正確に測定でき

る．また，出口側に固体試料を置くことで固体試料の拡散反射スペクトルを測定できる（図 4.9(b)）．拡散反射スペクトルの解析方法については 5 章を参照．

　一方，積分球を用いた測定では，光が積分球に一様に広がるため，検出する光量は大きく減少し，s/n が悪くなる．それを回避するために，通常よりもスリット幅を広げて測定することや，スキャン速度を遅くすることなどが必要である．固体測定では，分子がもともともっているスペクトルの広がりが大きい場合が多いので，たとえばスリット幅を 5 nm 相当としても問題ない場合が多い．

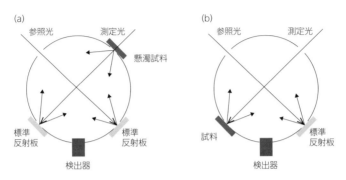

図 4.9　積分球
(a)懸濁試料の測定，(b)拡散反射スペクトルの測定．

(2)光ファイバーを用いた測定

　可視や紫外，近赤外領域の一部は光ファイバーによって光を減少させることなく取り廻すことができる．たとえば，図 4.10 のように光ファイバーで光源から試料が流れる流路へ光を導き，試料を透過した光を多色系で検出すれば，流路を流れる試料のその瞬間の吸光スペクトルを測定できる．この流路を液体クロマトグラフィーらのカラム直後に設置すれば，保持時間(リテンションタイム)ごとの吸収スペクトルが測定できる．スペクトルを用いることで各リランションごとの成分の同定が容易となる．

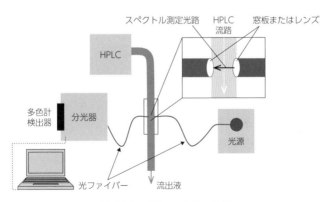

図 4.10　光ファイバーの例

4.3 紫外・可視・近赤外スペクトルの見方

4.3.1 分子の電子状態と吸収帯

　紫外・可視・近赤外領域に現れる吸収帯は電子遷移としては低エネルギー側に位置する電子遷移である．この遷移は，分子中で結合している原子において最外殻の電子（価電子）が，その軌道を変えることによるものである．よって，紫外・可視・近赤外スペクトルは，電子の結合の種類や，その周辺の電子の状態によって変化する．

(1) 有機分子の吸収帯

　有機化合物で基本骨格となる炭素の結合では，炭素原子の最外殻となる L 殻において 2s 軌道の電子の一つが 2p 軌道へ昇位し，そして 2s 軌道と 2p 軌道の三つまたは一部と混ざることで形成される sp^3，sp^2，sp 混成軌道のいずれかと他の原子が共有結合を形成する．このような混成軌道は隣接する分子と原子核間軸上に電子が分布する σ 軌道を形成する．一方，sp^2，sp 軌道においては，混成されなかった 1 個または 2 個の p 軌道は原子間結合軸とは垂直方向に p 軌道が広がり，結合によって隣接する原子の p 軌道と原子間結合上に電子が分布しない π 軌道を形成する（図 4.11）．σ，π いずれの軌道においても，電子がその軌道に入ると安定化する結合性軌道(σ 軌道，π 軌道)と，電子がその軌道に入ると結合が不安定化する反結合性軌道 (σ* 軌道，π* 軌道) が存在する．また有機化合物では，酸素や窒素原子などの非共有電子対(n)をもつ原子も存在する．

　これらを電子の安定な順，つまり真空への飛び出しやすさ(軌道エネルギー)の低い順に並べると，図 4.11 のように σ < π < n < π* < σ* となり，安定な分子においては n 軌道にまで電子が入る被占軌道となり，π*，σ* 軌道は空軌道となる．以上のような結合によって形成される分子軌道の他に，電子が分子から飛び出してイオン化する直前のエネルギーの軌道として Rydberg 軌道と呼ばれるものがある．Rydberg 軌道への遷移は遠紫外（〜 200 nm）に観測される（詳細については，物理化学または量子化学の教科書を参照）．電子遷移は被占軌道にある電子が光のエネルギーを吸収して空軌道へ移り，異なる電子状態へ遷移することである（ただし，軌道エネルギーの差がそのまま電子状態のエネルギー差ではないことに注意）．表 4.3 に電子遷移の観測される波長領域とモル吸光係数のおおよその値をまとめた．

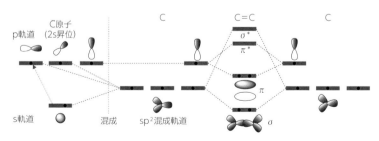

図 4.11　sp^2 混成軌道から生じる結合性・反結合性軌道

表4.3　吸収帯の区分

遷移の種類	波長領域 (nm)	特徴	ε_{max} (mol^{-1}dm^{3}cm^{-1})
σ-σ* σ-Rydberg n-Rydberg	遠紫外部	遠紫外用装置でのみ測定される.	$10^3 \sim 10^4$
n-σ*	180-200	H$_2$O，NH$_3$などで見られる. 水素結合の影響を強く受ける.	10^3
π-π*	170-220	アルケンやカルボニルなどの孤立した発色団(E$_1$吸収帯).	$10^3 \sim 10^4$
	170 ～ 800	芳香族からの許容遷移. 共役の伸長や助色団の影響により長波長シフトする(K(E$_2$)吸収帯).	$10^4 \sim 10^5$
	250 ～	芳香族からの櫛型の遷移. 他のπ-π*遷移に比べてεが小さい(B吸収帯).	$10^2 \sim 10^3$
n-π*	250 ～	非共有電子対をもつ分子において観測される. εは小さい.	$10 \sim 100$

発色団と助色団：紫外・可視・近赤外吸光光度計で観測可能な 190 nm より長波長側では，π-π* 遷移および n-π* 遷移が観測される. また n 軌道をもつ同じ分子では，π-π* 遷移のほうが n-π* 遷移よりも強度が大きく，短波長側に観測される. いずれにしても，π 軌道を形成する多重結合をもつ分子だけから吸収が観測されることから，多重結合をもった原子団 (C=C，C=O，ベンゼン環) のことを発色団という. 代表的な発色

表4.4　主な化合物と吸収帯

発色団	化合物	ピーク波長 (nm)	ε_{max} (mol^{-1} dm^3 cm^{-1})	溶媒
R–CH=CH–R	エチレン	175	15000	気相
R–C≡C–R	アセチレン	185	21000	気相
O‖ R–C–R	アセトン	196	7000	気相
		279	15	ヘキサン
O‖ H–C–R	アセトアルデヒド	180	10000	気相
		290	20	ヘキサン
O‖ R–C–OH	酢酸	208	32	95% エタノール
O‖ R–C–NR2	アセトアミド	220	63	水
O‖ R–N–O	ニトロメタン	278	20	石油エーテル
O‖ R–C–O–R	酢酸エチル	211	58	イソオクタン
O‖ R–N–O	ニトロソブタン	300	100	エタノール
O‖ R–O–N–O	硝酸エチル	270	12	ジオキサン
R–O–N=O	亜硝酸アミル	219	1120	石油エーテル

団を持った分子の吸収帯を表 4.4 に示す．

　また，n 軌道をもつ原子（O，N，S，Cl など）が発色団に結合すると，発色団の吸収帯の吸光度の増大や長波長シフトを引き起こす．このような発色団に結合する n 軌道をもつ原子団のことを助色団という．表 4.5 に一置換ベンゼンで観測される吸収帯の強度と最大吸収波長を示す．助色団となる置換基では，そうでない置換基に比べて上記のような効果が見られる．

表 4.5　一置換ベンゼンの吸収ピーク

置換基	K-吸収帯		B-吸収帯		溶媒
	ピーク波長 (nm)	ε ($mol^{-1}dm^3cm^{-1}$)	ピーク波長 (nm)	ε ($mol^{-1}dm^3cm^{-1}$)	
H —	204	7,900	256	200	エタノール
CH_3—	207	7,000	261	200	エタノール
NH^{3+}—	203	7,500	254	200	強酸性水溶液
I —	207	7,000	257	700	エタノール
Br —	210	7,900	261	200	エタノール
Cl —	210	7,400	264	200	エタノール
OH —	211	6,200	270	1,500	水
CH_3 — O —	217	6,400	269	1,500	水
COO^-—	224	8,700	268	560	水
CN —	224	13,000	271	1,000	水
COOH —	230	10,000	270	800	水
NH_2—	230	8,600	280	1,400	水
O^-—	235	9,400	287	2,600	強アルカリ性水溶液
SH —	236	10,000	269	700	ヘキサン
$CH \equiv C$ —	236	12,500	278	700	ヘキサン
$CH_3C(O)$—	240	13,000	278	1,100	エタノール
$CH_2 = CH$ —	244	12,000	282	500	エタノール
C(O)H —	244	15,000	280	1,500	エタノール
C_6H_5—	246	20,000			
$(CH3)_2N$ —	251	14,000	280	2,100	ヘキサン
NO_2 —	269	7,800			

（2）金属錯体の吸収帯

　有機化合物の配位子と遷移金属によって形成される錯体は紫外・可視・近赤外領域において，d-d 遷移吸収帯，配位子遷移吸収帯，電荷移動（CT）遷移吸収帯の 3 種類の遷移による吸収バンドが観測される．

　d-d 遷移吸収帯は，中心金属の d 軌道が配位子の配位によって分裂し，分裂した軌道準位間で電子が遷移することによって生まれる吸収帯である．観測される吸収波長は錯体の構造を反映する．モル吸光係数は数百 mol^{-1} dm^3 cm^{-1} 以下で比較的弱い吸収帯であり，低濃度の定量分析には向かない．

　配位子遷移吸収帯は，配位子となる有機化合物自身のπ-π^* および n-π^* 遷移である．

金属の配位により吸収帯が移動して観測される．モル吸光係数は，数万 $mol^{-1} dm^3 cm^{-1}$ になるものもあるが，未配位のものと重なって観測されることが多く，定量分析のためには未配位の配位子を分離する作業が必要である．

CT 遷移吸収帯は，配位子の電子が光のエネルギーを吸収して金属イオンの空軌道へ遷移する（LMCT），または，金属イオンの d 電子が配位子の空軌道（π*）へ遷移することによって生まれる吸収帯である．モル吸光係数は数万 $mol^{-1} dm^3 cm^{-1}$ を超え，錯体の形成に伴って新たに生じる吸収帯であり，未配位の配位子の吸収帯とも大きく異なる波長に観測されるため，定量分析に最もよく用いられる．

(3) 量子化学計算による吸収帯の電子遷移帰属

分子内の原子の座標を固定すれば，分子の電子状態のエネルギーやその構造において取り得る分子軌道，電子遷移のエネルギーは，理論的にシュレーディンガー方程式を解くことにより計算できる．ソフトウエアを適切に用いてこの計算を行えば，ある程度の大きさの分子について，電子遷移エネルギーにして約 5 〜 10 % 以内の精度で予測が可能である．

量子化学計算は大別すると半経験的手法と非経験的手法がある．半経験的手法とは計算の一部に実験によって得られたパラメーターを用いる方法であり，非経験的手法とは実験的に求めた値は用いずに理論のみから求める手法のことである．半経験的手法は実験値を用いることによって計算を省略できる部分があるため，計算時間が短くて計算対象によっては非経験的方法よりも実験を再現するが，一方で用いた実験値の適用範囲から外れる分子については正しい計算結果を与えない．よって，半経験的手法を用いる場合は用いる手法と計算対象をよく検討しなければいけない．

非経験的方法の計算コストはモデルの含む電子数と求め得る計算精度によって決まる．計算の精度は用いる計算方法とモデルとなる分子の電子の軌道（または電子密度）をあてはめる関数（基底関数）の数によって決まる．分子の電子軌道を再現するにはより多くの種類の関数を含む基底関数を用いることが必要であるが，一方でそのためには長い計算時間がかかる．対象とする分子の紫外・可視・近赤外スペクトルの予測では，分子の基底状態だけでなく，励起状態の計算が必要となる．簡便な励起状態の計算法として，CI single（CIS）法および時間依存密度汎関数法（TD-DFT）法がある．また高精度な励起状態計算としては Symmetry-Adapted Cluster CI（SAC-CI）法がある．励起状態の計算では，広がった電子の軌道を表現するための工夫が必要である．基底関数は必ず分散関数を含む基底関数（6-31+G (d, p)，や aug-cc-pVDZ）を用いる．また，TD-DFT 法では長距離補正を含む関数である CAM-B3LYP といった汎関数を選択するほうがよい．

図 4.12 にベンゼンに対する TD-DFT 法の入力および出力例を示す．各電子励起状態に対して，電子状態の対称性，励起エネルギー（励起波長），振動子強度および励起電子配置が出力される．この結果では第一励起状態は励起エネルギーが 5.39 eV（230 nm），振動子強度は 0.00 で，基底状態の分子軌道で表現するなら 20 → 22 と 21 → 23 と励起した電子状態が半々に寄与していることになる．ベンゼンの第一電子励起状態への電子遷移は禁制だが，振動の寄与によって励起するいわゆる振電遷移であるため，計算では振動子強度が 0.00 と計算されてしまうことに気をつけなければならない．計算された電子励起エネルギーは，実験値である 4.90 eV との差は約 0.49 eV 程度である．

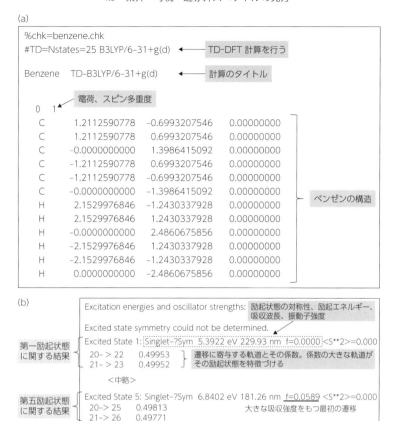

図 4.12　ベンゼンの励起状態の計算における(a)入力および(b)出力例

4.3.2　スペクトルの変化による分子構造や物性の推定
(1) 共役多重結合は共役長が長くなると長波長シフトする

発色団のなかで二重結合は，共役長が長くなるほど，吸収帯が長波長へシフトすることが知られている．表 4.7 に示すようにポリエンの吸収帯では共役長の増加により吸光度の増大と長波長シフトが見られる．

(2) 発色団または助色団の置換基を含む芳香族化合物のπ–π^*遷移の吸収帯は長波長シフトし，強度が増大する

表 4.5 に一置換ベンゼンのπ-π^*遷移について並べた．置換する官能基が非共有電子対をもたない− CH_3や− NH_3^+の場合は，ピーク波長はベンゼンとほとんど変わらない．一方，− OHや− NH_2など非共有電子対が直接ベンゼン環に結合する場合は，ピーク波長は長波長シフトしモル吸光係数も増大する．また，− C=C −のような多重結合をする分子が直接置換する場合も同じである．

表 4.6　代表的な生体分子の吸収帯

種類	化合物	ピーク波長(nm)	ε_{max} (mol^{-1} dm^3 cm^{-1})	溶媒
カロテノイド	β-カロテン	451	135	ヘキサン
クロロフィル	クロロフィル-a	430	1.1×10^5	ジエチルエーテル
		663	9×10^4	ジエチルエーテル
ヘモグロビン	O_2-ヘモグロビン	414	137	水
		542, 578	14.7, 15.3	
		929	0.3	
	還元ヘモグロビン	430	144	水
		556	13.5	
		760, 905	0.45, 0.27	

表 4.7　ポリエン化合物，ポリイン化合物の最大吸収ピーク

ポリエン化合物 H-(C=C)$_n$-H

n	1	2	3	4	5	6
ピーク波長(nm)	162	217	268	304	334	364
ε (mol^{-1} dm^3 cm^{-1})	10	21	34	64	121	138

(3)ソルバトクロミズム

　溶液において溶質の吸収波長は溶媒の極性によって変化することが知られている．この現象をソルバトクロミズムという．一般的に，n-π* 遷移は極性溶媒中においては無極性溶媒中よりも短波長にシフトする．一方でπ-π* 遷移は極性溶媒中において無極性溶媒中よりも長波長にシフトする．

4.4　蛍光光度法

4.4.1　はじめに

　蛍光光度法は物質が紫外・可視・近赤外領域の光を吸収して励起した後，励起状態から基底状態へ失活する際の光放出現象(蛍光)を観測する手法である．分子を励起するための光の波長や，蛍光として放出される光の波長は分子に固有の値をもつため，蛍光スペクトルを用いて，吸収スペクトルと同様に分子の同定・選択的な定量分析を行うことができる．吸収スペクトルよりも高感度で，化学種の選択性が高い分析法である．特に最近では，顕微鏡などとの組合せにより，ターゲットとする化学種の空間分布を得ることなどに用いられる．

4.4.2　蛍光スペクトルから何がわかるか

　蛍光スペクトルからは同じ電子遷移分光分析法である紫外・可視・近赤外の吸収スペクトルと同様に定量分析，励起状態についての情報，物質の同定を行うことができる．本項では，蛍光に見られる特徴を述べる．

(1)感度と定量性

蛍光は背景となる信号がないために，装置の迷光を抑えることで吸収スペクトルよりも 1 〜 3 桁高い感度での検出が可能である．一方，さまざまな周囲の環境要因が蛍光の強度やそれにかかわる消光過程に影響するため，定量における再現性には多くの注意を払う必要がある．

(2)分析対象の選択性

蛍光は分子が光吸収によって励起し，後に発光するという二つの過程を含むので，励起波長を変えることで分析対象となる化学種を選択できる．一方，蛍光発色する分子に分析対象が限られる．蛍光を発しない化学種の分析には，蛍光標識化が必要である．

(3)分子間相互作用が見える

励起した分子と蛍光発色する分子が異なる場合，励起分子と蛍光分子の間にエネルギー移動を引き起こす分子間相互作用があることを直接的に示す証拠となる．また，相互作用の選択性により混合物の中から対象となる化学種を選んで蛍光標識することができる．

4.4.3 測定原理
(1)電子励起状態と蛍光

光を吸収して励起した分子は電子励起状態となる．ここで分子が獲得したエネルギーを光として放出し，基底状態へ戻る現象を蛍光という．一般的に分子が光を吸収してそのエネルギーがどのように移りゆくかはヤブロンスキー図(図 4.13)によって示される．

溶液や固体中では励起状態の分子は隣接分子との衝突などで，得られたエネルギーを

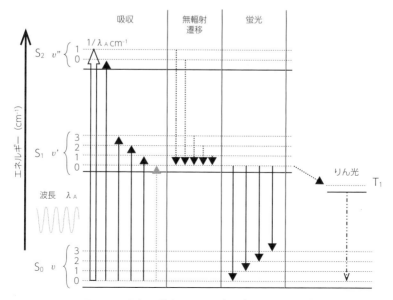

図 4.13 吸収と蛍光とりん光(ヤブロンスキー図)

外部へ放出しながらまずは振動状態間で素早く失活(振動緩和)する。このとき振動緩和は光を放出しない無輻射過程であり、熱としてエネルギーを消費する。

　また、同一のスピン多重度をもつ低電子励起状態の高振動状態へ内部転移 ($S_2 \rightarrow S_1$、インターナルコンバージョン:IC)が起こる。内部転移では分子のエネルギーはほとんど変わらないまま、電子励起状態のみが変化し第一電子励起状態に移る。第一励起状態の中でさらなる振動緩和を経て、最終的に振動基底状態へ失活する。図4.13に示されるように、蛍光はこの第一電子励起状態(S_1)の振動基底状態から電子基底状態(S_0)の各振動励起状態へ光を放出してエネルギーを放出する過程である。$S_1 \sim S_0$への遷移はおよそ $10^{-9} \sim 10^{-7}$ s の間に起こる。振動緩和においてエネルギーは外部に放出されるため、観測される蛍光は励起光よりも必ず低エネルギーとなる長波長側に観測される。また、S_1 の振動基底状態からの発光過程であるので、最も短波長に観測される遷移のエネルギーは S_1 と S_0 の振動基底状態間の遷移エネルギーに相当する。

　蛍光に影響を与える過程として、異なるスピン多重度をもつ電子励起状態の高振動状態へ遷移する系間交差(インターシステムクロッシング:ISC)がある。基底状態において不対電子のない分子(一重項状態)では、ISCによって二つの電子が同じスピン状態を持つ(三重項状態)(T_1)へ遷移する。T_1 から S_0 への発光過程はりん光と呼ばれるが、スピン多重度の異なる状態間の遷移であるので、遷移確率は低く T_1 に分子がとどまる寿命は長くなり、蛍光よりも励起光の消光後、長時間発光することになる。

(2)量子収率

　蛍光量子収率 ϕ_f =(蛍光を発した分子の数)/(吸収された光子数)で表され、一般的には1以下の値を示す。吸収された後に蛍光を発しない分子では、S_1 から S_0 への IC によって基底状態へ緩和するかもしくは、T_1 への ISC によりりん光を発する。

(3)定量分析

　観測される蛍光強度 F は、分子が吸収した励起光の光子数 I_a と比例関係にある。つまり、蛍光量子収率 ϕ_f を用いて、次の関係が成り立つ。

$$F = I_a \phi_f$$

I_a は入射光の光子数 I_0 とサンプル透過光の光子数 I_t の差 $I_a = I_0 - I_t$ であり、光の吸収はランベルト・ベールの法則 $-\log(I_0/I_t) = \varepsilon cl$ に従うなら、次式になる。

$$F = I_0(1-10^{-\varepsilon cl})\phi_f$$

吸光度が大きくない範囲($\varepsilon cl \fallingdotseq 0$)において、展開第1項のみを用いるなら、次式が成り立つ。

$$F = \ln(10)\, I_0 \varepsilon cl \phi_f$$
$$F/I_0 = \ln(10)\, \varepsilon cl \phi_f$$

ここで、$\ln(10)$ は10の自然対数であり、およそ2.303である。ε と ϕ_f は観測した分子とその遷移(波長)によって決まる係数であり、光路長も一定の大きさからの傾向を集光するとすれば、同一条件における検量線の作成によって、蛍光強度を入射光強度で割った値から、試料中の目的物質の濃度を導き出せる。

　このような定量を行う場合，試料はごく低濃度であることが条件となる．これは，上に示した導出の展開第1項のみを扱うための条件でもある．図4.14に示されるように，試料濃度が大きくなるにつれて蛍光強度の減少が見られるようになる．これは，試料が高濃度となると，濃度消光と呼ばれる試料分子どうしの相互作用による失活過程が働くためである．消光過程には濃度消光以外に，溶液中の溶存酸素による影響(酸素消光)や温度上昇による分子どうしの衝突の増加による消光(温度消光)など，さまざまな要因によって引き起こされる．このため，蛍光分光による精密な定量測定には，用いる測定系の環境を安定させたうえで，定量可能範囲を確認することが必要である．

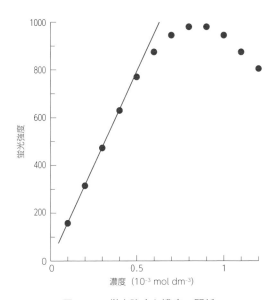

図4.14　蛍光強度と濃度の関係

4.4.4　装置のあらまし

(1)分光器

　図4.15に蛍光測定装置の模式図を示す．光源には可視から紫外部まで高い強度の白色光を発するキセノンランプが用いられる．この白色光が励起光用分光器に入射される．
　回折格子を用いた分光素子により，特定の波長の励起光だけが分光器の出射スリットから出射される．励起光はビームスプリッターで2方向に分けられ，一つは励起光の強さを測定するために，検出器へ集光される．もう一つの光はセルホルダーに置かれた試料に入射される．試料から発する蛍光は蛍光用分光器により分光され，波長ごとに検出器において強度が測定され，スペクトルを得る．
　多くの蛍光分光計において，蛍光用分光器は励起光の影響を受けずに蛍光のみを検出するため，励起光の光路に対して90°となる位置に設置される．

(2)試料部・分光セル

　溶液を測定する際は4面とも無蛍光で透明な角型石英セルが使用される．蛍光は励

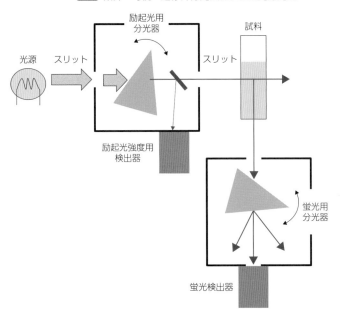

図 4.15　蛍光光度計の概念図

①光源は Xe ランプやレーザー（レーザーなら分光器はいらない）．②試料
セルは4面透明セル（蛍光用セル）．③検出器は光電子増倍管検出器に CCD
を用いたポリクロメータでもよい．

起光の集光部から四方八方に発光されるので，高感度な測定や絶対量子収率の測定では
積分球が用いられる．薄膜や紛体などの固体の測定では試料を励起光に対して 45° の配
置に固定する試料台が用いられる．

(3) 溶媒

蛍光スペクトルは背景信号のない測定なので，吸収スペクトルに比べて溶媒における
ごく微量の不純物からの影響を受けやすい．そのため有機溶媒では，蛍光を発する不純
物の影響がないことを確認した蛍光分析用の溶媒が市販されている．また，酸素消光が
ある試料を測定する際は，あらかじめ溶媒の溶存酸素を取り除く必要がある．

4.4.5　蛍光スペクトルの測定法

蛍光分光光度計は二つの分光器が備わっているため，いずれかの分光器の波長をス
キャンすることで得られる 2 種類のスペクトルがある．また，両方の波長を動かして，
二次元スペクトルを得る測定法がある．

(1) 励起蛍光スペクトルと拡散蛍光スペクトル

蛍光側の分光器の波長を特定の波長または広くスリットを開けた状態にして，励起光
側の分光器をスキャンして得られるスペクトルを励起蛍光スペクトルという．4.4.3 項
でも述べたように，蛍光の強度は分子の吸収強度に比例する．よって，蛍光側の分光器

のスリットを広く開けて測定した励起蛍光スペクトルは吸収スペクトルと相似する．また，蛍光側の分光器の波長を特定の波長に絞ることで，その波長の蛍光を発する化学種のみの吸収ペクトルとなる．これを用いて，蛍光分子の同定に使える．

一方，励起光側の分光器の波長を固定し，蛍光側の分光器の波長をスキャンすることで得られるスペクトルを拡散蛍光スペクトルという．また，単に蛍光スペクトルという場合は拡散蛍光スペクトルを指す場合が多い．これにより，分子から発せられる蛍光のスペクトルを知ることができる．

新規な物質の蛍光スペクトルを得るための手順は以下のようになる．新規物質ではどこに蛍光が見られるかがわからないため，まずは蛍光側分光器のスリットを広く開けて，励起蛍光スペクトルを測定する．励起蛍光スペクトルから，どのような励起波長で蛍光が発するかがわかるので，まずは蛍光を発する波長に励起光をあわせ，分光器側のスリット幅をスペクトル測定の幅に変えて，蛍光拡散スペクトルを測定する．得られた蛍光スペクトルが試料中の蛍光物質によるものかを確認するため，拡散蛍光スペクトルの目的とするピーク波長に蛍光側分光器の波長を合わせて励起スペクトルを測定する．スリットを大きく開けて測定したスペクトルと比べて強度比が異なる部分があれば，その部分が異なる起源の蛍光であることがわかる．

(2)励起蛍光マトリクス

励起光の波長を変化させながら，各励起波長における拡散蛍光スペクトルを三次元的に重ね合わせたデータを励起蛍光マトリクス (excitation emission matrix：EEM) または蛍光指紋と呼ぶ．図 4.16 にそば粉 80% と小麦粉 20% の混合試料の励起蛍光マトリクスのデータを示す．このように網羅的に励起光波長をスキャンして得られたデータは，異なる物質が異なる波長において蛍光を発していることを一つの図の中で確認できるために，食品分析や環境分析などのさまざまな化学種が混在するような対象の分析において力を発揮する．一方，励起光と蛍光の両方の波長を逐一スキャンして測定するために，測定時間は長くなるデメリットがある．これについては，近年の装置の改良において検出感度の向上に伴っ

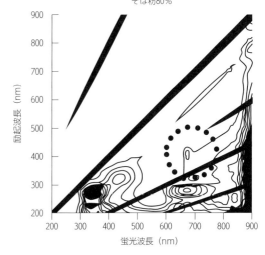

そば粉80%

図 4.16　そば粉 80% と小麦粉 20% の混合試料の励起蛍光マトリクス
杉山武裕ら，日本食品科学工学会誌，**57**，238 (2010)．

て測定時間も短縮してきており，数分で測定できるようになってきた．また，蛍光側の検出器にマルチチャンネル検出器を備えた多色計を採用し，測定時間の著しい短縮に成功した機種もある．

得られるデータ量が多いため，そのデータの整理は簡単ではない．食品などの多種の

化学種の混合物から得られた励起蛍光マトリクスの結果だけで，いきなり判別や定量を行うことは難しい．励起蛍光マトリクスデータを生かすためには，成分比などが既知である試料から，多変量解析手法を用いて判別(または定量)モデルを組み立てる必要がある．

4.4.6　蛍光標識試薬を用いた定量分析

(1)微量金属イオンの蛍光定量分析

　生命科学や環境化学などの分野においては $10^{-8}\,mol\,dm^{-3}$（およそ ppb オーダー）の微量金属イオンに対する定量分析が必要となる．その中で高い感度と選択性をもちながら，簡便な測定装置で行える分析方法として，蛍光標識試薬を用いた定量分析法がある．用途や検出イオンの選択性，検出波長等を変えた多くの指示薬が開発されている．一例を図 4.17 に示す．これらの試薬は以下のいずれかの特徴をもつ．

・標識試薬自体の蛍光強度はさほど強くないが，ターゲットとなる金属イオンと錯体を形成したときに強い蛍光を示す．または，その逆に標識試薬自体は強い蛍光を示す試薬だが，錯体の形成に伴って消光する．
・標識試薬と生成した錯体が溶媒抽出や TLC などの簡単な操作で分離できる．

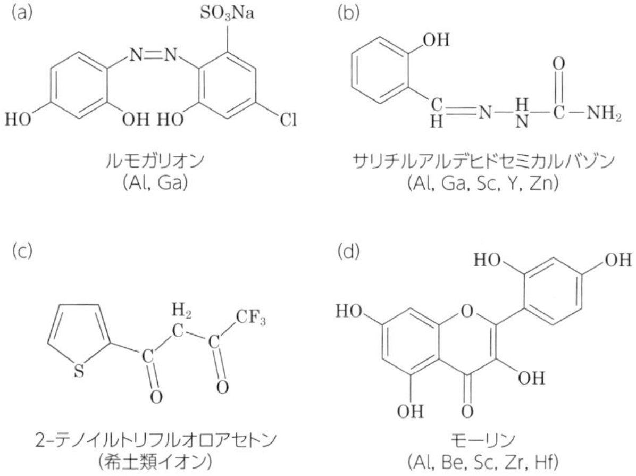

図 4.17　金属イオン定量のための蛍光試薬
(a)ルモガリオン(Al，Ga)
(b)サリチルアルデヒドセミカルバゾン(Al，Ga，Sc，Y，Zn)
(c) 2-テノイルトリフルオロアセトン(Sm，Eu，Tb など)
(d)モーリン(Al，Be，Sc，Zr，Hf)

(2)有機化合物の蛍光定量分析

　多環芳香族をもつ有機化合物など，それ自体が蛍光を発する分子については前処理をすることなく蛍光光度計により定量分析が可能である．一方，非蛍光性または弱蛍光性の有機化合物については，蛍光試薬と反応させることで定量分析される．図 4.18 に示すように，化合物の持つ官能基をターゲットとした縮合反応または酸化反応による蛍光

誘導体反応が知られており，これに用いる蛍光試薬（誘導体化試薬）が市販されている．図の例以外にも，検出したい分子や，検出に使う励起波長や蛍光波長によってさまざまな試薬が開発されている．

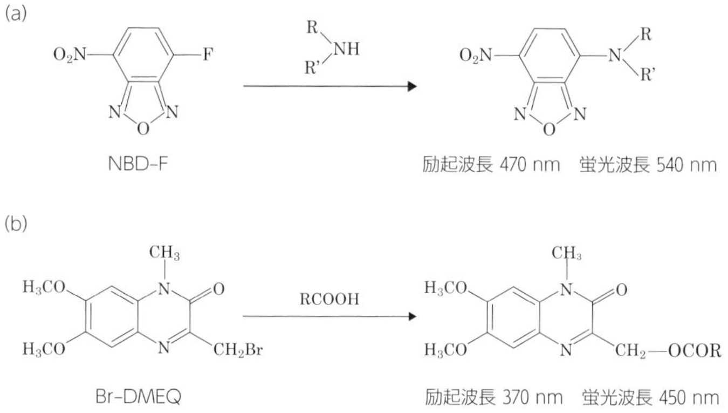

(a)

NBD-F

励起波長 470 nm　蛍光波長 540 nm

(b)

Br-DMEQ

励起波長 370 nm　蛍光波長 450 nm

図 4.18　蛍光誘導体化試薬
(a)アミノ基をターゲットとする誘導体化試薬
(b)カルボキシ基をターゲットとする誘導体化試薬

(3)生体分子，細胞内の蛍光標識

　生体内において生体分子が生成，機能発現，消失という過程を動的に観測する方法として，生体分子に蛍光標識を行い蛍光顕微鏡で細胞内の生体分子を観測することが行われる．タンパク質，核酸，金属イオン，活性酸素などに反応する蛍光標識が開発されている．これらの蛍光標識は有機小分子と蛍光タンパク質に大別される．有機小分子は(2)で見られるようなターゲットとなる官能基に対する有機化学反応を用いた手法であり，比較的簡便な操作で使用が可能である．蛍光タンパク質は遺伝子工学的手法によって，細胞内に蛍光を発するタンパク質を生成する手法であり，複雑な構造をもつ生体分子の非常に特異的な現象を見るのに用いられる．

【さらに詳しく勉強したい読者のために】

1）真船文隆，『量子化学―基礎からのアプローチ―』，化学同人(2008)
2）長谷川健，『スペクトル定量分析』，講談社サイエンティフィク(2005)

5 近赤外分光法

高柳正夫
（東京農工大学）

5.1 はじめに

近赤外分光法[1,2]は，近赤外領域の光の吸収や発光を測定する分光法である．吸収や発光の強さを近赤外光の波長(あるいは波数)の関数として図示すると，近赤外スペクトルを得ることができる．近赤外領域では，スペクトル情報と位置情報を組み合わせて取得するイメージング測定やハイパースペクトルの測定も広く行われている．また，飛行時間近赤外分光法(Time-Of-Flight Near-Infrared Spectroscopy：TOF-NIRS)や機能的近赤外分光分析法(functional Near-Infrared Spectroscopy：fNIRS)と呼ばれる方法で，比較的大きな物体内部の物質の分布の測定や脳の機能の解明など，特殊な応用も試みられている．本章では，近赤外分光法で最も広く用いられていて，最も基本的である吸収スペクトルの測定と得られたスペクトルの解析法について述べる．

近赤外光は，短波長側の可視光と長波長側の中赤外光に挟まれた領域の波長をもつ電磁波である．中赤外光との境目にあたる近赤外光の長波長端は，2500 nm（2.5 μm）である．この波長を境目としてスペクトルの特徴やスペクトルから得られる情報が大きく変化することから，この境界波長は広く受け入れられている．一方，短波長端は800 nmとするのが一般的であるが，長波長端とは異なり明確な境目があるわけではなく，750 nmや700 nmなど他の値が採用されることもある．

近赤外光の領域には，可視光に近い短波長領域(エネルギーとしては大きな領域)に低い電子励起状態への電子遷移が観測されることもあるが，主に観測されるのは測定対象物質の分子振動の倍音や結合音である．したがって，近赤外分光法は赤外分光法と同じ振動分光法の一種である．しかし近赤外分光法は，主に分子振動の基本音を観測する赤外分光法とは大きく異なる特徴をもち，測定対象もスペクトルの測定法や解析法も赤外分光とは異なる場合が多い．

5.2 近赤外分光法の原理と特徴

5.2.1 振動の倍音・結合音を観測する分光法

近赤外分光法で観測するのは，主に分子振動の倍音や結合音である．倍音は，量子数が2以上異なる振動準位間の遷移である（図5.1(a)）．常温では多くの分子振動が基底状態（$v=0$，vは振動の量子数）に存在するから，通常の測定で観測される最低エネルギーの倍音（2倍音）は$v=0$から$v=2$への遷移である．$v=0$から$v=3$，$v=4$，…への遷移をそれぞ

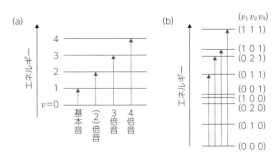

図5.1 分子振動の(a)倍音と(b)結合音

れ3倍音，4倍音，…と呼ぶ．倍音（2倍音），3倍音，4倍音，…のことをそれぞれ第1倍音，第2倍音，第3倍音，…と呼ぶことがある．同じ遷移でも数字が一つずれるので，注意が必要である．

一方，結合音は複数の振動の量子数が同時に変化する状態間の遷移である．たとえば，水分子は三つの基準振動，①対称伸縮振動，②変角振動，③逆対称伸縮振動，をもつ．この三つの基準振動の量子数をこの順番に並べて$(v_1 v_2 v_3)$のように示すと，たとえば基底振動状態（000）から励起振動状態の（011），（021），（101），（111）などへの遷移が結合音である（図5.1(b)）．（011）への遷移では変角振動と逆対称伸縮振動の量子数が，（111）への遷移ではすべての基準振動の量子数が同時に変化している．

5.2.2 弱い吸収を測定する分光法で，非破壊計測に応用可能

分子振動が調和振動子（フックの法則が厳密に成り立つばねと同じエネルギーポテンシャルをもつ振動子）であると仮定すると，電磁波の吸収や放出により起こり得る遷移（許容遷移）は$\Delta v = \pm 1$となる．vが一度に2以上変化する遷移は禁制遷移であり，倍音を電磁波の吸収により観測することはできない（図5.2(a)）．ところが現実の分子振動は多かれ少なかれ非調和性をもち，禁制がわずかに解けている．そして十分に大きな非調和性をもつ振動の倍音は，吸収スペクトルとして観測できる．図5.2(b)に，代表的な非調和ポテンシャルのモースポテンシャルを示した．

倍音と同様に，結合音についても分子振動が厳密な調和振動子のみからなる場合には禁制遷移となって観測できない．しかし大きな非調和性をもつ振動がかかわる結合音も近赤外吸収スペクトルに観測されることがある．

倍音や結合音は，基本的には禁制の遷移が非調和性によって少しだけ許容となって観測されるものであるから，観測される場合でも弱い吸収として観測される．このことは，吸収の強度が弱くて観測しにくい遷移という欠点となる．しかし反対に，吸収が弱いおかげで測定光は測定対象(試料)の内部にまで入り込むことができる．すなわち，近赤外光は紫外可視光や赤外光に比べて透過力が大きい．したがって近赤外光を用いれば，ある程度の大きさをもつ測定対象でも，破壊することなくその内部の情報を得ることができる可能性がある．この特長を生かして，近赤外分光法は農作物，医薬品，生体，工業製品，建造物などさまざまな対象の非破壊での分析や検査に広く応用されている．

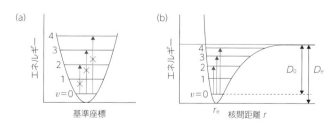

図5.2　(a)調和振動子と(b)結合する二原子間のモースポテンシャル
倍音は，調和振動子中では禁制遷移となるが，モースポテンシャル中では許容遷移となる．
D_0とD_eはそれぞれ解離エネルギーと結合エネルギー，r_eは平衡核間距離である．

5.2.3　主に観測されるのは限られた種類の振動のみ

近赤外吸収スペクトルに観測されるのは試料を構成する分子の基準振動の倍音や結合音である．しかし，すべての振動の倍音や結合音が観測されるわけではなく，特に非調和性が大きな振動の倍音や結合音のみが観測される．主に観測されるのは，O-H結合，C-H結合，N-H結合の伸縮振動がかかわる倍音や結合音である．これらは，基本音のエネルギーが3000 cm^{-1}前後と高い振動である．

分子振動のポテンシャルの底の付近は調和性が高い．そのため，基本音のエネルギーが低い振動は，高次の倍音にならないとポテンシャルの非調和性が顕著になるエネルギー領域に達することができない．次数が大きな倍音は，遷移の確率が小さくなるので観測が難しい．一方，基本音のエネルギーが高いO-H結合，C-H結合，N-H結合の伸縮振動は，低い次数の倍音でも非調和性が顕著なエネルギーの領域に達することができる．また，これらは軽い水素原子が大きな振幅で運動する振動なので，非調和性の効果が表れやすい．

近赤外吸収スペクトルには，少ない種類の基準振動の倍音や結合音のみが観測されるので，観測される吸収帯の数はそれほど多くなく，一見単純な形であることが多い．

5.2.4　観測される吸収の厳密な帰属は多くの場合困難

低圧の気相など，分子間の相互作用が小さな条件下で比較的小さな分子の近赤外吸収スペクトルを測定すると，一つ一つの遷移が幅の狭い吸収帯として独立に観測されて，それらの帰属が可能となる場合もある．しかし，信号強度が小さな近赤外吸収スペクトルを密度の小さな気相の試料について測定することは非常に困難なので，近赤外吸収スペクトルの測定の多くは，液体や固体の試料について行われる．

こうした凝縮系で測定された近赤外吸収スペクトルには，多くの場合，特徴に乏しい幅広い吸収帯のみが観測される．その理由は，①観測される遷移の大部分がO-H結合，C-H結合，N-H結合の伸縮振動の倍音や結合音に限定され多様性に欠けること，②分子が少し大きくなると，測定対象の分子が複数のO-H結合，C-H結合，N-H結合をもつようになり，それらの組合せによって生じる多くの種類の倍音や結合音が同じ波数領域に重なり合って観測されること，③分子間相互作用によって各遷移の線幅が広がること，④特にO-H結合やN-H結合がかかわる吸収については，それらの結合が水素結合を形成しているかどうかによっても振動数が変化すること，⑤近赤外分光法は非破壊分析に応用されるので，多くの場合測定対象が複雑な混合物であって，各成分のバンドが重なり合って観測されること，などである．

このような状況から，近赤外吸収スペクトルに観測されるバンドが単一の分子種由来の単一の遷移によるものであることは稀であり，その帰属を厳密に明らかにすることは多くの場合困難である．そのため，中赤外分光法で一般的に行われているように，観測されたバンドの帰属を行って試料分子の種類や構造に関する情報を得たり，特定のバンドの強度を測定することにより目的分子の濃度や存在量を求めたりすることは，近赤外分光法ではほとんどの場合困難である．その代わり，近赤外分光法では多変量解析（ケモメトリックス）を用いることにより，スペクトルから種々の情報を導き出す．

5.3 近赤外分光法で何がわかるか

　近赤外分光法は，測定対象の同定や判別，成分の定量などを行う分析的な目的で使われることが多い．一方，分子振動のポテンシャルの精密解析や凝縮相中の分子の相互作用や水素結合状態の解析などの分子科学的な目的にも用いられる．

5.3.1 　分析的な応用

　近赤外分光法の特徴は中赤外分光法と大きく異なるものの，振動分光の一種であるから，スペクトルの形は分子ごとに異なる．また，試料中のある分子種の濃度が高くなれば，その分子種に起因する吸収の強度（吸光度表示のときには信号の強度，透過率や反射率の表示の場合には光強度の減少の割合）が大きくなる．したがって，近赤外分光法は目的物質の同定，判別，定量などに用いることができる．しかし上述のように，得られたスペクトルに観測される吸収帯を特定の分子や特定の遷移に帰属することが困難なため，多変量解析を用いてスペクトルから必要な情報を引き出すことが一般的に行われる．

　近赤外光は透過性の高い光なので，非破壊計測に適している．農作物，医薬品，工業製品など，複雑な混合物中の特定の成分の同定や定量が行われる．一方，成分の分析ではなく，農作物の品種，産地，熟度，品質などの評価や判別に用いられることもある．さらに木材の密度や硬さのような物性の評価に用いられることもある．分析の目的や獲得目標となる情報はさまざまであるが，いずれの場合でも近赤外分光法が直接観測しているのは測定対象を構成する分子であることを忘れてはいけない．分子の種類，量，存在状態などの情報がスペクトルに含まれていて，それらを分析目標となるさまざまな情報に関連づけるのである．

　近赤外分光法は，非破壊計測に適した分析法であるため，工場，農地，選果場のような生産や流通などの現場で用いられることも多い．またオンライン分析やインライン分析にも用いられている．

5.3.2 　分子科学的な応用

　分子振動のポテンシャルはしばしば近似的に調和振動子として扱われるが，実際には上述のように必ず非調和性をもつ．ある分子振動について，倍音系列の振動数からその振動の非調和性も含めたポテンシャルの形を決めることができる．またポテンシャル形の詳細な解析から，図 5.2(b) に示した結合エネルギー D_0 および解離エネルギー D_e の値を得ることもできる．倍音系列の詳細な振動数を得るために，近赤外分光法が用いられる．この目的で高次の倍音の観測を行う場合には，近赤外光の領域だけではなく可視光領域のスペクトルの測定も必要になる場合がある．

　近赤外スペクトルに主に観測される O–H 結合や N–H 結合は非調和性が高く，その伸縮振動の倍音や結合音は，これらの結合が水素結合をしたり分子間相互作用を受けたりすると振動数を大きく変化させる．したがって，O–H 結合や N–H 結合をもつ分子が，固体や液体（溶液を含む）中でどのような分子間相互作用を受けているかを調べる手段として近赤外分光法を用いることができる．O–H 結合や N–H 結合の伸縮振動による吸収は中赤外の吸収スペクトルにも観測されるが，水素結合や分子間相互作用による波数シフトは近赤外吸収スペクトルに比べて小さいことが多い．

5.4　装置の概要

5.4.1　分光方式

　近赤外領域では，安価で高性能な光源，検出器，光学素子が入手可能である．また，近赤外分光法は多種多様な目的に応用されている．そのため，多くの種類の近赤外分光装置が市販されている．分光方式には，波長掃引型，フーリエ変換型，マルチチャンネル型，AOTF（Acousto-Optic Tunable Filter, 音響光学式波長可変フィルター）型，フィルター型などがある．波長掃引型とフーリエ変換型は一般的な分光方式としてよく知られている（第1章参照）ので，残りの三つの方式について簡単に紹介する．いずれも近赤外領域だけではなく，可視光の領域でも用いられる方式である．

（1）マルチチャンネル型

　小さな，たとえば手のひら程度の大きさのシャーシの中に，波長分散用のグレーティングとリニアアレイ検出器（多数の微小な光検出器を一列に並べたもの），および電子回路を組み込んだ検出器付きの分光器である．図5.3に，構造の一例を模式図で示す．光源，試料などとの間の光の伝達や，分光器への測定光の導入は，光ファイバーを通じて行うことが多い．

　マルチチャンネル型の分光装置は，小型，内部に可動部分が無く堅牢，比較的安価などの特長があるので，測定現場に持ち運び簡便に測定を行う目的に適している．また，繰り返し測定を行って結果を積算することが可能である．一方，測定波長領域や分解などの測定条件を変更することは困難な場合が多い．

（2）AOTF型

　密着させた圧電素子から超音波を供給することで酸化テルル（TeO_2）などの結晶の内部に発生させた疎密波を回折格子のように用いて，白色光から単色光を取出して分光測

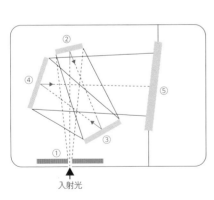

図5.3　マルチチャンネル型小型分光装置の一例の模式図（ツェルニ・ターナー型分光器）
①入口スリット，②凹面鏡，③グレーティング，④凹面鏡，⑤マルチチャンネル検出器．

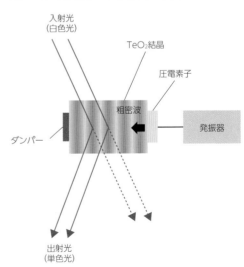

図5.4　AOTF型分光装置で単色光を得る方法

定に用いる方式である（図5.4）．超音波の振動数を変化させることにより疎密波の波長を変化させ，取り出す光の波長を変化させることによってスペクトルを得る．AOTF型の分光器は小型で高速の波長掃引が可能なので，モバイル型のその場測定用分光計に応用される．

(3)フィルター型

異なる波長の近赤外光を透過する多数のフィルターを順次用いることにより測定光の波長を変化させて分光測定を行う方法である．近赤外光の全領域をいくつか（10〜30程度）に分割して測定を行う場合もあるが，必要ないくつかの波長領域の光のみを取り出して測定を行う場合もある．白色光源とフィルターを組合せて必要な波長の測定光を得る代わりに，必要な波長で発光するいくつかのLEDを光源として用いることにより測定を行うことも可能である．特定の波長の測定光のみを用いる装置は汎用的ではなく，特定の目的のために設計製作して用いることが多い．

5.4.2 分光装置

近赤外領域に特化した分光光度計も販売されている．しかし紫外可視分光光度計の測定領域を長波長に拡張することや，赤外分光光度計の測定領域を短波長(高波数)側に拡張することにより，近赤外領域の測定を可能にした装置も多い．

紫外可視分光光度計の長波長拡張型は主に掃引型，赤外分光光度計の短波長拡張型は主にフーリエ変換型である．いずれの場合でも，全波長領域を測定するためには複数の光源や検出器，光学素子を交換して用いる必要がある．紫外可視近赤外分光光度計ではそれらの交換を自動で行うものが主流であり，全領域のスペクトルを連続して測定できる．赤外近赤外分光光度計の場合には，手動での交換や調整が必要となるものもある．またフーリエ変換型の分光光度計では，赤外光と近赤外光の全領域のスペクトルを一度に測定することは困難であり，一度に測定できるのは，事前に選択された光学素子や検出器によって決まる特定の波長領域のスペクトルに限定される．

使い方による分類では，据え置き型，可搬型（移動可能ではあるが，使うときには置いて使うタイプ），ハンディタイプ（手でもって使うタイプ）などの種類がある．一般に小型，可搬となるに従って性能が低くなる傾向があることに注意する必要がある．すなわち，SN比が下がり，分解が低下し，波長や信号強度の再現性も低下する．

果実用，牛肉用，プラスチック判別用など，使用目的を特化して，解析用のソフトウェアとセットで販売されている分光装置もある．

5.4.3 分光装置の選び方

近赤外吸収スペクトルには，中赤外領域の吸収スペクトルとは異なり幅が狭い吸収帯は少なく，細かい構造をもたない幅広い吸収帯が主に観測される．しかし，性能があまり高くない装置で大ざっぱな測定をしてもよいというわけではない．近赤外吸収スペクトルを用いて同定，判別，定量などを行う場合には，目視では区別がつかないようなスペクトルのわずかな違いを多変量解析により検知して情報を得るのであるから，スペクトルの測定は他の波長領域での測定以上に精度よく行わなくてはいけない．SN比，波長精度，再現性などについて，他の分光法以上に慎重に設定して測定する必要がある．しかしスペクトルを目視するだけでは，必要な条件で測定が行われているかどうかを判

断することが難しい．そこで，近赤外領域ではしばしば次のようにして分光計に要求される性能を検討する[3,4]．

① できるだけ高性能の分光計でスペクトルを測定し，判別や定量のためのモデル（スペクトルから判別や定量に関する情報を引き出す計算法や処理手順）を作成する．この段階で満足できる結果が得られない場合には，近赤外分光法による判別や定量が原理的に困難と判断するか，さらに高性能の分光計を用いて分析を試みることが必要となる．

② 前項で十分満足できる結果が得られた場合，解析に用いたスペクトルを加工して雑音を付加したり，分解や波長精度を落としたりする．それらの加工したスペクトルを用いて解析を試み，満足できる結果を得るために分光計に必要とされる性能を検討する．たとえば付加する雑音の大きさを徐々に増やしながら解析を繰り返すことにより，許容される雑音の最大の大きさを検討できる．

③ 必要とされる性能をもつ分光計を市販されているものの中から選択するか，当該目的のための性能を持った専用機を設計製作する．

　できるだけ高性能の装置を用いて検討を始めることが肝要である．目的により分光計に必要とされる性能がさまざまなので，最初から性能の低い小型の装置や可搬型の装置を使って検討を始めると，所期の結果が得られない．

　以上から，5.4.2項に示したどの分光方式を採用できるかについての指針も得られる．現場で使うには，小型や可搬型のマルチチャンネル型，AOTF型，フィルター型などが便利である．しかしそれらが有効に働くかどうかを検討するためには，掃引型やフーリエ変換型の装置を用いた事前の検討が必要である．

　掃引型とフーリエ変換型を比較した場合，一般には明るく，波長（波数）精度が高く，高速での積算が可能なフーリエ変換型のほうが優位であると考えられている．しかしスペクトルの縦軸（光の強度や吸収の強度）の精度は，有限領域のインターフェログラムにアポダイゼーション関数を掛けてからフーリエ変換を行ってスペクトルを得ているフーリエ変換型に比べ，それぞれの波長の光強度を直接測定する掃引型のほうが高いと期待される．また近赤外領域に特化した掃引型の分光計の中には，高速での掃引が可能で波長（波数）の再現精度がよく，積算が可能な装置もある．したがって現状では一概にどちらが優位とはいい難い．

5.4.4　光ファイバーの利用

　近赤外分光法は，さまざまな対象を非破壊で測定する目的で用いられる．オンラインやインラインの測定にもしばしば用いられる．そのため，分光光度計から離れた場所にある，形も大きさもさまざまな試料の測定が必要となることがある．

　さらに，後述するように，近赤外分光法では透過法の他に拡散反射法やインタラクタンス法などのさまざまな光学配置での測定が広く行われている．それらの目的を達成するために，しばしば光ファイバーを用いた測定が行われる．すなわち，装置から離れた場所にある測定対象まで光を届けたり測定光を装置に戻したり，測定対象に対して光を適切な方向から照射・集光したりするために光ファイバーが用いられる．

　さまざまな照射口や集光口を持つ光ファイバー用プローブが利用されている．代表的

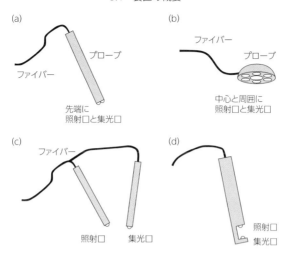

図5.5　代表的な光ファイバー用プローブ

(a)最も一般的なプローブで，先端に光の照射口と集光口を併設したもの．拡散反射法での測定に用いられる．(b)聴診器型の先端をもち，周辺から光照射を行い中央で集光，あるいはその逆を行う．拡散反射法やインタラクタンス法での測定に用いられる．拡散反射法での測定では，プローブを試料から離して用い，インタラクタンス法による測定では照射光が直接集光口に入射しないように試料にプローブ先端を密着させる．(c)光照射用のプローブと集光用のプローブを別々にしたもの．測定対象の形や大きさ，測定法により，さまざまな配置で用いることができる．(d)先端の切れ込み部分に測定光の照射口と集光口が向い合せに設置してあり，その隙間に入った物質のスペクトルを透過法により測定する．このプローブは，液体や粉体などにそのまま差し込んで用いる．

な例を図5.5に示す．

5.4.5　分光光度計の測定用オプション機構

　測定の対象や目的がさまざまであるため，近赤外分光光度計では，紫外可視や中赤外の分光光度計に比べると，測定に用いるオプションが多数準備されていて，実際にそれらのオプションを利用して測定を行うことも多い．たとえば，以下のようなオプションが準備されている．

①拡散反射測定用積分球：近赤外専用の分光光度計では標準装備であることも多い．試料室内にセットする小さな試料測定用のものも，筐体壁面に積分球の試料用窓を取り付け，分光計外部に試料を置いて測定するためのものもある(5.5.2項を参照)．

②拡散反射測定用の試料回転機構：不均質な試料をカップに入れて回転させながら多数の場所での拡散反射スペクトルを測定するための機構．詳細は後述する（5.6.1項を参照）．

③外部透過：試料室に入らない大きさの試料の測定のために分光計の外部に光路を設定したもの．

④光ファイバー用ポート：測定に用いる種々のファイバーを接続するためのポート．

⑤温度調節機構：試料の温度を一定に保つ機構．近赤外吸収スペクトルはしばしば温度により大きく変化するので，測定時の温度の調整が必要となることが多い．

　以上のようなオプションの中には装置製造時にしか組み込めないものもあるので，分光光度計を購入するときにはどのような測定を行う可能性があるのかを事前に十分に検討しておく必要がある．

5.4.6　近赤外領域で用いられる光学素子の材質

　試料用のセルや窓板，ファイバーなどによく用いられる材質について簡単に述べる．近赤外領域に強い吸収をもつ物質はほとんどないので，多くの材質を用いることが可能である．一般的な光学ガラスである BK7 は，2 μm 付近よりも長波長領域では吸収が強く使いにくいが，短波長領域では使うことができる．石英ガラスは近赤外光領域全体で使用可能である．しかし，ガラス中に含まれる水による吸収が 1.40 μm と 2.22 μm 付近に見られる．これらの吸収が妨害となるような測定を行う場合には，含水量を抑えた赤外光用の無水合成石英ガラスを使う必要がある．最近では，近赤外領域で透過率がよい材料として，石英ガラスの他にフッ化物ガラスや酸化テルル化合物が光ファイバーなどに用いられている．

5.5　測定法：光学配置

　近赤外吸収スペクトルの主な測定法は，透過法，拡散反射法，インタラクタンス法の三つである．それぞれを図 5.6 に示した．

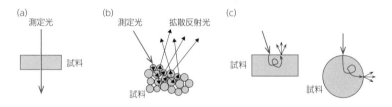

図 5.6　代表的な測定法
(a)透過法，(b)拡散反射法，(c)インタラクタンス法．

5.5.1　透過法（図 5.6(a)）

　透過法は，最も一般的な測定法である．試料を透過する測定光について，試料前後の強度を測定することによりスペクトルを得る．すでに述べたように，近赤外光は透過力の大きな光なので，見た目に透明ではないある程度の厚さ（数 mm から数 cm 程度）をもつ試料も透過法で測定できる場合がある．しかし光を強く散乱する試料は，それほど厚くなくても通常の透過法での測定が難しい場合がある．

　透過法は，光軸に沿った試料全体の情報を得ることができる点が優れている．不均質な試料について試料全体の情報を確実に得るためには，透過法を選択することが好ましい．厚みの大きな試料の測定を行うと透過光強度が著しく小さくなって定量性が低下するという欠点があるが，試料全体の情報を得るためにあえて透過法で測定することもある．後述するように近赤外光の透過能は波長によって大きく異なるので，試料の厚みと測定に用いる波長領域を適切に組み合わせて測定を行うことが必要となる．

5.5.2　拡散反射法（図 5.6（b））

近赤外分光法で最も多用される測定法である．拡散反射光とは，試料に照射した測定光が試料の内部に入り込み，散乱や反射を繰り返して再び外部に出てきたものである．したがって，拡散反射光には試料内部の情報が含まれている．拡散反射光の強度を測定することによりスペクトルを得る測定法が，拡散反射法である．

拡散反射光は指向性が低く試料の広い面から出射してくるので，積分球（図 5.7）を用いて測定することが多い．積分球は，反射率が高く光拡散性に優れた球状の面を内側にもつ光学器具である．内部の光を均質化するので，拡散反射光が試料からどのような方向に放出されてもそれらのすべてを

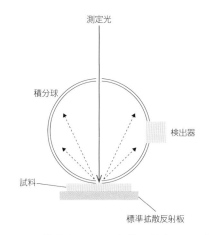

図 5.7　積分球を用いた拡散反射法での測定

測定できる．一方，積分球を用いずに，拡散反射光を試料近くで光ファイバーに効率よく取り込むことで測定する場合もある．

厚みをもつ試料の測定では，拡散反射光が透過光よりも大きな強度をもつことが多いので，拡散反射法を採用するほうが透過法に比べ容易に良質のスペクトルを得ることができる．特に粉体，粒状試料，粗い表面をもつ試料の測定には有効である．しかし，拡散反射法では光を照射した表面近傍の情報しか得ることができない．また鏡面反射が強く起こる滑らかな表面をもつ試料への応用は難しい．

拡散反射光は試料内で反射や透過を繰り返すので，試料による吸収が弱い波長の光はより長い距離試料内を通ってから出射されることになる．そのため弱い吸収が強調されて観測され，試料濃度と吸光度相当の信号強度が比例しない．定量的な信号強度が必要なときには，クベルカ－ムンク（Kubelka-Munk）変換を施すと濃度と信号強度が比例したスペクトルを得ることができる．クベルカ・ムンク変換は，次の式で表される．

$$f(R_\infty) = \frac{K}{S} = \frac{(1-R_\infty)^2}{2R_\infty} \tag{5.1}$$

ここで，K は吸光係数，S は散乱係数（scattering coefficient），R_∞ は絶対反射率である．$f(R_\infty)$ が，試料濃度に比例する値である．一般に R_∞ を直接測定することは困難なので，$K \approx 0$ の標準試料（近赤外領域では通常セラミック製の標準拡散反射板を用いる）との相対反射率 $r_\infty =$（試料の反射率）／（標準試料の反射率）が代わりに用いられる．

表面での反射が効率よく起こり試料の内部に光が入りにくい試料については，拡散反射法を用いることが難しい．試料内部の情報を含まない表面での反射光が著しく強いと，相対的に弱い拡散反射光の強度の測定が困難になるからである．積分球を用いない拡散反射測定では，直接反射光の影響を低減させる方法がいくつかある．一つは，直接反射光の光軸とは異なる方向から拡散反射光を観測する方法である．二つ目は，入射光の偏光が直接反射光では保存されるが拡散反射光では保存されないことを使って直接反射光と拡散反射光を区別する工夫をする方法である[4]．すなわち，入射光に偏光を用い，測

定は入射光と直交する偏光成分についてのみ行うことにより直接反射光と拡散反射光を区別する．直接反射光を避けるために以上のような方法がとられることもあるが，表面反射が強い試料に対して一般的には，透過法や次に述べるインタラクタンス法の適用を検討するほうが有効であることが多い．

5.5.3　インタラクタンス法（図 5.6(c)）

　インタラクタンス法での測定は，拡散反射法での測定と似た光学配置をとる．拡散反射法では光を照射する位置とほぼ同じ位置で拡散反射光を観測するのに対して，インタラクタンス法では，光を照射する位置とは異なる位置で試料から出射する光を観測する．すなわち，一度試料の内部に入り込んで別の場所から出射してきた光を測定する．したがって，拡散反射法で問題となる直接反射光の影響を受けることがない．

　測定光の試料への入射位置とインタラクタンス光の観測位置は隣り合わせにする場合もあるし，直交する方向などに離れて配置する場合もある．前者では，測定器のプローブ（光を出入射する部分）を，たとえば聴診器型のように一体型で作製して試料の1箇所で測定を行うことが可能となり，モバイル型装置での測定に便利である．一方で光の照射位置と観測位置が近いと，測定光が試料中を透過する距離が短くなって信号強度が弱くなる恐れや，試料内部を通らずに検出器に入射する迷光の影響が大きくなる恐れがある．反対に光の照射位置と観測位置が遠いと，観測できる光強度が小さくなって良好なスペクトルが得にくくなる恐れがある．測定光の入射位置と観測位置は，これらの条件を勘案して決める必要がある．

　インタラクタンス法では，出射光を観測する位置以外のすべての方向から試料に測定光を照射することもできる．照射光の総量を大きくすると，観測される信号強度を大きくすることができる．しかし試料が熱くなったり光や熱の影響で変質したりする恐れがあるので，光強度を制限なく大きくすることはできない．

5.5.4　その他の方法

　大部分の光を透過するが散乱が強くて透過法での測定が困難な試料の測定には，拡散反射法の発展形ともいえる透過反射法が用いられる．濁った液膜や不透明なフィルム状の試料などの測定に用いられる．この方法では，試料の裏側に拡散反射板をおき，測定光を反射させて測定を行う．事前に測定した拡散反射板のみのスペクトルをバックグラウンドとする（図 5.8(a)）．

　透過率が高いが散乱が強くて透過法での測定が困難な試料については，積分球の直前に試料をおき，散乱透過した光を積分球により測定する方法が用いられることもある（図 5.8(b)）．

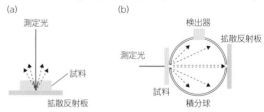

図 5.8　散乱が強い試料の測定法

5.6　測定法：試料の扱い方

5.6.1　試料の状態：前処理と不均質な試料の扱い方

　近赤外分光法は，非破壊での分析，検査，評価な
どに用いることができるのが特長である．そのため，
試料に前処理を施すことなくスペクトルの測定を行
うことが多い．また，赤外分光法における KBr 錠
剤法のように，近赤外分光法で特に汎用される前処
理法はない．

　前処理なしで測定を行うために，測定対象は複雑
な混合物であることが多い．また，構成成分が試料
内部に不均質に存在することもしばしばある．さら
に，試料の形状や大きさもまちまちである．たとえ
ば大きさでいえば，建造物のように移動させること

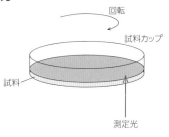

図 5.9　回転するカップを用いた
不均質な試料の測定法

が難しいほどに巨大なものから，一般的な分光光度計の試料室に入らないほどの大きさ
のもの，微細な粒子のようなものまでが測定対象になり得る．穀物や豆類のような一粒
ごとに少しずつ異なる大きさ，形，成分をもつ多数の粒状の物体が集まっている試料や，
土壌，堆肥，家畜飼料(粗飼料や食物残渣から製造したエコフィード)のように不均質で
複雑な混合物なども測定対象となる．このような多様な試料のそれぞれについて有意な
結果を得るためには，どのような目的でどのような情報が必要なのかを明確にしたうえ
で測定を行う必要がある．

　不均質な試料の測定を行う場合，平均値などの代表性をもつ測定結果を得ることが目
的であれば，試料の多数の異なる場所で測定して平均値を求めることが最も一般的であ
る．この場合，多数の場所で測定したスペクトルの平均スペクトルを計算してから解析
を行うことも，それぞれの場所で得られたスペクトルを解析して得られた結果を平均す
ることも可能である．もし非破壊での測定が必須でない場合には，試料を微細に粉砕し
てよく混合し，均質化してから測定を行うという選択肢もある．上述の穀物や土壌，堆
肥，飼料のような試料の場合，試料を測定用の透明なカップ(シャーレのような容器)に
入れ，カップを回転させながら測定を繰り返すことにより多数の場所の情報を含むスペ
クトルを測定する方法もしばしば用いられる(図 5.9)．このような測定を行うための機
構（試料カップを回転させる機構とカップに下方から測定光を照射して拡散反射スペク
トルを繰り返し測定する光学系)を備えた分光光度計が販売されている．

5.6.2　セルを用いた測定

　液体や溶液の他に，粒体や粉体の測定にもセルが用いられる．セルに入れられた試料
の測定は，一般的には透過法で行われるが，拡散反射法や透過反射法で行われることも
ある．

　液体の測定を透過法で行う場合，主に測定を行う波数領域によりセルの光路長を適切
に選択する必要がある．図 5.10 に水の近赤外吸収スペクトルを示した．このスペクト
ルは，光路長 1 mm のセルを用いて測定したものである．低波数側には強い結合音や
倍音の吸収が観測されているが，高波数に進むに従って観測される吸収が高次の倍音に
かかわるものとなって急速に弱くなる．水に限らず一般に，低波数側には強い吸収が観

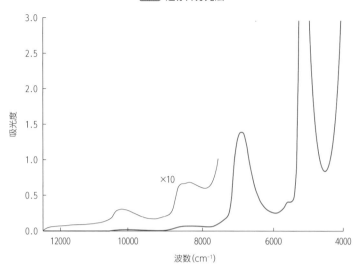

図 5.10　水の近赤外吸収スペクトル
光路長 1 mm のセルでの測定結果．波数(波長)により吸収強度は数桁異なる．

測されて，高波数側の吸収は弱い．したがって，低波数領域のスペクトルを測定すると
きには光路長が小さなセルを用いないと吸収の飽和が起こり，正しいスペクトルを得る
ことができない．一方，高波数領域のスペクトルを測定するときには，吸収が弱いので
セルの光路長を大きくしないと良好なスペクトルを得ることができない．
　近赤外光はしばしば，観測される信号の強度により三つの領域に分割される．図 5.11
に三つの領域とそれぞれの領域に観測される主な遷移をまとめて示した．また各領域で
の測定に適したセルの光路長の目安を示した．表に示した光路長は，純粋な液体を測定
するときの目安なので，溶液中の溶質のスペクトルを得たいときなどには，さらに光路
長が大きなセルを用いることが必要となる場合もある．
　粒体をセルに入れて測定する場合，光路長が大きく，試料の出し入れに便利なように
口が大きいセルを用いることが多い．透過法で測定する場合には，空隙率を考慮して信
号強度を見積もり，適切な光路長を選択する必要がある．

5.6.3　温度の調整

　近赤外吸収スペクトルは，しばしば温度により大きく変化する．これは主に，O–H
結合や N–H 結合の水素結合状態が温度により変化するからである．近赤外吸収スペク
トルは水素結合状態を敏感に反映するので，温度が変わるとスペクトルが変化する．
　判別モデルや定量モデルを用いる場合には，それらのモデルを作成したときと同じ温
度でスペクトルを測定することが必要である．指定温度の恒温室内に十分長い時間放置
した試料や，恒温槽を用いて指定の温度に調整した試料を測定するなどの工夫が必要で
ある．溶液の測定では，サーモスタットつきのセルホルダーが用いられることもある．
反対に，スペクトルから試料の温度を推定することも可能である．

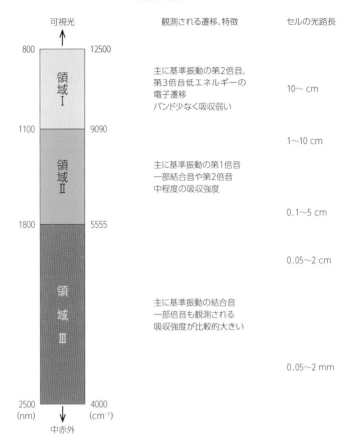

図 5.11 近赤外光の三つの領域と各領域で用いるセルの適切な光路長

5.6.4 周囲の光の影響

近赤外光は太陽光や照明器具からの光にも含まれているので，環境中の光がスペクトルの測定を妨害する可能性がある．特に，分光光度計の試料室以外の場所に試料をおいて測定する場合に注意が必要である．

太陽光や照明器具からの光が直接検出器に入るようなことがなければ，重篤な影響を受けることは少ない．それでも，外部の光が直接検出器に入ることがないように測定する場所を選ぶ他，試料周辺に覆いをかけて外部からの光を遮るなどの注意が必要である．

5.7 近赤外吸収スペクトル

近赤外吸収スペクトルの横軸には，波長（nm または µm）をとる場合と波数（cm⁻¹）をとる場合がある．紫外可視分光光度計の測定領域を長波長に拡張した装置と（中）赤外分光光度計の測定領域を短波長に拡張した装置は，それぞれ波長に線形あるいは波数に線形で測定する．そのため，両者が測定に用いられる近赤外スペクトルには，波長単位で

表されるものと波数単位で表されるものが混在することになる．スペクトルを見るときには，そのスペクトルがどちらを横軸にとって示されているのかを気をつける必要がある．

　近赤外吸収スペクトルを倍音や結合音が観測されている振動スペクトルとして見るときや，観測された吸収帯の帰属を行う場合には，赤外吸収スペクトルに観測される吸収帯の波数情報と比較しながら検討をすることが多いので，横軸を波数で示したスペクトルを用いるほうが便利である．スペクトル間の比較を行う場合には，対象とするスペクトルを波長表示のものか波数表示のもののいずれかに統一して行わないと有意の比較はできない．

　近赤外吸収スペクトルの縦軸には，主に透過率 T，反射率 R，吸光度 A のいずれかをとる．吸光度 A は試料の量（濃度）に比例するが，透過率 T や反射率 R は比例しない．したがってスペクトルを分析的に解析するときには，必ず吸光度表示のスペクトルを用いる必要がある．

　近赤外分光法ではしばしば解析に多変量解析を用いる．多変量解析にも吸光度表示のスペクトルを用いなくてはいけない．多変量解析を行えば縦軸がどんな表示であっても有意な結果が得られると勘違いをしているケースがしばしば見られる．しかし多変量解析は目的物質の定量や，定量的な情報に基づいた判別を行うために用いるものであるから，吸光度表示以外のスペクトルに適用しても有意な結果を得ることは難しい．

　測定が透過率や反射率で行われた場合には，吸光度あるいは吸光度相当のスペクトルに変換してから解析しなくてはいけない．拡散反射の測定の場合には，クベルカームンク変換により吸収強度による光のしみこみ深さの違いを補正する必要がある．クベルカームンク変換は，通常分光計光度計にプログラムが用意されている．用意されていない場合には，式 (5.1) により変換することができる．透過反射法やインタラクタンス法で測定された場合には，透過法で測定した場合と同様に，$\log (I_0 / I)$ 〔I_0 は入射光強度，I は反射光や試料を通過して出てくる光（透過光）の強度〕を計算することにより吸光度相当のスペクトルに変換できる．反射率 R で測定されている場合，近赤外領域での反射測定は一般に拡散反射測定になるのでクベルカームンク変換を行うことが適当であるが，近似的に $\log (1/R)$ の変換を用いることもある．

5.8　スペクトルの解析法

　近赤外分光法は，分子科学的な応用にも分析的な応用にも用いられる．応用の目的がさまざまなので，スペクトルの解析法も目的に対応してさまざまに変化する．

　近赤外領域以外の波長領域のスペクトルの一般的な解析は，まず観測されたバンドの帰属を行い，次に帰属されたバンドの振動数から試料分子の構造や存在状態を検討したり，吸収強度から存在量の情報を得たりする．

　しかしすでに述べたように，近赤外吸収スペクトルでは観測されたバンドを特定成分の特定の振動モードに帰属することが多くの場合は容易ではない．そこで解析は，主にケモメトリックスと呼ばれる多変量解析の手法を用いて行われる．すなわち，複数の波長（あるいは波数）での吸光度をそれぞれ変量とみなして解析する．いくつかの波長のデータを選択して解析する場合もあるし，測定が行われたすべての波長のデータを解析に用いることもある．

　多変量解析を用いれば，スペクトルの類似性を数値化して評価することや，いくつかの波長での吸収の強度を総合的に評価して目的物質の濃度を決めることなどが可能となる．したがって，近赤外分光法を使いこなすためにはケモメトリックスの詳細を知ることが必須である．スペクトルから同定・判別や定量に関する情報を引き出す計算法や処理手順をそれぞれ「判別モデル」，「定量モデル」と呼ぶ．

　以下，定量分析，判別分析について，それぞれ代表的な解析手順などの概要を述べる．ケモメトリックスの詳細については参考書[1,2,6]を参照されたい．また本章執筆時点において，ケモメトリックスは急速な発展途上にあって，新しい手法や興味深い応用例が次々と発表されている．利用にあたっては最新の情報を収集することをお勧めする．

　分子科学的な応用もさまざまに行われているが，現状では汎用的な解析法はほとんど見られない．ここでは，吸収帯の帰属についてのみ簡単に述べる．

5.8.1　定量分析

　信頼できる定量モデルを構築するための手順を，果実の糖度測定を例として図5.12に示す．モデル構築に用いる標準試料を十分に集めることが必要である．しかしそれに先立って，どの範囲の試料を対象としたモデルを構築するのかを決める必要がある．

　果実は糖度の他にも，酸度，色，大きさ，形，品種，産地，収穫時期，収穫年などさまざまなパラメータをもつ．これらのパラメータは，いずれも糖度予測に影響を与える可能性がある．しかしそれぞれが糖度の予測にどのような影響を与えるのかはわからないので，想定される範囲内のあらゆる値をもつものを集めてモデル構築時に考慮に入れる必要がある．

　あるパラメータについて特定の値をもつ標準試料しか用意されていない場合には，構築したモデルはそのパラメータについて標準試料が用意された値をもつ試料以外の試料に対しては適用することができない．たとえば，ある特定の品種の果実（たとえば，ブルーレイという品種のブルーベリー果実）のみ集めて定量モデルを構築した場合，そのモデルを他の品種の果実（たとえば，シャープブルーという品種のブルーベリー果実）に適用しても精度のよい結果を得ることができる保証はない．産地や収穫時期などについても同じことがいえる．すなわち標準試料を集める段階で，構築したモデルが適用できる範囲が限定されることになる．

　このことは，従来用いられてきたランベルトーベール則を用いて検量線を求めるときに，想定される濃度を十分にカバーする濃度範囲の標準試料を準備することが必要であることと同等の意味がある．反対に変動するパラメータの数を増やすと一般に予測精度が低下するので，精度よい定量モデルを構築するためには一部のパラメータを固定して，たとえば品種別，産地別，収穫年別などのモデルを構築することが必要となる．このように，どの範囲の試料を対象としたモデル

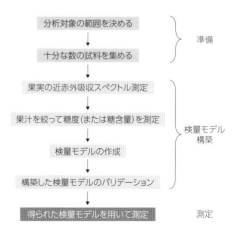

図 5.12　果実の糖度測定の手順

を構築するのかをまず決める必要がある.

　変動するパラメータについて,起こり得るすべての値をもつ試料を揃えようとすると,その数は最低でも数十個,場合によっては数百個以上になることもある.標準試料の数が少なすぎると,汎用性が低く精度が悪いモデルしか構築できない.

　標準試料が十分に集まったら,それらの試料のスペクトルを一つずつ測定する.このときに,測定を透過法,拡散反射法,インタラクタンス法のいずれで行うのかを検討することが必要となる.どの測定法を選択しても同程度の予測精度のモデルを構築できる場合もあるが,いずれかの測定法が特に優位な場合もしばしばある.モデルの構築と,そのモデルを用いた予測は,同じ測定法で得られたスペクトルに対して行うことが必要である.

　果実のように完全な球形ではなく非対称の部分をもつ試料の場合には,どの位置(たとえば花がついていた位置,枝についていた位置,それ以外の側面など)で測定を行うべきかの検討も必要である.一つの果実に対して数カ所でスペクトルを測定し,その平均スペクトルで解析することもある.

　スペクトル測定が終わったら,個々の果実の果汁を絞り,糖度を測定する.果実の糖度は,一般的には果汁の屈折率を用いたブリックス糖度で表される.ブリックス糖度は,ハンディ糖度計のような簡便な装置での測定が可能であるが精度は低い.一方,高速液体クロマトグラフィーのような機器を使って,果糖,ショ糖,ブドウ糖などの糖を精度よく定量することもある.最終的に構築するモデルの予測精度はここでの測定精度以上のものには決してならないから,もし高精度の予測モデルを構築したい場合には,十分な精度をもつ方法で測定する必要がある.反対に,予測モデルにそれほどの精度が必要ない場合には,ここでの測定の精度もそれほど高くする必要はない.

　すべての標準試料について,スペクトルと糖度のデータがセットで揃ったら,スペクトルから糖度を予測するモデルを構築する.定量モデルを構築するのであれば,主成分回帰法〔PCR (Principal Component Regression)〕や部分的最小二乗回帰法〔PLS (Partial Least Squares)回帰法〕を用いるのが一般的である.スペクトルと糖度のデータをセットで入力するだけで適切なモデルを構築してくれるソフトウェアも市販されているし,分光光度計にそのような解析用ソフトウェアが用意されていることもある.

　より高い精度で予測したい場合には,多変量解析のソフトウェアなどを用いてそれぞれの分析対象に適したモデルを構築する必要がある.その際の手順はおおむね以下の通りである.

①スペクトル前処理〔サビッキー・ゴーレイ (Savitzky–Golay, SG) 法による平滑化を兼ねた微分処理(一次微分または二次微分)が多用される〕
②解析に用いる波長領域の選択
③規格化〔MSC (Multiplicative Scatter Correction) 法や SNV (Standard Normal Variate)法など〕
④モデル構築.

　①には主に,散乱光などにより生じるスペクトルのベースラインやその変動を取り除く効果がある.②は情報を含まない波長領域や有害な波長領域(目的物質に無関係な強い吸収など,正しい結果を導き出すことを妨害する情報をもつ波長領域)を除いて,よ

り正しい結果を効率よく得るために行う．③には光路長のバラつき（果実でいえば，透過法で測定したときの大きさの違い）による信号強度の違いを補正する効果がある．①から④において，それぞれどのように処理の方法を選択すると最良の結果が得られるかについての明確な指針は，本章の執筆時点では残念ながらない．一般的には，得られた結果を検討しながら試行錯誤を重ねて，処理の方法や解析に用いる波長領域を選ぶ．波長領域の選択には moving window PLS と呼ばれる方法が効果的であるという報告[7]があるが，この方法も万能とはいえない．

　構築したモデルは，実際の現場で使う前に，正しく働くかどうかを十分に検証する

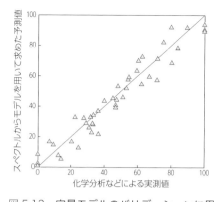

図 5.13　定量モデルのバリデーションに用いるグラフの例
△がそれぞれの試料の結果に対応する．実線は，$y = x$ の直線．

必要がある．この作業をバリデーションと呼ぶ．バリデーションには，モデル構築に用いたのと同一の試料を用いて行う内部バリデーションと，モデル構築に用いたのとは別の試料を用いて行う外部バリデーションがある．ケモメトリックスにより構築したモデルは，ときとしてモデル構築に用いた標準試料にのみ適用可能な汎化性のないモデル（過学習したモデル）となっていることがあるので，厳密な検証を行うためには外部バリデーションを行わなくてはならない．外部バリデーションに用いる試料についても，スペクトルと糖度の実測値がセットで得られている必要がある．

　モデルの評価は，そのモデルを用いてスペクトルから予測した糖度が実測値をどの程度再現するかにより行う．評価にあたっては，図 5.13 のように，目的の値について，実測した結果とスペクトルから予測した値をそれぞれ横軸と縦軸にプロットして，両者の相関係数 r や決定係数 r^2 を求めることや，RMSEP（root mean square error of prediction，予測の平均平方根誤差）の計算などを行う．r や r^2 は 1 に近いほど，RMSEP は小さいほど予測精度が高い．

5.8.2　定性分析

　近赤外分光法は，しばしば判別や同定に用いられる．このときに最もよく用いられるのは主成分分析（Principal Component Analysis：PCA）に基づくスコアプロットである．主成分分析では，スペクトルがそのスペクトルを構成するデータ点の数に等しい次元数をもつ空間内の 1 点に対応すると考える．複数のスペクトルがある場合，多次元空間内にスペクトルの数と同じ数の点が存在することになる．

　この空間に対して座標変換を施すことにより，スペクトルの特徴を抽出する．直交線形変換により，データ点の分散が最大の方向（各点を射影した時に最も分散が大きくなる軸）を第 1 軸とする．第 2 軸以降は順次，それまでに決めた軸のすべてに直交し，かつデータ点の射影が最も大きな分散を示す方向に決める．このようにして決めた各軸が主成分に対応し，その軸の単位ベクトルに対応するスペクトルをローディングと呼ぶ．

　観測された各スペクトルは，ローディングの線形結合として表すことができる．各ス

分析対象の範囲を決める

十分な数の信頼できる試料を集める

近赤外吸収スペクトル測定

スペクトル前処理

主成分分析

主成分スコアプロット＋判別モデル構築

モデルのバリデーション

得られた判別モデルを用いた分析

図 5.14　主成分スコアプロット
　　　　 による判別モデル構築
　　　　 の手順

ペクトルをローディングの線形結合として表したとき，各ローディングの係数がスコアと呼ばれ，スコアプロットに用いられる．主成分分析では，スペクトルの違いを特徴づける成分から順番に成分を選び出していくので，最初のいくつかの主成分に対するスコアを用いることでスペクトルを代表させることができる．すなわち主成分分析により，多変量であるスペクトルの次元圧縮を行うことができる．

判別モデルを構築するための概略の手順を図5.14 に示す．定量分析の場合と同様に分析対象の範囲を決め，十分な数の信頼できる標準試料を集めることから始めなくてはいけない．標準試料の信頼性は，自ら分析して確かめても，信頼できるルートから試料を入手することで担保しても構わない．

標準試料の近赤外吸収スペクトルを測定し，スペクトルの前処理（平滑化，微分処理，規格化，用いる波長の選択など）を行った後に，主成分分析を行う．ここでも現状では，効果的な前処理を選択するための明確な指針はなく，試行錯誤しながら決めていく．波長選択においては，測定で得られたスペクトルに大きな差異が見られる領域を目視で選択することや，低次の主成分のローディングが大きな振幅をもつ領域を選択することが有効である場合が多い．

例として，羊毛，絹，ナイロン，ポリエステル，アクリルの 5 種類の材質の布地の近赤外吸収スペクトル（図 5.15（a））と，それらの主成分スコアプロット（図 5.15（b））を示した．各材質の布地試料 10 点ずつ，合計 50 点の試料を用いた結果である．スペクトルはそれぞれの材質について，10 の試料の平均スペクトルを示してある．各試料について観測されたスペクトルを中心平均化（平均スペクトルとの差スペクトルに変換）し，ついで平滑化と二次微分を施した後に，測定した全領域を用いて主成分分析を行った．

図 5.15（b）の主成分スコアプロットは，各試料の第一主成分と第二主成分のスコアをそれぞれ横軸と縦軸にとってプロットしたものである．スコアプロット上では，同じ材質の試料のプロットが集まっている．スコアプロット中の楕円は，各材質についてプロットから求めた 99.7% の信頼区間を表す等確率楕円である．未知試料については，スペクトルを測定して，標準試料のスペクトルと同様の処理によりスコアを求めて結果をこのグラフ上にプロットすることにより，どの材質なのか，あるいはこれらのどれとも異なった材質なのかを判断することができる．主成分スコアプロットによる判別モデルについても，構築後，外部バリデーションによって十分検証した後に用いることが必要である．

図 5.15（b）のスコアプロットのように，各材質の試料が明確に異なる位置にプロットされる場合には，未知試料についても目視でどの材質であるかの判別が容易にできる．しかし，異なる材質の試料が接近した位置にプロットされる場合には，目視での判別が難しい場合もある．そのような場合には，判別分析，クラスター分析，SIMCA（Soft Independent Modeling of Class Analogy）法などのより高度な判別法の併用が必要となる．

　主成分分析による判別は，標準試料に見られるスペクトルの差異を主成分分析により抽出して判別に用いている．非常に似た試料間の判別を行う場合には，試料の種類によるスペクトルの違いよりもその他の理由（たとえば雑音）に起因するスペクトルの違いのほうが大きくなって，主成分分析では判別が難しいことがある．そのような場合には，主成分スコアプロットのような「教師なし」の判別モデルではなく，「教師あり」の判別モデルの構築が効果的である．「教師なし」の判別モデルがスペクトルの変化が大きな領域を用いて判別モデルを構築するのに対して，「教師あり」のモデル構築では，材質が異なるときにスペクトル上に違いが表れる波長領域を探し出して判別に用いるので，より効果的に判別できる．最近では簡便な「教師あり」判別モデルの構築手法として，部分的最小二乗判別分析法〔PLS-DA（Partial Least Squares-Discriminant Analysis）〕法が広く使われるようになってきた[8]．また，判別分析法に基づく高度な判別モデル構築の提案も行われている[9]．

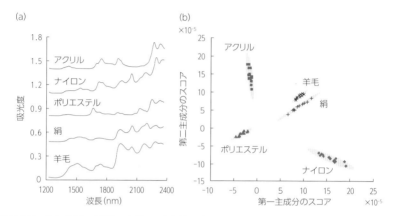

図 5.15　（a）5 種の材質の布地の近赤外吸収スペクトルと（b）主成分スコアプロット
楕円は，99.7% 信頼水準の等確率楕円．

5.8.3　吸収帯の帰属

　近赤外領域に強く観測される吸収バンドの大部分は，C-H 結合，O-H 結合，N-H 結合の伸縮振動に関係した倍音と結合音に限られるので，それらのおおよその帰属は比較的容易である．しばしば用いられる情報を，まとめて図 5.16 に示す．このような図を用いることにより，観測された吸収バンドがどのような遷移によるものであるのかをだいたい知ることができる．図 5.16 の情報は非常に大まかなものであって，試料の分子の種類や構造に関する詳細な情報を得る目的で使うことはできない．しかし，液体や固体の試料で観測される吸収スペクトルには幅が広くて特徴に乏しい吸収バンドしか観測されないことがほとんどなので，これ以上の詳細な情報が必要となることは少ない．そのため，より詳細な帰属の研究はほとんど行われていない．

　量子化学計算によって倍音や結合音の振動数が計算できる．たとえば，代表的な量子化学計算のソフトウェアの一つである Gaussian を用いると，非調和性を考慮した倍音や結合音の振動数を計算できる．しかし，固体や溶液について測定された一般的な近赤外吸収スペクトルには個々の倍音や結合音の遷移が観測されるわけではないので，計

算を援用して観測された吸収帯を詳細に帰属することは通常は難しいと理解されたい.

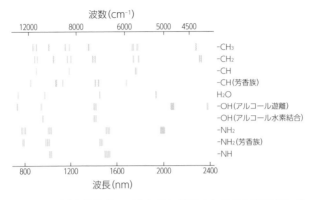

図 5.16　近赤外吸収スペクトルに観測される主な吸収バンド
灰色は結合音，赤色は倍音が観測される領域を表す.

【参考文献】

1) 日本分光学会編, 『赤外・ラマン分光法』, 講談社サイエンティフィク (2009)
2) 尾崎幸洋編著, 『近赤外分光法』, 講談社 (2015)
3) 大倉力他, 照明学会誌, 93, 492 (2009)
4) 朴善姫他, 農業食料工学会誌, 76, 524 (2014)
5) 梅田大樹他, 分光研究, 55, 245 (2006)
6) 長谷川健, 『スペクトル定量分析』, 講談社サイエンティフィク (2005)
7) Y. P. Du et al, *Anal. Chim. Acta.*, 501, 183 (2004)
8) D. Ballabio, V. Consonni, *Anal. Methods*, 5, 3790 (2013)
9) 齋藤健吾他, 照明学会誌, 101, 504 (2017)

6 ラマン分光法

水谷泰久
（大阪大学大学院理学研究科）

6.1 はじめに

　物質に光を照射すると散乱光を生じる．この中には入射光とは異なる振動数をもつ光が含まれる．ラマン散乱はこのような非弾性散乱の一種であり，物質の量子状態間遷移に伴って起きる．振動状態間の遷移を伴うことが多いため，ラマン散乱光は主に分子振動に関する情報を含む．分子振動は分子構造に敏感であるので，ラマン散乱光の観測，すなわちラマン分光法によって分子構造に関する豊富な情報が得られる．

　図 6.1 にラマン散乱の模式図を示す．振動数 ν で振動する分子に振動数 ν_0 の光子が当たると，分子からエネルギー $h(\nu_0-\nu)$ とエネルギー $h(\nu_0+\nu)$ の 2 種類のラマン散乱光が発生する．前者の現象をストークス散乱，後者の現象をアンチストークス散乱と呼ぶ．一般に，ストークス散乱光のほうがアンチストークス散乱光に比べて著しく強い．これは，ストークス散乱はアンチストークス散乱に対してエネルギーの低い量子状態から生じるためである．また，分子からは入射光と同じ振動数をもつ光子も発生し，これをレイリー散乱と呼ぶ．

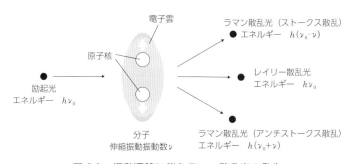

図 6.1　振動遷移に伴うラマン散乱光の発生

　ラマン散乱光と入射光(以降，励起光と呼ぶ)のエネルギー差に対してラマン散乱光強度をプロットすると，振動スペクトルを得ることができる．ラマン散乱光と励起光のエネルギー差として，通常は波数（cm^{-1}）単位で表した値が用いられる．これをラマンシフトと呼ぶ．一つの分子振動によって，ストークス散乱，アンチストークス散乱ともに同じラマンシフトの値にラマンバンドを与える．アンチストークス散乱に比べストークス散乱のほうが強いため，ラマンスペクトルの測定では通常はストークス散乱を観測する．例として，シクロヘキサンのラマンスペクトルを図 6.2 に示す．ラマンスペクトルに基づいて，化合物の同定，分子構造の決定，物質の定量ができる．レーザー技術や光検出技術の発展に伴って，ラマン分光法の応用範囲は大きく広がっている．

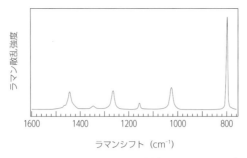

図 6.2　ラマンスペクトルの例(シクロヘキサン)

6.2　ラマン散乱光の生じる原理

スペクトルを正しく解釈するためには，分光法の原理の理解が不可欠である．

6.2.1　ラマン散乱の古典的描像

ラマン散乱光の発生は，古典的には，光電場によって誘起された，分子の振動分極からの電磁波の放出として理解できる．分子に電場がかかると分子内に分極が誘起され，双極子モーメントの大きさが変化する．この変化分$\Delta\mu$は，電場ベクトルEと分子分極率αの時間変化の積$(\Delta\mu = \alpha E)$で求められる．αの時間変化は，分子振動による原子核配置の変化に追随した分子の電子雲の変形から生じる．例として二原子分子を考えよう．二原子分子の分子内自由度は核間距離のみである．分子振動によるαの時間変化は，分子分極率を核間距離rの関数として，平衡核間距離r_0の周りの展開で表すことができる．

$$
\begin{aligned}
\alpha(r) &= \alpha(r_0 + \Delta r) \\
&= \alpha_0 + \left(\frac{\partial\alpha}{\partial r}\right)_{r=r_0}\Delta r + \frac{1}{2}\left(\frac{\partial^2\alpha}{\partial r^2}\right)_{r=r_0}\Delta r^2 + \cdots
\end{aligned}
\tag{6.1}
$$

ここで，α_0は平衡核間距離r_0における分子分極率，Δrは核間距離のr_0からの変位である．分子振動によって変位が大きさΔr_0の振幅をもち，$\Delta r(t) = \Delta r_0\cos 2\pi\nu t$と変動するとき，それに伴う分子分極率の変動は，一次項までで近似し

$$
\alpha(t) = \alpha_0 + \left(\frac{\partial\alpha}{\partial r}\right)_{r=r_0}\Delta r_0\cos 2\pi\nu t
\tag{6.2}
$$

と表すことができる．一方，光電場の時間変化は

$$
E(t) = E_0\cos 2\pi\nu_0 t
\tag{6.3}
$$

と表される．したがって，振動分極である$\Delta\mu$の時間変化は

$$
\begin{aligned}
\Delta\mu(t) &= \alpha(t)E(t) = \left[\alpha_0 + \left(\frac{\partial\alpha}{\partial r}\right)_{r=r_0}\Delta r_0\cos 2\pi\nu t\right]E_0\cos 2\pi\nu_0 t \\
&= \alpha_0 E_0\cos 2\pi\nu_0 t + \left(\frac{\partial\alpha}{\partial r}\right)_{r=r_0}\Delta r_0 E_0\cos 2\pi\nu t\cos 2\pi\nu_0 t
\end{aligned}
$$

$$= \alpha_0 E_0 \cos 2\pi\nu_0 t + \frac{1}{2}\left(\frac{\partial\alpha}{\partial r}\right)_{r=r_0} \Delta r_0 \, E_0 \left[\cos 2\pi(\nu_0 - \nu)t + \right.$$

$$\left. \cos 2\pi(\nu_0 + \nu)t\right] \tag{6.4}$$

となり，ν_0，$\nu_0-\nu$，$\nu_0+\nu$ という 3 種類の振動数成分を含むことがわかる．分子がもつ振動分極は電磁波を放出する．したがって，分子からは振動数の異なる 3 種類の電磁波が生じる．振動数 ν_0 の成分に対応するのがレイリー散乱，振動数 $\nu_0-\nu$ の成分に対応するのがラマン散乱のストークス散乱，振動数 $\nu_0+\nu$ の成分に対応するのがラマン散乱のアンチストークス散乱である．以上のように，古典的には，「ラマン散乱は，電子雲の分子振動による変動と光電場による変動とが重畳した振動分極から生じる」と理解できる．また式 (6.4) から，ラマン散乱を生じる振動モードは，$\left(\frac{\partial\alpha}{\partial r}\right)_{r=r_0} \neq 0$ であること，すなわち「平衡核配置における振動の原子変位によって分極率が変化するようなモードでなければならない」ことがわかる．これはラマン散乱の選択律（選択概律）である．ただし，6.2.2 項 (2) に述べる共鳴条件においては，ラマン散乱は異なる選択律をもつ．

　二原子分子の伸縮振動を例にあげて説明したが，この節の議論は多原子分子の基準振動にも一般化することができる．

6.2.2　ラマン散乱の量子論的描像

　いくつかのラマン散乱の特徴，たとえば個別選択律や共鳴効果などを説明するためには，量子論的な取扱いが必要である．

　光と分子の相互作用を摂動ハミルトニアンとして，光と分子を合わせた量子系の時間発展を，摂動論を用いて計算する．このとき，二次の摂動項としてラマン散乱の遷移確率が得られる．この考え方から導かれたラマン散乱強度（ストークス散乱）が以下の式である．

$$I_{mn} = \frac{1}{(4\pi\varepsilon_0)^2} \frac{8\pi}{9c^4} I_0(\nu_0-\nu)^4 \sum_{\rho,\sigma} |\alpha_{\rho\sigma}|^2 \tag{6.5}$$

$$\alpha_{\rho\sigma} = \sum_{e \neq m,n} \left[\frac{\langle m|\hat{\mu}_\rho|e\rangle\langle e|\hat{\mu}_\sigma|n\rangle}{E_e - E_m - h\nu_0 - i\Gamma_e} + \frac{\langle m|\hat{\mu}_\sigma|e\rangle\langle e|\hat{\mu}_\rho|n\rangle}{E_e - E_n + h\nu_0 + i\Gamma_e} \right] \tag{6.6}$$

この式はクラマース－ハイゼンベルグ－ディラック（KHD）の分散式と呼ばれる．ここで，$|m\rangle$，$|n\rangle$，$|e\rangle$ は散乱過程における分子のそれぞれ始状態，終状態，中間状態の波動関数，E_m，E_n，E_e は始状態，終状態，中間状態のエネルギーである．$\hat{\mu}$ は双極子モーメント演算子であり，添え字の ρ，σ は方向成分 (x, y, z) を表す．Γ_e は電子位相緩和速度定数である．KHD 分散式から以下に述べるラマン散乱のさまざまな性質が導かれる．

(1) 個別選択律

　調和振動子の近似のもとでは，式 (6.6) から，ラマン散乱光強度が非ゼロであるための条件は，振動量子数の変化が ±1 であることが示される．このうち，+1 はストークス散乱に，−1 はアンチストークス散乱に対応する．実際の分子振動には非調和性があるため ±1 以外の遷移も起きる．しかしその遷移確率は低く，対応するラマンバンドも

弱い．したがって，スペクトルに観測されるほとんどのバンドは量子数変化 ±1 に対応するものであり，そのラマンシフトは分子振動の波数に対応する．

(2)共鳴効果

　電子基底状態と電子励起状態間のエネルギー差と入射光の光子エネルギーが近づくと，式 (6.6) の第一項の分母はゼロに近づく．そのため，ラマン散乱強度が著しく（$10^4 \sim 10^6$ 倍）大きくなる．これを共鳴ラマン効果とよぶ．

　共鳴条件と非共鳴条件を表すエネルギーダイアグラムを図 6.3 に示す．この強度増大効果を利用すると，ラマンスペクトルの高感度・分子選択的な測定が可能である．たとえば溶液試料の振動スペクトル測定の場合，濃度が低いと，観

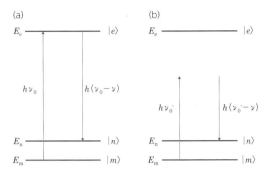

図 6.3　ラマン散乱(ストークス散乱)のエネルギーダイアグラム

(a) は共鳴条件，(b) 非共鳴条件での光子エネルギーと分子のエネルギーの関係を表す．

測したい溶質のバンドが溶媒のバンドに埋もれてしまうことがあるが，共鳴効果を利用すると，溶質分子のラマンバンドのみが選択的に強度増強されるので，溶媒のバンドが妨害になることが少なく，低濃度の溶液であっても感度の高い測定ができる．

　このような分子選択性は，時間分解スペクトル測定による反応中間体の観測にも有利である．なぜなら，一般に，反応開始後試料中には複数の反応中間体が混在しているからである．適切な励起波長を用いることで，混在した分子種の中から望みの反応中間体のみを選択的に観測できる．また，生体分子のような巨大分子の研究においても有効である．それは，散乱光の強度増大は電子遷移に関わる原子団のみに起きるので，巨大な分子を測定対象としていても，特定の部位の振動スペクトルのみを選択的に得ることができるからである．この利点は，ヘムタンパク質やレチナールタンパク質の研究に活用されている．これらのタンパク質が含む補欠分子族であるヘムやレチナールは可視領域に吸収帯をもつ．このために，可視領域の光を使ってヘムタンパク質やレチナールタンパク質のラマンスペクトルを測定すると，これら補欠分子族のラマン散乱光が増強され，実質的には補欠分子族のみのラマンスペクトルが観測される．補欠分子族はタンパク質の機能において中心的役割を果たすので，共鳴ラマンスペクトルから得られる構造情報は，タンパク質の反応機構の理解に大きく貢献してきた．

(3)共鳴ラマンバンド強度と振動モードの性質

　共鳴増大の程度は，一つの分子の中でも振動モードによって異なる．その関係は次のようにまとめられる．KHD 分散式に含まれる分子固有関数をボルン−オッペンハイマー近似を用いて電子部分と原子核部分の積で表す．さらに電子部分を核座標で展開し，一次までの展開項を整理すると，始状態 $|m\rangle$，終状態 $|n\rangle$，中間状態 $|e\rangle$ の 0 次展開項からなる成分，$|m\rangle$，$|n\rangle$ について一次展開項を含む成分，$|e\rangle$ について一次展開項を含む成分が得られる[1,2]．それぞれは Albrecht の A 項，B 項，C 項と呼ばれる．このうち，

多くの分子において，主要な寄与をなすのがA項である．共鳴に関与する二つの電子状態について分子構造を比較したとき，その差が振動変位に沿って大きい振動モードほどA項由来のラマン散乱強度は大きい．この性質を利用すると，電子基底状態のラマンスペクトルから電子励起状態の分子構造を推定できる．

6.3　ラマンスペクトルから読み取られる情報

　分子振動の振動数や振動形は，分子内の原子の質量や幾何学的配置および原子間に働く相互作用によって決まる．この関係を利用して，分子構造や分子間相互作用に関する情報を読み取ることができる．

　ラマン散乱と赤外吸収とでは選択概律が異なる．このため，ラマンスペクトルを赤外スペクトルと比較すると，バンドが現れる波数は同じであるが，バンド間の相対強度は異なる．例として図6.4にベンゼンのラマンスペクトルと赤外スペクトルを示す．ある場合には，一方で許容な振動モードがもう一方では禁制ということが起こる．このように，二つの分光法は分子振動の観測に関して相補的といえる．そのため，分子振動に関するより多くの情報を得るには，両者を併用することが有効である．

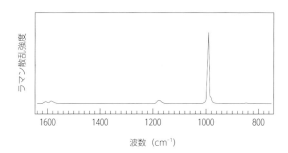

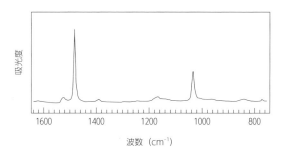

図6.4　ベンゼンのラマンスペクトル（赤色）と赤外吸収スペクトル（黒色）の比較

6.3.1　化合物の同定

　ラマンスペクトルは，赤外スペクトルと同様に分子構造に対して敏感である．また，

紫外可視吸収スペクトルに比べ, スペクトルに観測されるバンドの数が多く, かつシャープであるので, スペクトルに基づいた分子の識別能力に優れている. すでにスペクトルが知られている化合物については, スペクトルの比較に基づき物質が同定できる. ラマンスペクトルの主要なデータベースに, 有機化合物のスペクトルデータベース SDBS (無料, 国立研究開発法人産業技術総合研究所), SpectraBase (無料, John Wiley & Sons 社), KnowItAll Raman スペクトルライブラリー (有料, John Wiley & Sons 社) などがある.

6.3.2　構造化学

官能基のラマンバンドは一定の波数領域に現れる. このため, これらのバンドの存在によって, 分子がもつ官能基を推定できる. 分子振動は, 原子の幾何学的配置にも依存するので, 幾何異性体のコンフィグレーションを求めることができる. また, 水素結合など分子間相互作用の有無および強度についても情報が得られる. よく研究されている分子については, 分子構造とスペクトルの相関をもつマーカーバンドが知られており, ここから分子構造に関して議論することができる.

6.3.3　物質の定量

ラマンバンド強度は, そのバンドを与える分子種の試料中での濃度を反映する. したがって, バンド強度を利用して物質の定量ができる. また, バンド強度の時間変化から反応速度定数を求めることができる.

6.4　ラマン分光計の概要

ラマンスペクトルの分光計の主要な構成要素は, 励起光光源, 集光光学系, 分光器, 検出器である. 図 6.5 に分光計の概要を示す.

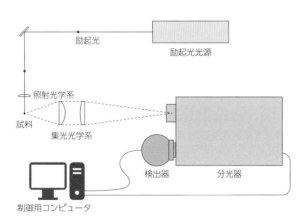

図 6.5　一般的なラマン分光計の概要

6.4.1　光源

ラマン散乱の励起光光源には, 通常はレーザーが用いられる. それは, 単色性, 指向

性，出力，偏光性，また時間分解スペクトル測定においては時間特性の点で，レーザー光が励起光としてきわめて優れているからである．ラマンスペクトル測定にあたり，レーザーを選択する際には，これらの特性を目的に応じて考慮する必要がある．各種レーザーに関する個別の詳しい解説は他書[3]に譲り，ここではラマンスペクトル測定に関連する一般的な点について絞り説明する．

(1)波長

波長の選択で考慮すべき点は，非共鳴ラマン散乱の測定と共鳴ラマン散乱の測定とで異なる．式 (6.5) からわかるように，ラマン散乱強度は，散乱光の振動数の四次に依存する．このため，励起光の波長は短い方が散乱光は強くなる．さらに，分光器の透過率および検出器の感度も波長に依存するため，散乱光を観測する際には，これらを考慮して最適な波長を選ぶ．ただ，いずれの波長依存性も緩やかであるため，非共鳴ラマン散乱の観測では波長の選択は測定結果にそれほど大きな影響は与えない．

共鳴ラマン散乱の観測では，事情はこれと大きく異なり，共鳴効果をできるだけ大きくするよう，吸収極大付近の波長を選ぶことが最も重要である．蛍光を発する試料の場合，励起光の波長を吸収極大波長に近づけると蛍光強度も高くなる．蛍光はラマン散乱光に比べてはるかに強いため，観測しようとするラマンバンドの散乱光波長が蛍光の波長領域と重なると，ラマンバンドが蛍光のバックグランドに埋もれて観測できなくなる．このため，波長領域の重なりを避けることが必要である．ラマン散乱光の波長は励起光波長に依存するのに対して，蛍光の波長は励起光波長に依存しない．共鳴効果を犠牲にしても，ラマン散乱の波長領域が蛍光に重ならないよう選ぶことによって，蛍光の影響を避けられることがある．

(2)単色性

得られるラマンバンドは，試料固有の性質に依存した広がりに加え，励起光のスペクトル幅に由来する広がりをもつ．そのため，励起光源の単色性が低いとラマンスペクトルの波数分解能を低下させる．液体試料，固体試料では分子固有のスペクトル幅の広がりは 10 cm^{-1} 程度であるので，試料に応じてスペクトル幅が十分狭いレーザーを選ぶ．

気体レーザーや半導体レーザーでは，多くの場合スペクトル幅は 0.1 cm^{-1} 以下であり，この条件を満たしている．また，レーザー出力には主成分とは異なる波長成分が含まれている場合がある．レイリー散乱光とラマン散乱光の強度比は 10^4 倍以上であるので，不純物として光が相対的に 10^{-4} 程度であってもラマンスペクトル測定には深刻な障害になる．そのような場合には，測定試料に当たる前にバンドパスフィルターを通してレーザー出力に含まれる不純物としての光を取り除く必要がある．

(3)出力

レーザーは，連続波(CW)レーザーとパルスレーザーとに分類できる．連続波レーザーでは出力をパワーで表す．パルスレーザーでは，光パルスの繰り返し周波数とパルスエネルギーでレーザー出力が表される．たとえば，繰り返し周波数 1 kHz でパルスエネルギー 1 μJ の出力の場合，平均パワーは 1 mW である．しかし，試料に対する影響は連続波レーザーの 1 mW 出力とは大きく異なる．光パルスの時間幅が 10 ns である場合，尖頭出力は 1×10^{-6} J/10×10^{-9} s=100 W となり，パルス幅内では単位時間あたり 10^5

倍の光子が試料に照射されていることになる．パルスレーザーを励起光光源として用いる場合には，試料が高い光電場の影響を受けていることに注意すべきである．

　分光測定では試料への入射光による影響を避けるために，試料に照射する光強度をできるだけ低くするのが一般的である．一方で，ラマン散乱断面積は小さいので高い信号雑音比のスペクトルを得るためには高い入射光強度が必要である．非共鳴ラマンスペクトルの測定には通常 10 〜 100 mW のパワーを照射して測定する．一方，共鳴ラマンスペクトルの測定では，試料において 0.1 〜 5 mW のパワーの光で測定することが多い．これらのパワー値は試料位置における値である．レーザーから試料セルまでの間にミラーやレンズを経る間にパワーは低下するので，その点も考慮した出力のレーザーが実験には必要である．

(4)偏光特性

　実験ではレーザー出力の偏光特性を知っておく必要がある．なぜなら，ラマンスペクトルの測定では，励起光の電場ベクトルが散乱光の観測方向と垂直になるようにする必要があるからである．偏光ラマンスペクトルの測定においては，高い偏光比が必要である．偏光比が十分高くない場合には，グラントムソンプリズムやグランレーザープリズムなどの高い消光比をもつ結晶偏光子を用いて偏光比を高める必要がある．

6.4.2 　集光光学系

　ラマン散乱光を集光する光学系（集光光学系と呼ぶ）は，図 6.6 に示すようなレンズを用いることが多い．収差を小さくするため，2 枚の平凸レンズを組み合わせるリレー光学系が一般的である．色収差が問題になる場合には，反射型の集光光学系やアクロマートレンズを用いる．

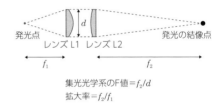

集光光学系のF値＝f_2/d
拡大率＝f_2/f_1

図 6.6 　2 枚の平凸レンズによる集光光学系

　最もよく用いられる図 6.6 の集光光学系について説明する．この配置では，試料から放出された散乱光のうち，試料側のレンズ (L1) を通過した光が集められる．集光効率は散乱光発生点からレンズまでの立体角によって決まり，立体角は試料側レンズの焦点距離と直径によって決まる．たとえば焦点距離 80 mm，直径 50 mm の平凸レンズを用いた場合，集光の立体角は全立体角の約 0.1％である．集光効率を上げるには，焦点距離をできるだけ短く，かつできるだけ大きなレンズを用いるのがよい．しかし，焦点距離が短くなると，レンズの球面収差が大きくなるので注意が必要である．

　レンズ L1 によって平行光線束となった（コリメートされた）光は，分光器側の平凸レンズ (L2) によって，分光器入口スリットに収束される．2 つのレンズの焦点距離の比が散乱光発生点の像のスリットにおける拡大率となる．波数分解能を上げるためにはスリット幅を狭くする必要があるが，拡大率が大きいと，全ての光を分光器内に導くことができない．そのため，試料セルでの散乱光発生点の大きさと波数分解能のために適切なスリット幅を考慮して，拡大率を決める．考慮すべきもう一つの点は，レンズ L2 のF 値である．集光光学系のF 値はレンズ L2 の焦点距離をレンズの直径で除した値で定義される．これを 6.4.3 項 (1) で説明する分光器のF 値に合わせる．集光光学系のF 値

が分光器の F 値に比べて小さいと，分光器に導かれた光の一部が回折格子の面からはみ出してしまう．これは検出効率を低下させるばかりでなく，迷光の原因となる．一方，集光光学系の F 値が分光器の F 値に比べて大きいと，回折格子の面の一部だけにしか光が当たらず，波数分解能を低下させる．

これらの問題を避けるために，集光光学系の F 値と分光器の F 値が等しくなるように集光光学系を設計する．これを F マッチングとよぶ．たとえば，F 値が 4 の分光器を用いる場合，集光光学系の F 値も 4 となるようにする．この場合，分光器側のレンズに直径 50 mm のものを用いるとするとその焦点距離は 200 mm となる．発光点の大きさと適切なスリット幅から見積もられた拡大率が 2.5 であったとすると，試料側レンズの焦点距離は 80 mm となる．このように，分光器の F 値および入口スリット幅，およびそこでの像の拡大率から，集光光学系のレンズのパラメーターが決定できる．

平凸レンズの代わりにアクロマートレンズを用いると収差をさらに減らすことができる．アクロマートレンズは一般に高価であるので，試料側に用いるレンズとしてカメラレンズで代用する方法もある．カメラレンズは，安価で収差が少なく，集光用レンズとして優れている．

試料からの散乱光を，分光器に入れるまでに光学フィルターや偏光子などの光学素子を通す場合は，光線束が平行になっているレンズ L1 と L2 の間にこれらを設置するのが望ましい．しかし，散乱光を通す断面積が小さい場合にはレンズ L2 と分光器入口との間に設置する．ただし，この場合には，光学素子の性能を十分に活かせないことがある．

6.4.3 分光器
(1) 分光器の構造

ラマン散乱光の測定に用いられる主なタイプは，ツェルニーターナー型と呼ばれるものである．図 6.7 にツェルニーターナー型分光器の構造を示す．分光器の性質を決める主なパラメーターは，焦点距離，F 値，回折格子の性質（刻線数，ブレーズ波長）である．入口スリットを通過して分光器内部に入った光は，凹面鏡で反射してコリメートされ回折格子へと向かう．この凹面鏡の焦点距離を分光

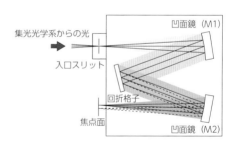

図 6.7 ツェルニーターナー型分光器の構造

器の焦点距離と呼ぶ．焦点距離が長いほど分散を大きくすることができ，スペクトル分解能が高くなる．

分光器の F 値は，焦点距離と回折格子の高さ（あるいは凹面鏡の直径）の比で定義される．分光器の F 値が小さいほど，集光系の F 値も小さくすることができ，像の拡大率を大きくすることなく，より大きな立体角で散乱光を集めることができる．一方，焦点距離が長くなると F 値が大きくなる欠点もある．ラマンスペクトル測定には F 値が 4 から 8 の分光器が用いられる．

(2)回折格子の刻線数と分散

　回折格子表面には平行な溝が周期的に掘ってあり(刻線),表面で光が反射する際に起きる干渉によって波長に依存して異なる角度で光が強め合う.この原理を利用して分光器に入った光を分散する.単位長さあたりの溝の本数を刻線数と呼ぶ.

　分光器のスペクトル分解能は,主に回折格子の刻線数と分光器の焦点距離によって決まる.刻線数に反比例して逆線分散の値は小さくなる(すなわち,分解能は高くなる).1200本/mmの回折格子をもつ焦点距離が500mmの分光器を用いた場合,逆線分散は1.5nm/mm程度である.たとえば,500nmの励起光で1000cm^{-1}のラマンバンドを測定したとすると,入口スリットの100μmの幅は分散された波数幅として5.4cm^{-1}に相当する.この値は,溶液や固体試料のラマンバンドの広がりに比べ十分狭く,ラマンスペクトル測定には十分である.

(3)回折格子の特性

　分光器がもつ光学素子の中で,大きな波長依存性をもつ素子は回折格子である.ラマン分光法用の分光器では,ブレーズド回折格子が最もよく用いられる.図6.8に示すように,ブレーズド回折格子では,断面が鋸歯状の溝があるのが特徴である.溝の面が回折格子の面となす角をブレーズ角と呼び,ブレーズ角θ_Bおよび刻線数Nに対して

図6.8　ブレーズド回折光子の断面

$$\lambda_B = \frac{2}{N}\sin\theta_B \tag{6.7}$$

で決まる波長λ_Bをブレーズ波長(厳密には,リトロー配置でのブレーズ波長)と呼ぶ.一般に,反射効率が高い波長は,一次回折の場合,ブレーズ波長を中心にブレーズ波長の幅の範囲である.高次回折の場合,中心波長および幅はブレーズ波長を次数で除したものになる.装置の使用にあたってはこの波長領域を把握しておくことが重要である.

　回折格子の反射効率は偏光特性に依存する.一般に,回折格子の溝に平行な偏光をもつ光の回折効率は,溝に対して垂直な偏光をもつ光の回折効率よりも低い.ラマン散乱光の偏光特性は振動モードによって異なる.ラマンバンド間の相対強度を正しく測定するには,回折格子の偏光特性の補正する必要がある.このためには,ラマン散乱光を分光器に入射する際に偏光解消子を通し,無偏光にする.6.5.8項に述べる偏光ラマンスペクトル測定ではこの点に特に注意が必要である.

(4)イメージング分光器

　従来の分光器に比べて,出口での結像を改善したものにイメージング分光器がある.通常の凹面鏡を用いた分光器では,入口で円形であった像は出口では縦長に伸びた楕円形の像になる.また,入口で縦にまっすぐ伸びた像は出口では縦方向の伸びが歪む.そのためスペクトルの両端部分では波数分解能が低下する.これは凹面鏡の非点収差によるものである.シングルチャンネル検出方式では中心部分のみの光を観測するので問題にはならないが,マルチチャンネル検出方式では受光範囲の端の部分では歪みが出て,バンド形が歪んでしまう.このような像の歪みを改善したものがイメージング分光器である.像の歪みがないため,スペクトルの両端部でバンド形に歪みを生じない.

分光器の水平方向には光が波長に依存して分散する．一方，垂直方向には分光器の入口スリットでの像の上下方向の光強度分布は保存されて(ただし，上下逆転して)出口側で結像する．CCD 検出器のような二次元に光学素子が配置された検出器では，この性質を利用すると，6.4.4 項 (2) で説明するように，迷光の原因となる試料セルからの散乱光を検出時に分離できる，複数のスペクトルを同時に測定できる，などの工夫ができる．イメージング分光器は，これら CCD 検出器の利点を活かすことができる．

(5)スペクトル分解能

図 6.7 には，分光器の入口を点（幅ゼロ）に収束して通過するように描いているが，実際の入口にはスリット幅の幅をもった光が通過する．この幅の範囲内で，水平方向に異なった位置の光は，同じ波長であっても出口では異なった位置に収束する．したがって，スリット幅を広げると，同じ波長であってもスリット幅程度に水平方向の広がりを出口側でもち，分光器の逆線分散から決まる値から波数分解能を低下させる．

一方，スリット幅が狭いと観測する光量が減少し，信号雑音比を低下させる．測定においてスリット幅の大きさは，必要な波数分解能と信号雑音比のバランスを考慮して決める．図 6.9 に，スリット幅を変えて測定したラマンスペクトルの例を示す．スリット幅を狭めるほど，1466 cm^{-1} のバンドと 1444 cm^{-1} のバンドの分離が明瞭になっていくことがわかる．

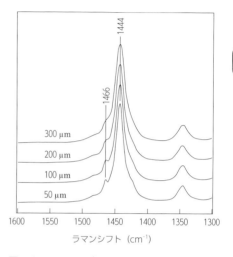

図 6.9 スリット幅の大きさを変えて測定したラマンスペクトル（シクロヘキサン）の比較

刻線数 2400 本/mm の回折格子を取り付けた分光器 iHR550（HORIBA Jobin Ybon 社，焦点距離 550 mm）を用いて測定したもの．

(6)迷光

レイリー散乱光はラマン散乱光に比べて 10^4 倍以上に強い．また，試料からの光には，レイリー散乱光以外にも，セルあるいは試料表面からの反射光，試料に含まれる微粒子からの散乱光，蛍光など，ラマン散乱に比べはるかに強い光が含まれている．したがって，ラマン散乱光の測定は試料からの光に含まれている 10^{-4} 倍以下の微弱成分を測定していることになる．

ラマン散乱光とそれ以外の光とは，一部の蛍光を除いて波長が異なるので，分光器が理想的に働いていれば，これらを分離できるはずである．しかし強い光に共存する微弱な光の観測では，実際には分光器内の光学素子のわずかの歪みや高次回折光の分光器内での散乱によって，分光器出口に本来の波長成分とは異なる光が重なることがある．これは迷光と呼ばれる．迷光によって，本来観測されるバンドが迷光に埋もれて見えなくなったり，本来ない「偽の」バンドが観測されたりするので注意が必要である．

　迷光の最も大きな原因は，レイリー散乱光，セルあるいは試料表面からの反射光，試料に含まれる微粒子からの散乱光であり，これらは励起光と同じ波長をもつ．これらの光の除去に効果的なのがノッチフィルターである．ノッチフィルターは，数百 cm^{-1} という狭い波数幅で大きさ 4 から 6 の吸光度をもつ．吸光度の中心波長が励起光波長と同じノッチフィルターを通すと，レイリー散乱光，セルあるいは試料表面からの反射光，試料に含まれる微粒子からの散乱光を大幅に除去することができ，カットする波数幅が狭いため，$200\ cm^{-1}$ 程度以上のラマン散乱をほとんどカットすることなく，迷光の除去に効果的である．しかし，ノッチフィルターはブロックできる波長が可視領域に限られており，紫外領域に利用できるものがない．そのため，紫外光を励起光とするラマンスペクトル測定には利用できない．可視領域であればノッチフィルターでなくても，高波数など観測したい波長領域が励起光波長から十分離れている場合には色ガラスフィルター（ロングパスフィルター）でも励起光をカットし迷光を減らすことができる．CCD 検出器を使っている場合には，6.4.4 項で述べるように，データを取得するピクセル領域を適切に選び，データ取り込み時に不要な光を避けることによっても迷光を減らすことができる．

6.4.4　検出器

　入口スリットから入ったラマン散乱光は，回折格子によって分散され分光器出口で再び結像する．この分散された光強度分布を測定すればラマンスペクトルが得られる．その測定方法には，主に次の二つの方法がある．分光器の中心波長をスキャンして，単一の受光素子でスペクトルを測定する方式（シングルチャンネル検出方式）と，中心波長を固定し複数の受光素子からなるマルチチャンネル検出器を用いてスペクトルを測定する方式（マルチチャンネル検出方式）である．

(1)シングルチャンネル検出方式

　シングルチャンネル検出方式で最もよく使われる光検出器は光電子増倍管である．光電子増倍管は，ガラス（もしくは石英）製の真空管で，内部で起きる光電効果を利用して光強度を計測できる．管内部には表面を向けて光電面があり，発生した光電子は電極で加速され，電極に衝突する．衝突によって発生した二次電子は電極に衝突を繰り返し，ねずみ算式に電子が増倍する．これを電気信号として読み出す．光電子増倍管に使われる光電面は材料に依存して，量子効率の高い波長領域が異なる．

　現在ではマルチチャンネル検出方式が主流であり，シングルチャンネル検出方式が使われることは少なくなったが，ノッチフィルターが使えないような低波数（$10 \sim 200$ cm^{-1}）領域のラマンスペクトル測定には優位性をもつ．

(2)マルチチャンネル検出方式

　ラマンスペクトル測定に最もよく使われるマルチチャンネル検出器は CCD 検出器である．CCD（charge coupled device）は，受光によって生じた電荷をピクセル間で転送し，電気信号として読み出す．このため低雑音の光検出ができる．さらに,冷却によって暗電流をきわめて低く抑えることができる．また全体に低いことに加えて，ピクセル間の暗電流の均一性も高いこともラマン散乱測定のような微弱光の検出には重要な長所である．

　可視領域では，CCD 検出器の量子効率は 90% ときわめて高い．一方，紫外領域では10% 程度まで低下する．これはコーティングによって数倍に改善される．近赤外領域の測定にはインジウムガリウムヒ素（InGaAs）検出器が用いられる．近赤外領域の光子エネルギーは，光電素子であるシリコンのバンドギャップ以下になるため近赤外光の検出感度が低下するためである．

　マルチチャンネル検出方式にはシングルチャンネル検出方式に比べ，二つの利点がある．一つ目は，ある範囲のスペクトルデータを波長掃引せずに同時に得るため，同じ測定時間でより高質なスペクトルデータ取得が可能である点である．また，不安定な化学種の測定にも有利である．スキャンを伴う場合，一つのスペクトルデータ取得の数分〜数十分の間に試料が変化してしまうと，目的の化学種の測定はできない．しかし，マルチチャンネル検出方式であれば，データ積算を行う初期の時間帯のデータのみを集めれば，変化した化学種の寄与を小さくしたスペクトルを得ることができる．

　二つ目は，分光器の回折格子を動かすことなく，複数のスペクトルデータを得ることができる点である．このため，複数のスペクトルの間で比較を行う際，誤差の小さな比較を行うことができる．回折格子を動かすと機械的なバックラッシュのために，横軸のずれを避けることができない．たとえば 6.7.3 項に述べる差スペクトルを用いた解析にはこの利点は大きい．

　マルチチャンネル検出器の多くは CCD 検出器のように受光素子が二次元に配列している．この二次元性を利用すると，縦長のスリットの上下方向の光強度分布を観測できる．この性質はラマンスペクトル測定においていくつかの利点をもたらす．一つは，迷光の除去である．二次元性をもつ検出器では，データを取り込むピクセル領域を調節することで迷光を減らすことができる．試料セルの底面での散乱，セル内壁と試料溶液との界面での散乱，セル表面での反射などの迷光の原因となる強い散乱光を発する空間的領域とラマン散乱光を発する空間領域が多くの場合異なる．そこで CCD ピクセルのデータ取得領域を調節して不要な散乱光を避けてラマンスペクトル測定ができる．

　また，複数のスペクトルの同時測定ができる点も二次元性をもつ光検出器の利点である．測定したい光を分光器の入口スリットに縦に並べて入射すると，分散された光は出口側で上下に並んで観測される．この性質を利用して，ピクセルをいくつかのグループに分けることで上下方向に並んだ複数のスペクトル測定を同時に測定できる．

（3）検出器と分光器の接続

　シングルチャンネル検出方式では，出口側の焦点にスリットが設置されている．検出器は，出口スリットを通った光がその受光面に入るように固定する．出口スリットの幅は入口スリットの幅と同一に設定する．マルチチャンネル検出方式では，出口側にはスリットは設置せず，分光器の焦点面に検出器の受光面がくるように，分光器に対して検出器を設置する．この場合，検出器のピクセルサイズ以下の細かな波長分散は区別して検出できないので，入口のスリット幅をピクセルサイズ以下に狭めても波数分解能は向上しない．CCD 検出器などの二次元検出器では，ピクセルサイズは 10 〜 30 μm と小さく，波数分解能のうえで問題になることはほとんどない．

6.4.5　光学素子

　光学素子の種類とその用途については他書 [4) およびメーカー各社のカタログが参考に

なるだろう.

6.5　操作方法

6.5.1　測定試料の前処理

　ラマン散乱光という微弱な光を正確に測定するためには，6.4 節で述べられている測定装置上の注意点だけではなく，試料およびその取扱いに関しても注意が必要である.

　液体・溶液試料の場合，試料中に濁りや浮遊物があると，レーザー光の照射によって強い散乱光を生じる.これは迷光の原因となるので濁りや浮遊物をあらかじめ取り除いておく必要がある.濁りや浮遊物の除去は，低波数領域のラマンスペクトルを測定する際，特に重要である.除去にはメンブレンフィルターによるろ過が最も簡単である.励起光および散乱光の波長を考慮すると,孔径 $0.2 \sim 0.5 \mu m$ のフィルターを用いればよい.

　ラマン散乱光は蛍光やりん光に比べはるかに微弱である.したがって，ラマン散乱測定用の励起光によって蛍光やりん光が試料から出ると，これらの光によるバックグランドにラマンバンドが埋もれてしまう.よって，蛍光やりん光が不純物から出ている場合は，試料の精製によってそれらを取り除く必要がある.蛍光の生じる確率はラマン散乱光のそれに比べて 10^9 以上に大きいので，ppm 程度の不純物濃度であってもラマンスペクトル測定が困難になることに注意する.

　蛍光やりん光が測定対象である物質から出ている場合や，どうしてもその不純物を取り除くことができない場合には，測定方法に工夫が必要である.最も一般的な方法は，6.4.1 項（1）で述べたように，ラマン散乱の測定波長領域に蛍光・りん光が出ないように励起光の波長を選ぶことである.また，臭化カリウム(KBr)などの消光剤を加える方法もある.ただし，消光剤の試料に対する影響には注意を払わねばならない.

6.5.2　遮光

　ラマンスペクトル測定は，通常は測定室の照明を消し，暗室状態にして行う.ラマン散乱光は微弱であるので，分光器内へ部屋の照明が漏れ込むと，ラマンスペクトル測定の妨害になるためである.注意しなければならないのは，部屋の照明だけでなく実験室にある機器の発光する部分，たとえばパソコンのディスプレイ，オシロスコープのディスプレイ，測定機器のパイロットランプなども測定の妨害になり得ることである.LED 電球や液晶ディスプレイの場合，その発光スペクトルに輝線を含んでいる.そのため，発光の混入によって観測されるスペクトルにバンドを与えるので，特に注意が必要である.

6.5.3　光学調整

　これまでに述べたように，正確なスペクトル測定および信号雑音比の高いスペクトル測定のためには，複数の光学部品の位置を調整して，レーザー光の位置調整を測定試料や分光器に対して $10 \mu m$ のオーダーで正確に行う必要がある.技術の習得には経験が必要であるが，それぞれの光学部品の意義を理解した上で丁寧に実験を繰り返すことで，自然と身につけることができる.

　調整の練習には，ラマン散乱強度が強く，測定が容易な標準となる物質を決めておき，測定ごとにそのスペクトルを測定し，基準値以上の計測値が得られているかを確認する.

また計測値だけでなく，バンドの相対強度に違いはないか，分裂して観測されるべきバンドが分裂しているかについても確認する．ラマン分光計の脇には，同じ分光計で測定した基準となるスペクトルを測定条件と共にまとめておき，常に参照できるようにしておくとよい．

6.5.4 良好なラマンスペクトルを得る工夫
(1)一般的な注意点
ラマン散乱測定においては，比較的強いレーザー光を試料に照射するので，それによって測定対象の分子が光反応によって変化する可能性がある．また，レーザー光の照射によって試料内に熱が発生する場合があり，熱によって試料が損傷する可能性もある．このような場合には，試料を撹拌する，流す，回転するなど，試料の同じ部分にレーザー光を当て続けない工夫が必要である．これらについては 6.5.4 項(2)に詳しく述べる．

また，生体分子や合成の難しい試料の場合，少量の試料でいかに信号雑音比の高いラマンスペクトルを測定するかが問題になることが多い．レーザー光は細く収束させることができ，かつ指向性が高いので，セルの形や使い方を工夫することによって少量の試料でも良好なラマンスペクトルを測定できる．

(2)液体・溶液試料に対する注意点
試料の着色の有無によって注意点が異なるため，分けて説明する．

①非着色試料(非共鳴ラマン測定)
試料の量が十分あれば，図 6.10(a)に示すように，五面透明セルを用いて測定するのが簡便で一般的である．この場合，試料液面や蓋での反射や散乱は迷光の原因となるため注意が必要である．量が少ない場合には，ガラスキャピラリーや適当な口径のガラス管に封入して測定する(図 6.10(b) および (c))．この場合，10 μL 程度の量があれば良好なラマンスペクトルを測定できる．

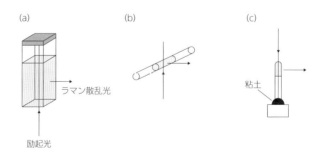

図 6.10 液体・溶液試料のラマンスペクトル測定方法

②着色試料(共鳴ラマン測定)
強いラマン散乱光を得るには，一般的には試料の濃度をできるだけ上げる．しかし，着色試料の場合，濃度を上げすぎると試料内で光の通り抜けが悪くなり，かえって信号雑音比を悪くすることがある．着色試料では，励起光が試料によって吸収されるうえに

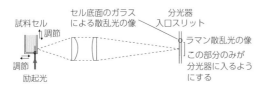

図 6.11　着色溶液試料からのラマン散乱光を集光する際の注意点

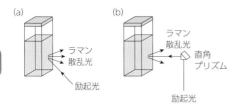

図 6.12　着色溶液試料について後方散乱の測定

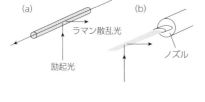

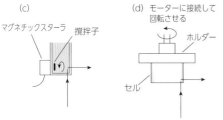

図 6.13　着色溶液試料のラマンスペクトル測定方法

ラマン散乱光も吸収されるためである．目安として励起光が数 mm 程度貫入する程度がちょうどよい濃度である．

　最適な濃度は対象分子によって異なるので，可能であればいくつかの濃度を試してみるのがよい．また濃度が高いと，試料自身によってラマン散乱光が吸収されることによりスペクトルの形状が歪む可能性があるので注意が必要である．試料によるレーザー光の吸収が大きい場合，励起光の入射方向に対して 90°方向の散乱光を測定する測定（90°散乱測定）では，図 6.11 に示すように，試料セルの集光光学系側の壁面ぎりぎりにレーザー光を照射する．その際，セル底面のガラスによるラマン散乱を避け，試料からのラマン散乱光のみを分光器に入れるように注意する．このため，セルを左右，前後，上下の三方向に微動できるステージに乗せ，位置の微調整ができるようにしておくことが必要である．また，CCD ピクセルの中で，データ取得する領域をうまく選択し，ガラス底面からの散乱光を避けて試料からの光だけを検出するようにする．

　しかし，濃い試料が必要でレーザー光の通り抜けが悪いとセル底面のガラスからのラマン散乱光が一緒に分光器に入ってきてしまう．ガラスは 300 ～ 500 cm^{-1} の領域にブロードなラマンバンドを与えるので，この波数領域を測定する場合はスペクトルにガラスの成分が含まれる可能性があることに注意が必要である．試料によるレーザー光の吸収が著しい場合には，図 6.12 に示すような後方散乱の方がラマンスペクトルを測定しやすい．この場合，ガラスに由来するラマン散乱を空間的に選別できないため，スペクトルにガラスの寄与が大きくなってしまう．肉厚の薄いガラスセルを用いるなど，ガラスの寄与を減らす工夫が必要である．

　試料がレーザー光によって損傷を起こす場合には，試料の同じ部分に光を当て続けないようにする工夫が必要である．図 6.13 にその工夫の例を示す．試料の量が十分ある場合には，フローセル（図 6.13(a)）あるいは液体ジェット法（図 6.13(b)）を用いて試料を流しながら測定する．試料は使い捨てるか，あるいは循環させる．循環させても光反応生成物は溶液だめ内で希釈されるので，励起光波長を適切に選べば，光反応生成物の

スペクトルへの寄与が無視できる場合がある．逆に励起光波長によっては，微量でもスペクトルへの寄与が大きい場合があるので注意を要する．

　試料の量が十分でない場合（数 mL 以下）には，撹拌セルや回転セルを用いるのが有効である．この場合には光反応生成物の寄与に，より注意を払わねばならない．撹拌セルでは，図 6.13(c) に示すように，小型マグネチックスターラーをセルに接し，セル内に小さな撹拌子を入れ試料を撹拌させる．撹拌子による撹拌では流れが不十分な場合には回転セルを用いるのが有効である．図 6.13(d) に示すように，直径 10 ～ 50 mm，高さ 10 ～ 20 mm の円筒形セルを金属製ホルダーを介してモーターに取り付け，500 ～ 2000 rpm の回転速度で回転させる．セル内の液体試料は，遠心力によってセルの壁面に張り付くので，少量の試料でも試料の高さを稼ぐことができるのが，回転セルのもう一つの利点である．回転セルを用いる際の注意点は，回転のぶれを極力抑えることである．ぶれが大きいと回転中にレーザー光の位置を壁面ぎりぎりに維持することができなくなり，ラマン散乱光を効率よく集められなくなるからである．回転セルでは，セルの大きさに依存するが，0.1 ～ 2 mL の試料があればラマンスペクトル測定が可能である．

　共鳴ラマンスペクトルの測定では，励起光波長が試料の吸収極大波長に近いため，励起光によって電子励起状態の生成も同時に起きる．そのため，分子によっては電子励起状態や光反応生成物の寄与がラマンスペクトルに観測される場合がある．これらのラマン散乱が生じるには，電子励起に 1 個，ラマン散乱の励起に 1 個，合わせて 2 個の光子が必要なのに対し，電子基底状態のラマン散乱の発生に必要なのは 1 個であるので，励起光強度を下げていくとやがて電子励起状態や光反応生成物の寄与は無視できる程度に小さくなる．

　励起光による試料の損傷の有無をチェックするには，スペクトルの励起光強度依存性を調べる．励起光パワーを変えてみて，ラマンバンド強度がパワーに対して比例して増加しているか，スペクトルのバンドの相対強度は変化していないか，新たなバンドは現れていないかを確認する．また，ラマンスペクトル測定の前後で，試料の紫外可視吸収スペクトルを比較して損傷の有無を確認する．

(3)固体試料に対する注意点

　液体・気体試料に比べて，固体試料の測定では，試料表面での乱反射が大きくなり，またそれが分光器へ入るのを避けにくい．そこで，迷光除去度の高い分光器を用いる，ノッチフィルターを用いる，レーザー出力から励起光以外成分を取り除いておく，などの注意が必要である．

①単結晶試料：透明な単結晶は，ゴニオメーター上に固定し，励起光，ラマン散乱光の偏光面を結晶軸に対して定義して測定を行う．大きさが 1 mm 程度以上であれば，図 6.14(a) に示すようにガラス棒や金属棒の先端に固定し，通常の測定系で容易に測定ができる．顕微ラマン分光計を用いることによって，より小さ

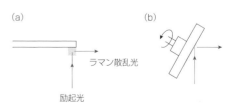

図 6.14　固体試料のラマンスペクトル測定方法

な単結晶試料の測定も可能である.

②粉末試料：主にガラスキャピラリーに詰めて測定する方法と，粉末（10 mg 程度）を圧縮整形して錠剤を作りそれを測定試料とする方法がある. 後者の方法においては，図6.14(b)のように錠剤面に対してレーザー光を 30° 程度の角度で入射させ，レーザー光と 90° 方向の散乱光を集光する. 着色試料の場合，KBr 粉末と混合して錠剤を作る. 測定したい物質の濃度を変えた錠剤を何種類か作製し，最適の濃度を決定する. 励起光によって試料は分解，退色してしまうので，台座を回転させ，試料の同じ箇所に励起光を当て続けない工夫が必要である.

(4)気体試料に対する注意点

気体の密度は液体や固体に比べて小さいので，ラマン散乱を効率的に起こす工夫が必要になる. たとえば，気体中での光の損失が小さいことを利用し，同一のレーザービームを試料中に何度も往復させ励起の効率を高める.

6.5.5　特殊条件下での測定
(1)低温および高温試料の測定

低温試料の測定には，図 6.15(a)に示すように，冷媒だめの先端部につけた銅ブロックに試料を固定し，それをデュワーびんに入れ測定を行う方法が一般的である. 頻繁に温度変化させて測定するには，図 6.15(b)に示すように，乾燥した窒素ガスを，蛇管を通して液体窒素で冷やし，それをデュワー中に導入し試料を冷やす方式が簡便である.

試料温度はガスの流量によって調整できる. 図 6.15(b)の方式であれば，固定セルだけではなく，回転セルも使うことができる. 細かな温度制御が必要なく，試料の温度上昇を防ぐためなど，単に試料温度を室温より少し下げる目的であれば，図 6.15 (c)に示すように液体窒素を気化させたものを試料に吹き付ける方法もある. 室温近傍の温度変化測定には，銅あるいは真鍮製のブロックに温度制御した液体（水，エタノール，グリセロールなど）を流し，そこに試料セルをはめ込んで測定を行う（図 6.15 (d)）. 100℃以上の測定には，市販の高温測定用のセルホルダーが市販されている. 簡単には，ニクロム線を巻いた炉の中に封管した試料を入れて行う方法もある.

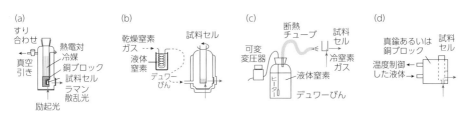

図 6.15　低温および高温試料のラマンスペクトル測定方法

(2)高圧測定

高圧下でのラマン測定にはダイヤモンドアンビルセルが用いられる. 金属ガスケットの小孔（直径 100 μm 程度）中に試料および圧力プローブとなる物質を入れ，これを二つのダイヤモンドで挟んで加圧する. 試料にかかる圧力は，試料に加えたルビーの蛍光

スペクトルなどから求められる.

(3)非破壊測定

　ラマン分光法では，他の分光法に比べて試料の形態による制限が少ない．そのため，分析したいものをそのままの形で測定できるという特徴があり，非破壊測定に向いている．食品，農作物，医薬品，工業材料や鉱物の表面分析に利用されている．

6.5.6　時間分解ラマンスペクトル測定

　時間分解ラマンスペクトルの測定には，2種類のパルス光を用いたポンププローブ法とフロー法の2種類の方法が一般的である．

(1)ポンププローブ法

　ミリ秒以下の時間領域で時間分解共鳴ラマンスペクトルを測定するにはパルスレーザーを用いる．ピコ秒－ナノ秒，ナノ秒－ミリ秒の時間領域で方式が異なるのでそれぞれ分けて説明する．ピコ秒－ナノ秒の時間領域を調べるには，1台のパルスレーザーの出力から発生させた，反応開始用のパルス光(ポンプ光)，および共鳴ラマン測定用のパルス光(プローブ光)を用いる．片方のパルス光を，光学遅延路を経由して，もう一方のパルス光と空間的に重ねて試料に照射する．時間分解能は光パルスの時間幅によって決定されるが，通常波数分解能を失わないよう数ピコ秒のパルスが用いられる．
　一方，最長の遅延時間は光学遅延路の長さによって決定され，通常数ナノ秒，長くともせいぜい10ナノ秒程度である．これ以降の時間領域を調べるには，2台のナノ秒レーザーを用い，片方でポンプ光を発生させ，もう片方でプローブ光を発生させるやり方が一般的である．二つのパルス光の照射タイミングはデジタルパルス発生器で制御する．時間分解能は光パルスの時間幅によって決定され，遅延時間の上限はパルスの繰り返し周波数によって決まる．

(2)フロー法

　レーザー光によって損傷を受けやすい試料の場合，単位時間あたりの光子密度を低くするほうがよい．そのため，パルスレーザーを用いるポンププローブ法よりもCWレーザーを用いるフロー法のほうが試料に損傷を与えにくい．混合フロー法では，混合点からの距離(Δx)および流速(ν)を調節することによって，サブミリ秒～秒の範囲の任意の遅延時間(Δt)において時間分解ラマンスペクトルを測定することができる．
　その模式図を図6.16(a)に示す．光によって開始される反応では，2種類のCW光を用いたダブルビーム法による時間分解測定が可能である．図6.16(b)に示すように，この方法では試料を一定速度でフローセルに流し，反応を開始するためのレーザー光を上流側に，ラマンスペクトルを測定するためのレーザー光を下流側に照射する．流速と二つのレーザー光の間隔を調節し，望みの遅延時間を設定す

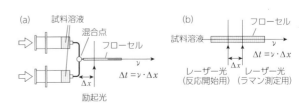

図6.16　フロー法を用いた時間分解ラマンスペクトル測定

る．通常のガラスキャピラリーを使った場合，遅延時間の下限は数十マイクロ秒であり，これは乱流を生じない流速の上限から決まっている．セル内壁とキャピラリー管中心とでは流速が異なる．これは流れる液体が内壁から摩擦力を受けるためである．流速が高くなると内壁付近と中心とで流速の差が大きくなり，時間分解能を低下させるので，流速の設定には注意が必要である．

6.5.7　顕微ラマンスペクトル測定

顕微ラマン分光計は，光学顕微鏡と 6.4 節で説明したラマン分光計を組み合わせたものと考えればよい．図 6.17 に一般的な顕微ラマン分光計を示す．励起光をダイクロイックミラーで反射し，対物レンズを通して試料に照射する．試料からのラマン散乱光を，照射に用いた対物レンズによって集め，分光器の入口スリットへと導く．励起光をどれだけ小さく絞るかによって空間分解能が決まる．回折によって決まるビーム径は，およそ光の波長を対物レンズの開口数で除したものになる．したがって，空間分解能は，励起光の波長が短いほど，対物レンズの開口数が大きいほど高くなる．赤外分光法に比べて，ラマン分光法では励起光の波長が短い

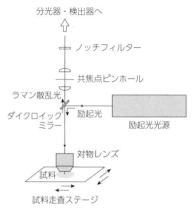

図 6.17　顕微ラマン分光計

分，空間分解能が高い．奥行き方向を空間分解して測定するためには，対物レンズと試料との間の距離を変化させて測定する．水平方向の分解能に比べて奥行き方向の分解能は劣り，10 μm 程度である．奥行き方向の分解能を改善するには，図 6.17 のような共焦点方式の集光系を用いる．対物レンズの焦点から上下にずれた位置からの光はピンホールでぼけるため，効率よく通過しない．これによって焦点付近からの光だけを集めることができ，数 μm に分解能は向上する．

6.5.8　偏光ラマンスペクトル測定

ラマン散乱光には入射光と平行な偏光をもつ成分以外に，直交する偏光をもつ成分が含まれる．入射光の偏光の性質が散乱過程で変化するのは，KHD 分散式(式(6.5)および (6.6))に含まれる $\alpha_{\rho\sigma}$ がテンソルであるからである．偏光測定から，$\alpha_{\rho\sigma}$ や分子および原子団の配向に関する情報が得られる．たとえば，物質固定座標系が実験室固定座標系と一定の関係を保っている場合(配向系)，$\alpha_{\rho\sigma}$ の各成分の相対値が得られる．逆に $\alpha_{\rho\sigma}$ の各成分の相対値が既知の場合には，偏光ラマン測定から物質の配向状態に関する情報を得ることができる．分子や原子団の配向が無秩序である物質の場合(ランダム配向系)に，入射光の偏光方向に対する平行な偏光成分と垂直な偏光成分のラマン散乱強度比(これを偏光解消度と呼ぶ)は，振動モードの対称性を決めるうえで重要な手がかりとなる．

(1)偏光ラマンスペクトル測定の実際

図 6.18 に偏光ラマンスペクトル測定の一般的な配置を示す．図の Y 方向に偏光した

レーザー光を試料に当て，試料からの散乱光を Y 方向に偏光した成分と Z 方向に偏光した成分とに分けて測定するのが偏光ラマンスペクトル測定の基本的な原理である．

正確な測定を行うにはいくつか注意すべき点がある．第一の注意点は，レーザー偏光方向の精度である．まず，レーザー光は高い偏光特性をもたなければならない．また，レーザー光が高い偏光特性をもっていても，試料セルへミラーなどを経由して導く間に偏光方向が Y 方向からずれることがある．したがって，レーザー光をグラントムソンプリズム（10^{-5} 程度の消光比が得られる）あるいはグランレーザープリズム（高強度のレーザーを用いる場合）を通して，試料セル直前で偏光方向を Y 方向に規定する．

第二の注意点は，試料セルには角型セルを用いることである．円筒形セルの場合，セル面のカーブによって，セル面での反射率に偏光依存性が生じる．

第三の注意点は散乱光のうち偏光成分の選別である．偏光成分の選別には偏光子を用いる．安価なものとして，高分子膜を伸張させたものを2枚のガラス板で挟んだものが市販されている．波長によって異なるが $10^{-2} - 10^{-5}$ の消光比が得られる．これを目盛り付きの専用の回転ホルダーに入れ，透過軸方向を任意の向きに正確にセットできるようにする．

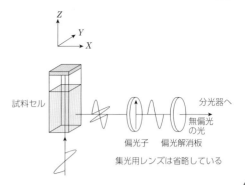

図 6.18　偏光ラマンスペクトルの測定
波線は，偏光の向きを表している．

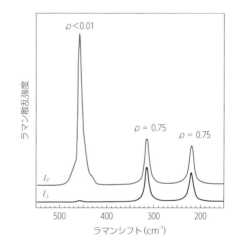

図 6.19　偏光ラマンスペクトルの測定例（四塩化炭素）
$I_{//}$ および $I_{\perp}$ は，偏光ラマンスペクトルのそれぞれ平行成分および垂直成分を表す．図中の ρ は，各バンドの偏光解消度の値を示している．

より精度の高い測定や高い透過率が必要な場合にはグラントムソンプリズムやグランレーザープリズムなど複屈折型の偏光子を用いる．いずれの場合も偏光子と分光器の入口スリットの間には偏光解消板を置く．これは，6.4.3項(3)で説明したように，一般に分光器の透過度に存在する偏光特性を除去するためである．ラマンスペクトルの信号雑音比を高めるためにはできるだけ大きな立体角で散乱光を集めたいが，集光角が広がるほど偏光解消度の測定値に誤差が増えてくるので，測定の目的に応じて試料と集光レンズとの間に絞りを置いて立体角の大きさを調整する．

以上の点に注意して測定装置を組み終えると，次に正しい偏光測定ができているか確認する必要がある．正しい測定ができているかを確認するには，四塩化炭素の偏光スペクトルを測定するのが一般的である．図 6.19 に四塩化炭素の偏光スペクトルを示す．

218 cm^{-1} および 314 cm^{-1} のラマンバンドは非全対称振動によるもので偏光解消度として 0.75 の値をもつ．これは，注意深い測定を行えば実測値は 0.74 と 0.76 の間に収まる．また，459 cm^{-1} に見られる全対称振動バンドの偏光解消度は 0.01 以下である．これら三つのバンドの偏光ラマンスペクトルを測定することで，測定装置が偏光解消測定のために正しく組まれているか確認できる．

6.6　ラマンスペクトルの較正

　計測したデータから正確なラマンスペクトルを得るには，横軸すなわちラマンシフト，縦軸すなわちラマン強度について較正を行う必要がある．以下にその方法を説明する．

6.6.1　ラマンシフトの較正

　500 nm の励起光を用いた場合，1 cm^{-1} は 0.025 nm に対応する．したがって，1 cm^{-1} の精度でスペクトルの横軸を決定するには 0.025 nm の波長決定の精度が必要となる．ラマンスペクトルの測定や解析においては，このような高い波長決定精度が求められることに注意する．ここでは，マルチチャンネル検出器による測定を想定して，ラマンシフトの較正の方法として次の 2 種類の方法を紹介する．

(1)標準ランプを用いる方法

　ネオンランプからの発光は，発光線の波長が 10^{-5} nm の精度で求められており，ラマンシフトの較正を行うには十分な精度である．また本数も多いため，絶対波数と検出器のピクセル番号との検量線を求めるには適している．較正を行うためにはネオンのスペクトルを測定して，観測されたピークのピクセル番号と絶対波数を基にして検量線を作成する．各ピクセルの絶対波数が求められたら，その値から励起光源の絶対波数を引けば，各ピクセルのラマンシフトを求めることができる．ネオンの発光線，励起光ともに，絶対波数には真空中の値を用いる．

　較正に用いるネオンランプは，電子工作に用いる安価なネオン管でも代用できる．ネオンの発光スペクトルを測定するうえで注意する点は，ランプを試料セルと同じ場所，もしくは分光器の光軸上に置くことである．分光器への光の入り方が光軸からずれていると，分光器の出口側では左右方向にスペクトルがずれ，正確な較正ができないためである．

(2)既知のラマンスペクトルを用いる方法

　ラマンシフトが正確に求められている物質のスペクトルを基準とする方法もある．同じ条件で測定されたラマンスペクトルを基準とするため，実用上の利点がいくつかある．励起光源の正確な絶対波数を知る必要がなく，波長可変のレーザー，半導体レーザーなど，条件やロットによって絶対波数が異なる励起光源を用いた実験には都合がよい．また，試料セルを標準物質のセルに置き換えるだけでよいので，同条件でのスペクトル測定が容易に行える．

　標準物質として正確なラマンシフトが報告されている化合物にインデンがある．インデンのラマン散乱光は強く，500 ～ 1700 cm^{-1} の領域にバンドが多く，かつシャープであるので較正の基準として適している．ただ，インデンは空気中で酸化され強い蛍光

を発するので，蒸留精製したものを封管して用いる必要がある．精製，封管した試料は
1年程度使うことができる．インデンに比べると波数決定の精度が落ちるものの，有機
溶媒のラマンシフトの値は較正に実用上問題はない．$200 \sim 1000 \ \mathrm{cm}^{-1}$ の領域では四
塩化炭素とシクロヘキサン，$1000 \sim 1800 \ \mathrm{cm}^{-1}$ の領域ではシクロヘキサンとアセトン
を用いるのがよい．文献5には24種類の有機溶媒の標準となるラマンスペクトルがま
とめられている．

　ラマンシフトの較正の具体例を図6.20に示す．ツェルニーターナー型の分光器は，
出口側の焦点面で光は波長に比例して空間的に分散するよう設計されている．そのため，
ピクセル番号－ラマンシフトの検量線よりも，ピクセル番号－波長の検量線のほうが，
直線で検量線が作成でき都合がよい．

　そこでまず，励起光源の真空中の絶対波数と報告されている標準物質のラマンバンド
波数から各バンドの波長を計算する．分光器では空気中の波長に比例して光は分散され
ているが，真空中の波長を用いて較正してもラマンシフトの誤差は $0.01 \ \mathrm{cm}^{-1}$ 以下であ
る．波長とバンドピークのピクセル番号との間には線形性が成り立つので，最小二乗法
で波長とピクセル番号の間の検量線を求める（図6.20(a)）．この検量線から各ピクセル
に対応するラマンシフトの値が求められる（図6.20(b)）．計算した後には，較正に用い
た標準物質のラマンバンド波数を読み，$1 \ \mathrm{cm}^{-1}$ 以上のずれがないかを確認する（図6.20
(c)）．また，最小二乗法の相関係数を計算し，その絶対値が1から大きくずれていな
いか確認する．

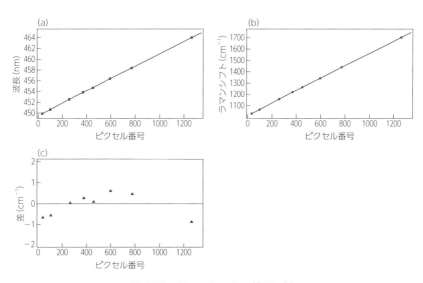

図6.20　ラマンシフトの較正の例

シクロヘキサンの 1443.9, 1347.1, 1265.5, 1157.6, 1027.9 cm^{-1} のバンド，アセトンの 1709.6,
1221.4, 1065.9 cm^{-1} のバンドを較正の基準に用いた．

6.6.2　ラマンスペクトル強度の較正

　測定試料から出たラマン散乱光は検出器に至るまでに，集光光学系の光学素子および
分光器の光学素子を経由する．これらの素子には波長特性があるので，検出器で得られ

るスペクトルは相対強度にずれをもつ．また，検出器ピクセルの感度には不均一性がある．そのため，強度の較正が必要である．ここでは二つの較正方法を説明する．

(1)標準ランプを用いる方法

最も簡便な較正方法は標準ランプを用いる方法である．タングステンハロゲンランプの発光の波長特性は，ある温度の黒体輻射で近似できる．さらに，観測する波長領域が狭い場合には，強度一定の光源とみなすことができる．注意すべき点は，ピンホールなどを通して，ランプの光をラマン散乱の発光点と同じ位置から分光器側へ出るようにすることである．あるいは，光ファイバーを取り付けられるランプが市販されており，これを用いるとラマン散乱に近い小さな発光点を作ることができる．6.6.2項 (2) に述べる蛍光スペクトルを用いる方法では波長領域が限定されるのに対して，標準ランプを用いる方法はすべての可視領域で利用できるので便利である．

(2)既知の蛍光スペクトルを用いる方法

キニーネの発光スペクトルについて，絶対波数の関数として発光強度を表現する近似式が $17000 \sim 25000 \ \mathrm{cm^{-1}}$ の絶対波数領域で得られている．ラマンスペクトル測定の光学配置でキニーネの蛍光スペクトルを測定し，得られた蛍光スペクトルと上記の近似式から求められた標準スペクトルとの強度比を補正因子として用い強度を較正する．ラマン散乱の励起光を蛍光の励起光にも使えるため，測定試料をキニーネ溶液に入れ替えるだけで，ラマンスペクトル測定と同じ光学配置で蛍光スペクトルが測定でき，精度の高い較正がしやすい．ラマン散乱の励起波長がキニーネの励起に適していない場合，あるいは $17000 \sim 25000 \ \mathrm{cm^{-1}}$ の絶対波数領域以外で較正を行うには，別の適した蛍光色素の蛍光スペクトルを蛍光光度計で測定しておき，これを絶対波数の関数として近似したものを用いる．

測定試料からの蛍光などでスペクトルのバックグラウンドが高くなると，ピクセル間の感度むらによってカウント数にむらが生じる．このため，バンドのないところに偽のバンドが現れたり，バンドの形状が歪んだりする．この場合にも強度の較正が必要である．

6.7 ラマンスペクトルの解析方法

6.7.1 ラマンバンドの帰属

観測されたラマンバンドを振動モードへ帰属することによって，分子構造について詳しく議論することができる．官能基の振動はそれぞれある決まった波数領域に観測されるので，ここから大まかな帰属ができる．また，類似の分子について振動モードの帰属がすでに行われている場合にはそれを参考にして帰属ができる．

しかし，分子振動は一般に分子全体に非局在化した性質を持つので，構造が似た分子でも振動モードの性格は異なる場合があり注意が必要である．厳密な帰属のための最も正当な手法は，同位体標識した試料を使ってバンドの同位体効果を調べることである．同位体置換は，力の定数を変えずに換算質量のみを変える．したがって，同位体置換によって振動モードの性格が変わらない限り，同位体置換で振動数が変わるバンドは，置換した原子の変位を含んだ振動モードによるものであると結論できる．できるだけ数多

くの同位体標識試料を用いることが帰属には有効である．

　しかし，同位体標識試料を数多く揃えることは容易ではない．最近は，量子化学計算の精度が上がり，分子振動の帰属に用いられている．中でも，密度汎関数法は比較的短い計算時間で高精度の結果を与える．Gaussian や GAMESS などの計算プログラムパッケージを用いると，振動数，原子変位が得られ，原子変位をもとにラマンバンドの相対強度も得られる．得られる相対強度は，非共鳴条件だけでなく，前期共鳴条件や共鳴条件でのバンド強度を計算できるようにもなった．ただし，共鳴条件での計算には，共鳴している電子励起状態の正確な分子構造情報が必要であり，計算精度には注意を払う必要がある．

6.7.2　微小なスペクトル変化の検出

　分子に対する環境の効果を解析する，複数の類似分子のスペクトルの違いを求める場合などは，微小なバンド変化を検出することが必要になる．たとえば，バンドの中心位置を目視で求めるのでは，その精度はせいぜい $1\ cm^{-1}$ でしかない．バンド幅の読みも同様である．より高い精度でバンドの中心位置や幅を求めるには，バンドの強度データのカーブフィッティングを行うのが一つの方法である．通常，フィッティングにはローレンツ関数あるいはガウス関数が用いられる．しかし，ラマンバンドの形状を正確に表現する関数はないため，フィッティングに用いる関数に結果がどれだけ依存するかなど，フィッティング結果の妥当性に注意を払わねばならない．

　二つのスペクトル間の差スペクトルは，バンドの中心位置やバンド幅の違いを敏感に反映する．この性質を利用して，差スペクトルに基づいてバンドの中心位置やバンド幅の差を求めることができる．この方法では，ラマンバンドに対して特定の関数形を仮定する必要がないため，曖昧さの少ない解析ができる．図 6.21 に解析例を示す．波数が異なる場合，図 6.21(a) に示すように差スペクトルは一次微分型の形状になる．したがって，このような形状が差スペクトルに現れるかどうかを見ることは，二つのスペクトルの間でバンドのシフトの有無を判断する簡便で有効な方法である．さらに，微分型の山谷の高さの差から波数シフトの大きさを求めることができる．また，バンド幅が異なる場合，図 6.21(b) に示すように差スペクトルは二次微分型の形状となる．このように，差スペクトルの形状に基づいて，この二つのスペクトルの違いを定量的に比較できる．解析方法の詳細は文献 6 を参照されたい．

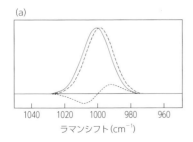
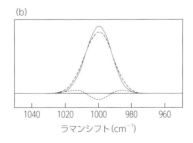

図 6.21　差スペクトルの例

(a) バンドの中心位置がバンド幅の 10 % 異なるものの差，(b) バンドの幅が 10 % 異なるものの差．

6.7.3　自己吸収効果の補正

6.5.4 項（2）で述べたように，共鳴条件では，発生したラマン散乱光は試料セルから出るまでに試料自身によってその一部が吸収される．そのため散乱されるラマンバンド強度は物質量に比例しなくなる．定量分析のためには，バンド強度が物質の濃度に比例するよう補正が必要である．

自己吸収効果を補正するためには，非共鳴条件でラマン散乱光を生じる化合物を内部標準として試料の中に一定濃度入れておく．自己吸収効果がなければ，このバンドの強度は複数の試料の間で一定なはずである．しかし，実際には自己吸収効果によってバンド強度は低くなる．そこで標準のバンド強度が等しい強度になるように複数のスペクトルの間でラマン強度を定数倍すれば自己吸収効果の補正ができる．共鳴ラマンスペクトルの測定は多くの場合液体試料に対して行われるが，溶媒のバンドが内部強度標準として利用できる．ただ，水溶液試料では，溶媒である水のラマンバンドは弱く，内部強度標準には向いていない．その場合は，硫酸塩あるいは過塩素酸塩を一定濃度溶かしておき，硫酸イオンの全対称振動（983 cm^{-1}）や過塩素酸イオンの全対称振動（923 cm^{-1}）のラマンバンドを利用することが多い．これらのバンドは強度が強くかつシャープなので，内部強度標準に適している．

6.8　おわりに

近年，光発生技術や光検出技術の発展によって，ラマン分光法のもつポテンシャルをフルに活かせるようになってきた．また，以前に比べると安価でラマン分光計を組むことができるようになった．本章が読者の研究に少しでも役立つこと，そしてラマン分光法が科学研究により大きく貢献することを願っている．

【参考文献】

1) 長倉三郎編，『岩波講座　現代化学 12 光と分子(上)』，岩波書店(1979)
2) J. Tang, A. C. Albrecht, "Raman Spectroscopy: Theory and Practice," Springer (1970), p.33
3) レーザー学会編，『レーザーハンドブック(第2版)』，オーム社(2005)
4) 日本化学会，『第5版　実験化学講座 9　物質の構造 I　分光(上)』，丸善(2005)
5) 濱口宏夫，岩田耕一編著，『ラマン分光法』，講談社(2015)
6) J. Laane, *J. Chem. Phys.*, 75, 2539 (1981)

ESR 分光法

河合明雄
（神奈川大学理学部）

7.1 はじめに

電子スピン共鳴（Electron Spin Resonance：ESR）あるいは電子常磁性共鳴（Electron Paramagnetic Resonance：EPR）に基づく分光法は，量子化された磁気モーメントをもつ物質中の電子に対し，マイクロ波吸収を測定する計測方法である．ほとんどの場合，電子の磁気モーメントは不対電子のスピンに由来するため，この分光法は不対電子をもつ物質を観測するためのものと考えてよい．その発明は，Zaboisky による 1945 年の Mn^{2+} や Cu^{2+} の溶液試料の観測にまでさかのぼる[1]．発明当初の観測対象がこれらの遷移金属イオンであったことからわかるように，ESR は遷移金属を含む錯体の電子状態を解明することに大きな貢献をした．後に，有機化合物の反応中間体ラジカルに対する計測がさかんに行われ，これらの短寿命常磁性種の分子構造決定に力を発揮している．

ESR は他の磁気共鳴法である NMR に比べると，感度が高い場合が多い．ESR で分光データを十分にとるための検出限界は，寿命が長くスペクトル線形が明瞭な実験条件のよい場合で 10^{-8} M 程度，単純に信号を検出するだけの場合で 10^{-11} M 程度といわれる．しかし，ラジカルのような短寿命化学種を特別な工夫なしに観測するのは難しい．その後，短寿命ラジカルすなわち反応性の高いラジカルを観測する目的でスピントラップ法[1]が開発された．これにより，活性酸素や低濃度の短寿命ラジカルを間接的に ESR 計測することが可能になった．スピントラップ法の開拓は，分析機器としての ESR 分光器を，医学，薬学や化学反応追跡の研究を支援する道具に発展させることとなった．

汎用の分析法の一つに蛍光分光法があり，試料にドープした蛍光物質を観測プローブに用いる手法がよく使われる．これとよく似た方法が ESR 分光法にもある．ニトロキシドラジカルは，化学的に安定な分子として知られ，不対電子をもつことから ESR で容易に観測される．このニトロキシドは，スペクトル線形が並進や回転運動，溶媒和などに依存して決まるため，観測対象物質の物性評価に使える．このような目的でラジカルの ESR スペクトルを測定する方法を，スピンプローブ法と呼ぶ[1,2]．この方法の開発により，タンパク質や高分子などの運動状態を調べたり，特殊な溶媒環境を計測することに ESR 法が使えるようになった．

7.2 原理

7.2.1 電子のゼーマン効果とマイクロ波共鳴

ESR では，試料中にある磁気モーメントに対し，その異なる量子状態間のエネルギー差で共鳴吸収を起こす電磁波（ESR ではマイクロ波）を照射し，吸収量を観測する．通常の環境では，磁気モーメントは縮重した量子状態をとるため，そのエネルギーは内部に特殊な相互作用がない限りは量子数に依存しない．しかし，試料に外部磁場を印加して電子にゼーマン効果を起こすと，量子数に依存してエネルギーが変化し，量子状態間のエネルギー差を観測可能な大きさに拡げることができる．図 7.1 に，この概念を α と

βの二つの異なる電子スピン状態をもつ自由電子に対して示した．磁場ゼロで縮重した電子スピン状態（左端)は，磁場を印加することで(図中右方向）αスピン状態が高エネルギー側に，βスピン状態が低エネルギー側にシフトし，エネルギー差が生じる．したがって，実験技術的に観測しやすい大きさまでエネルギー差を広げ，これに共鳴する電磁波を吸収させれば ESR を計測できる．共鳴周波数 υ と外部磁場 H の間には，以下の関係がある．

$$hv = g\mu_B H \qquad (7.1)$$

ここで，g は観測対象の磁気モーメントが示す特有の比例係数で g 値と呼ばれ，自由電子でおよそ 2.0023 である．また，h はプランク定数であり，μ_B は電子の磁石としての大きさを表す物理定数でボーア磁子と

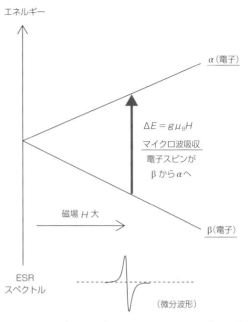

図 7.1　常磁性種のゼーマン分裂と電子スピン共鳴

呼ばれ，その値は 9.274×10^{-24} J T^{-1} である．電子のボーア磁子は，NMR が観測対象とする核磁子（5.051×10^{-27} J T^{-1}）よりも桁違いに大きい．このことが，ESR の感度を NMR よりも高める要因となっている．最も汎用の ESR 分光装置では，X バンドのマイクロ波（9.4 GHz 程度，波長にして 3 cm 程度）を用いるため，たとえば $\upsilon = 9.4$ GHz で共鳴するのに必要な外部磁場 H は 0.335 T（3350 G)となる．

7.2.2　電子スピン状態のボルツマン分布と ESR 信号強度

　ESR 分光法の原理は，量子状態間に共鳴する電磁波の吸収を見るという点で，可視紫外や赤外分光のような汎用分光分析方法と本質的に変わらない．しかし，二つの点で大きく異なり，計測において注意が必要である．これらを以下に概説する．

　一つ目は，光との相互作用の仕方にある．電子吸収を測定する可視紫外分光や振動状態遷移を観測する赤外分光では，観測対象分子中の電荷分布と電磁波の振動電場成分の相互作用に基づく電気双極子遷移が吸収を引き起こす．一方，ESR 分光では，観測対象の磁気モーメントが電磁波の振動磁場と相互作用する磁気双極子遷移による吸収を観測する．電子の磁気モーメントが電磁波の磁場と相互作用する大きさは，前者の電気双極子遷移に比べて極めて小さいため，ESR の測定感度は可視紫外や赤外分光に比べて低いと考えてよい．

　二つ目は，量子状態間エネルギー差 ΔE が際立って小さいことである．図 7.2 に，不対電子の ESR 測定における ΔE が，可視紫外や赤外分光と比較してどのように異なるかを概念的に示した．観測が室温で行われるとして，熱エネルギー kT と分光計測における ΔE の関係を考察する．一般的な可視紫外や赤外分光における ΔE は，熱エネルギー

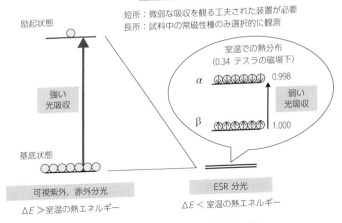

図 7.2　磁気共鳴(ESR)と電気共鳴の違い

よりもはるかに大きい($kT \ll \Delta E$)ため，ボルツマン分布に基づいて考えると，観測対象は基底状態のみに分布しているとみなしてよい．このため，光吸収量は，基底状態から励起状態への光遷移のみ考えればよく，光吸収量は試料の濃度に単純に比例する．一方，ESR 分光では，励起状態(αスピン状態)のエネルギーが小さく，熱エネルギーと拮抗し，$kT \gg \Delta E$ とみなせる．このような条件では，αスピン状態のβスピン状態に対する分布比は，たとえば $H=0.34$ T，温度 300 K では約 0.998 となり，αスピンとβスピンの分布にほとんど差がない．このような場合，βスピン状態からαスピン状態への光遷移(吸収)だけでなく，αスピン状態からβスピン状態への光遷移(発光)も同じように考慮する必要がある．

　ESR 分光における吸収強度を，電子スピン状態のボルツマン分布に基づいて考えると，以下の関係式が得られる[3]．

$$吸収強度 \propto H_1^2 h\upsilon \, (h\upsilon / 2kT) \, N = (H_1^2 \upsilon^2 N / T) \times (h^2/2k) \tag{7.2}$$

式中で，H_1 はマイクロ波の振動磁場強度，N は観測対象の不対電子の総数，T は絶対温度である．この式より，ESR 信号強度は不対電子数に比例し，照射したマイクロ波強度 H_1 や周波数 υ の 2 乗に比例するが，温度 T に反比例することがわかる．この式は，観測が試料のボルツマン分布に影響を与えない限りは成り立つが，試料にマイクロ波を吸収させすぎる(吸収飽和)と，ボルツマン分布からずれた状態で共鳴を起こすことになり，この式の予測よりも強度が小さくなってしまう．したがって，ESR 計測では吸収飽和に細心の注意が必要である．

　吸収飽和が起こらない条件は，試料にも大きく依存する．電子スピン状態がボルツマン分布から外れると，元に戻るためにスピン緩和が起こる．その一つがスピン格子緩和(縦緩和)で，αスピンがエネルギーを環境(格子)に放出することでβスピンに戻る過程である．このスピン格子緩和時間は，試料によって大きく異なり，遷移金属イオンのような短いもので 10^{-8} 秒，有機ラジカルのような長いもので 10^{-5} 秒程度である．もう一つの緩和はスピン-スピン緩和(横緩和)で，αスピンをもつ分子とβスピンをもつ分

子で，不対電子間の相互作用(電子交換やスピン双極子–スピン双極子相互作用)が働き，αスピンがβスピンに変換する過程である．この過程では，分子集団全体のスピン熱分布は変わらないが，個々の分子の不対電子では，αスピンが緩和してβスピンに変換することになる．このスピン–スピン緩和時間は，ラジカルの濃度に依存する．

　一般に，スピン格子緩和が速い試料では吸収飽和が起こりにくく，式 (7.2) 通りの吸収強度が得られやすい．また常磁性種の濃度が高くなると，スピン–スピン緩和が速くなるため，この場合も吸収飽和が起こりにくくなる．

7.2.3　電子スピンのエネルギー

　常磁性種の電子スピンがもつエネルギーは，不対電子の置かれた状態に依存して定まる g 値や，また不対電子とその近傍にある原子の核スピンが相互作用することで生じる超微細構造相互作用に依存する．また他の不対電子との相互作用があると，微細構造が現れたり，ESR ピークの線幅や線型が単独の不対電子と異なってくる．このような電子スピン状態のエネルギー準位は，以下のようなハミルトニアンで表される[4-6]．

$$\hat{H} = \hat{H}_Z + \hat{H}_{SS} + \hat{H}_{SI} \tag{7.3}$$

第 1 項は，ゼーマン相互作用を表す．具体的には

$$\hat{H}_Z = \mu_B \, \hat{S} g \cdot H_0 \tag{7.4}$$

で表される．g 値は電子の軌道運動による磁場によって定まる．$\hat{S}$ は電子スピン，H_0 は外部磁場である．重原子を含む試料では，スピン軌道相互作用が強いために g 値が大きくなり，この項によるエネルギーが大きくなる．

　第 2 項は，他の電子スピンとのスピン双極子–スピン双極子相互作用に対応し，

$$\hat{H}_{SS} = D\left[\hat{S}_z^2 - (1/3)\hat{S}(\hat{S}+1)\right] + E(\hat{S}_x^2 + \hat{S}_y^2) \tag{7.5}$$

で表される微細相互作用である．ただし，x, y, z は分子内の微細構造主軸であり，対称性のよい分子では，対称軸と一致する場合が多い．二つの不対電子の距離が近い場合に顕著に現れる項であるため，三重項やビラジカルの場合，あるいは一部の遷移金属錯体のようにスピン多重度の高い場合に重要となる．D と E はパラメータで，D 値はスピン間の相互作用の大きさを，E 値は x, y 平面内での異方性がどのくらいあるかを示す．

　第 3 項は，不対電子をもつ分子中にある核スピンとの相互作用を示し，超微細相互作用を表す．ゼーマン相互作用に比べてこの相互作用が無視できる高磁場下では，近似的に

$$\hat{H}_{SI} = \hat{S} \cdot A \cdot \hat{I} = A_{zz} \, \hat{S}_z \, \hat{I}_z \tag{7.6}$$

で表される．ただし，A_{zz} は超微細構造定数 A (テンソル) の zz 成分であり，I_z は核スピン演算子である．この項に依存したスペクトルから，観測対象がどのような核スピンをもつ原子を含んでいるのか推測し，各原子核上に分布した不対電子のスピン密度を求めることができる．つまり，この項の情報からラジカルの構造を決めることができる．

7.3 ESR で何が測れるか

7.3.1 常磁性種の観測

ESR 分光の特徴は，不対電子をもつ常磁性物質のみを選択的に観測し，その物質さまざまな情報を手に入れることができる点にある．ESR 分光の観測対象は，常磁性の分子や分子集合体，固体物質である．分子では，活性酸素や反応中間体ラジカル，遷移金属化合物，三重項などの光励起多重項状態分子がある．分子集合体や固体物質としては，半導体や磁性体物質，光ファイバーや結晶のカラーセンター，グラファイトやダイヤモンド，酸化物超伝導体，触媒や光触媒，導電性高分子などがある．これまで研究されてきた主な対象については表 7.1 にまとめた[1,2]．また，以下に ESR 分光で行える主な項目をまとめる．

① 超微細構造にもとづいた不対電子をもつ分子の同定
② 不対電子の量の観測
③ 不対電子をもつ分子のかかわる化学反応速度の大きさ
④ 不対電子の非局在化をスピン密度の見積もりから評価
⑤ 不対電子をもつ分子間の相互作用の大きさ

表 7.1　おもな ESR 研究分野の例

ラジカル化学	励起状態，光化学
有機反応中間体，ラジカル重合，安定有機ラジカル，NOx，原子，燃焼反応	有機三重項，有機 E L，光反応中間体
バイオスピン	遷移金属，無機化合物
・ラジカルのスピントラッピング ・活性酸素，ビタミン ・スピンラベリングとポリマーやタンパク質ダイナミクス ・生体イメージング	錯体，ヘムタンパク，銅やマンガン含有タンパク質，触媒，ゼオライト，光合成反応中心
分析	物質科学
・無機物年代測定，化石，骨，歯 ・石油石炭評価(VO)	導電性ポリマー，ダイヤモンド，半導体，分子磁性，量子コンピュータ，スピン波，カラー中心，光ファイバー

7.3.2 常磁性種をプローブとした観測

前項では，試料中に生じている不対電子が観測対象である場合を述べた．この他に，既知の不対電子をもつ分子を，不対電子をもたない観測対象試料中にドープし，試料の物性を ESR でプローブする方法もある．このような方法は，前述のようにスピンプローブ法と呼ばれる．

プローブ分子として広く用いられるのは，安定なラジカル分子として知られるニトロキシドラジカル (図 7.3) である．これらの ESR スペクトル線型解析からラジカルの運動状態を推測し，観測対象の物性を調べる．また，ニトロキシドを試料分子に化学結合でつなぎ，分子全体の運動をニトロキシドの ESR スペクトルから推測することもできる．この方法はスピンラベル法と呼ばれ，表 7.2 のようなニトロキシドをつなぐための

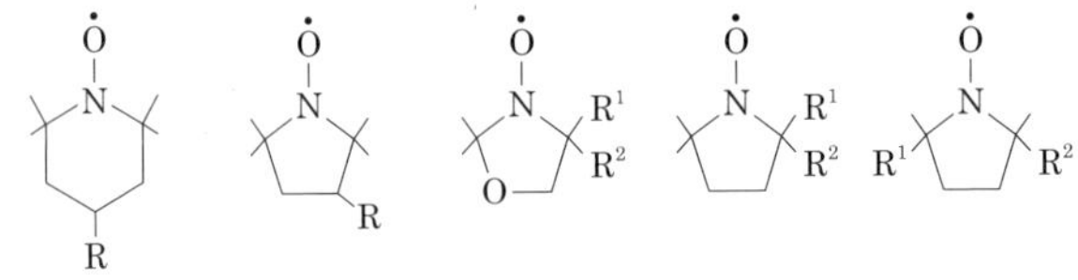

図 7.3　ニトロキシドラジカルの構造

試薬がある．以上のような観測を含め，ニトロキシドを用いた ESR 観測が行われる例をまとめると

① タンパク質の回転拡散，フォールディングなどの分子運動
② 膜中の分子の回転拡散
③ 溶液や固体中における溶質分子回転拡散
④ 線幅計測に基いた酸素濃度のモニター

があげられる．特に①は，プローブラジカルを二つドープしたタンパク質に対し，ラジカル間のスピン双極子－スピン双極子相互作用の大きさを ESR で計測する特殊な手法である．これによりナノメートルスケールのプローブ間距離測定を行い，タンパク質の分子運動のダイナミクスが評価されている．

7.4　装置の概要（諸注意含む）

　図 7.4 に ESR 分光装置の全体像の概念図を示した．外部磁場を与える電磁石 (A) のホールピース (B) 中に一様な磁場が発生しており，ここにマイクロ波共振器 (C) を設置する．試料管 (D) は，(C) の中に設置する．観測用のマイクロ波は，ガンダイオードなどの基本としてマイクロ波発振器 (E) で発生し，これをマジック T (F) に入れる．(F) では，導波管 (G) とチューナー (H) にマイクロ波が二分される．(G) を進んだマイクロ波は (C) に入り，反射して (F) に戻る．通常，磁気共鳴が起こらない条件で (C) の入り口の穴のサイズをアイリスで調整し，マイクロ波の戻りが検波ダイオード (I) に入らないようにする．もし磁気共鳴が起これば，(G) と (H) からの反射波のバランスが崩れ，(I) にマイクロ波が入って電流が検出される．この信号電流は増幅器 (J) で増強され，制御用コンピュータでスペクトルとして表示される．しかし，ESR のような GHz の高周波信号は上手く増幅できないため，後述するような磁場変調の技術を用いる．すなわち，試料にかかる外部磁場に対し，磁場発生用のコイル (L) で 100 kHz 程度の磁場変調をかけ，この周波数に同期した成分を検出する．この方法で増幅が簡単になり，低雑音の ESR 信号を得ることができる．

表7.2　主なスピンラベル剤

ラベルする場所	ラベル剤
システイン残基 アミノ酸	
核酸	
ヘモグロビン	
糖	
脂肪酸	
リン脂酸	

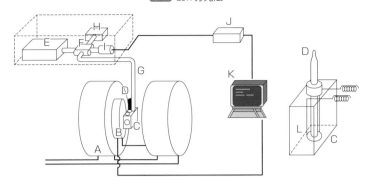

図 7.4　ESR 分光装置の概念図

A：電磁石，B：ポールピース，C：空洞共振器（キャビティー），D:試料管，E:マ
イクロ波発振器(ガンダイオード)，F：マジック T，G：導波管，H：チューナー，I：
検波ダイオード，J：増幅器，K：コンピュータ，L：磁場発生用コイル

7.4.1　観測用マイクロ波

　ESR で用いるマイクロ波には，X バンド以外にいくつかある．これらを表 7.3 にま
とめた．L バンドは，水の誘電喪失(水によるマイクロ波吸収)が少ないため，水溶液や
生体試料の測定で良く用いられる．X バンドに比べて ΔE が小さいため，吸収強度は相
対的に小さくなり，感度の低さが問題となる．K，Q，W バンドは，いずれも X バン
ドより ΔE が大きく，吸収強度が大きくなる．また，ゼーマンエネルギーが特に大きい
W バンドでは，g 値の異方性によるピークの分裂がより際立って観測される．しかし，
これらの分光器は X バンドに比べて高価な場合が多い．

　マイクロ波はキャビティー中にエネルギーを蓄積することで，なるべく強いマイクロ
波の振動磁場を試料に照射する．用途に応じてさまざまなキャビティーがあり，その一
例を図 7.5 に示した．ESR は弱い吸収現象であるため，マイクロ波を共振器（キャビ
ティー）に蓄積して，なるべく強いマイクロ波の振動磁場を試料に照射する．たとえば
TE$_{011}$ モードのキャビティー（図 7.5a）では，マイクロ波振動磁場が最大になる中心軸
に沿ってサンプル管を設置する．これ以外の場所は，振動電場と試料の相互作用でマイ
クロ波が失われるため，計測に障害となる．

表 7.3　ESR で用いるマイクロ波周波数

バンド名	およその周波数 (GHz)	波長(cm)	$g=2$ での磁場強度(T)	特徴
L バンド	1	30	0.0356	水溶液で使用可
X バンド	9.4	3.2	0.334	汎用機器
K バンド	24	1.2	0.853	
Q バンド	34	0.88	1.21	比較的高い g 値分解能
W バンド	94	0.032	3.34	超伝導磁石，高い g 値分解能， 細い試料管

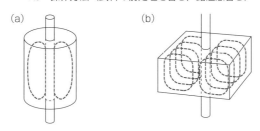

図 7.5　ESR で用いられるマイクロ波共振器の例
(a)TE$_{011}$ キャビティ (b)TE$_{102}$ 矩形キャビティ. 破線はマイクロ波磁界.

7.5　操作方法（試料の前処理を含む，諸注意含む）

7.5.1　マイクロ波強度の調整

Q 値はキャビティ中のマイクロ波強度を知る目安として以下の式

$$Q = (共振器に蓄積したエネルギー) / (共振器から損失したエネルギー) \qquad (7.7)$$

で与えられる Q 値が使われる．この値が高いほど共振器中のマイクロ波が強いことを表す．試料を入れた際のキャビティーの Q 値が 1000 以上ある場合，マイクロ波が十分にキャビティー内に入っていると考えてよい．マイクロ波は，発振器から共振器への出力が最大（200 mW 程度が多い）まで信号検出系が安定に動作するように共振器の調整をするのが望ましいが，必須ではない．Q 値が 100 以下の著しく低い試料の場合，信号検出系が安定に動作できるマイクロ波出力の最大値は低くなる．可能な限り大きな出力まで安定動作するように装置マニュアルに従って調整する．

マイクロ波出力は，高いほうが信号強度を大きくできる場合が多い．しかし，試料のマイクロ波吸収が飽和してしまうと，信号の増大は望めず，むしろスペクトル線形がブロードになって試料本来の吸収強度や線型が得られない．したがって，吸収飽和が起こらない範囲でマイクロ波出力を設定するのがよい．吸収飽和が起こる条件は，試料の種類や量，温度などさまざまな因子によって変わるので注意が必要である．

7.5.2　変調磁場の大きさ

変調磁場を用いた計測法は，微弱な ESR 信号を低雑音で検出するために導入された．ラジオの受信原理に似ており，変調磁場周波数に同期した成分のみを観測することでノイズを取り除く．その詳細は文献[1,7]あるいは図 7.6 を参照されたい．

変調磁場に関するパラメータは二つあり，一つが変調周波数，もう一つが変調磁場強度である．変調の周波数は 100 kHz が一般的で，この値が装置設定のデフォルトになっている ESR 分光器が多い．実験室のノイズに特殊な周波数依存性などがない限り，100 kHz でよい．もし寿命がミリ秒程度の不安定常磁性種を高速で ESR 測定する場合は，100 kHz の磁場変調が時間分解能を制限してしまうので，周波数の検討が必要である．

一方，変調磁場強度については，かなり注意が必要である．ESR スペクトルのピークを測定する際，変調磁場の大きさがピーク線幅よりも大きいと，磁場変調によって ESR 信号がピークからずれてしまう．そのため，信号強度が減少したりピーク線形に

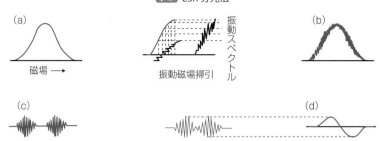

図 7.6　変調磁場による ESR 信号増幅の仕組

(a)　検波器 (1) から出る吸収スペクトル. 信号は直流で増幅しにくため, 磁場に変調コイル(L)によって 100kHz ぐらいの振動磁場を加えて信号に振動成分を加える. (a)右(b)振動成分の加わったスペクトル. 振動磁場によって起こる交流信号は, 磁場が振動しながら掃引されるので, 吸収スペクトルの傾斜の大きいところでは振幅が大きく, 傾斜の小さいところでは振幅は小さくなる. 振動磁場の振動幅(変調幅)は吸収スペクトルの共鳴線幅(微分曲線の 2 頂点の距離)の 1/5 ～ 1/8 が適当で, 過大になると線形がくずれ, 過小では信号が小さくなる.
(c)　(b)の信号を変調周波数の近くの周波数のみを通す狭帯域増幅器で増幅すると (c) の交流信号になる. (c)を位相検波すると, 交流信号の左半分と右半分は位相が逆転するので, (d)の微分波形が得られる.
(d)　コンピュータに描かれるスペクトルは, この微分波形のものになっている.

歪みが生じたりする. 磁場変調による線型変化はモジュレーションブロードニングと呼ばれ, スペクトル線幅を増大させることが多い. 線幅はスピンダイナミクスの重要な情報を与えるので, 正しく測定する必要がある. また, 変調でブロードニングが起こると, 信号強度も正確ではなくなるので, 注意が必要である. したがって, 信号が十分強い限りは, 変調磁場の大きさをピーク線幅よりもできる限り小さく設定し, スペクトル線形が歪まないようにする必要がある.

7.5.3　外部磁場やマイクロ波周波数のキャリブレーション

　外部磁場については, ガウスメータを用いるか, Mn^{2+} マーカーの同時測定で行うのが一般的である. マイクロ波周波数については, 市販の周波数カウンターによる計測が望ましい. また, g 値が正確にわかっている Mn^{2+} マーカーを試料と同時計測し, 試料の g 値を決めることもできる. 後者については, 図 7.7 に観測例を示した. Mn^{2+} の 6 本のピークが観測される磁場範囲であれば, マーカーの g 値から未知試料の g 値を計算できる. 試料のピークが Mn^{2+} のピークの磁場範囲から大きくずれて観測される場合は問題があ

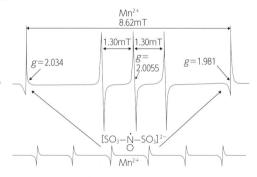

図 7.7　Mn^{2+} マーカーによる g 値の計測
試料とマーカーは磁場変調の位相が異なるので, スペクトルの位相が逆である.

る. これは, ESR 装置の掃引磁場が正確ではない場合が多いため, この方法で g 値を決めることは難しい. 表 7.4 に, その他のよく用いられる標準試料をまとめた.

表 7.4 主な標準試料

名称と構造	調製法	g 値	用途
DPPH	10^{-4} mol / L のベンゼン溶液	2.00354	感度テスト スピン量の定量 g 値測定
Li–TCNQ	粉末	2.0026	g 値測定
2価マンガンイオン　Mn^{2+}	MgO に分散（市販）	3 本目 2.034 4 本目 1.981	磁場掃引幅較正 g 値測定（近似的）
フレミー塩　$K_2[\dot{N}O(SO_3)_2]$	2 ～ 5mg 水溶液に K_2CO_3 を 1 ～ 2mg 添加した弱アルカリ性液	2.0055	g 値測定 磁場掃引幅較正
ペリレンカチオン	0.252g の濃硫酸 1mL 溶液	2.00250	分解能テスト
カーボンブラック	0.001wt% に KCl 粉末で希釈	2.000 付近	感度テスト

7.5.4 試料の調整と試料管

　ESR の観測対象である磁気モーメントは，その近傍に酸素分子が存在すると，酸素分子の磁気モーメントと相互作用してエネルギーが揺らぐ．そのため，ESR スペクトルの線幅が増大し，測定感度が落ちる．このため，ESR 観測では，試料中から溶存酸素を取り除く．

　この作業には，主に二通りある．一つは，試料を石英試料管のなかに封じ切ってしまい，試料への空気の混入を避ける方法である．もう一つは，溶液試料に対し，溶液中に窒素やアルゴンガスをバブリングすることで脱酸素する方法である．前者では，真空ラインに試料を接続し，freez-pump-thaw サイクルによって脱酸素する[1,7]．後者では，窒素やアルゴンガスのボンベと接続し

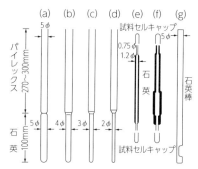

図 7.8　ESR で用いる円筒の試料管
(a) 一般用，(b)〜(d)K バンド用，X バンドでも使用可，Q ロスの大きい溶媒用，(e)，(f) 水溶液試料用，(g) 単結晶角度回転用．

たチューブの先端に対し，注射針やテフロンチューブを取りつけ，これを溶液試料に挿入してバブリングする．この際，窒素やアルゴンガスは，試料の溶媒と同じ溶媒中をバブリングさせ，溶媒蒸気で飽和させてから試料に送るとよい．この操作により，バブリングにおける試料からの溶媒の蒸発を少なく抑え，試料溶液の濃度を一定に保つ．

　試料セルとしては，TE_{011} のような共振器には円筒管が，また TE_{102} 矩形共振器には平行平板セルが望ましい．ESR 計測でよく用いられるセルの形状について，図 7.8 に示した．セルの材質については，不純物が少ない点で石英製が優れている．ガラス製の

セルだと，不純物による ESR 信号などが観測されやすく，測定の障害となる．

(1)試料の濃度

　溶液の場合，後述のように常磁性種間の相互作用がないくらいまで希釈する必要がある．表7.5 にそのめやすを示す．水やエタノール，トルエンなど一般的な低粘性の溶媒では，ラジカル濃度を 10^{-4} mol/L 以下程度に調整するのがよい．とくに小さな超微細分裂 (hfs) ピークを正確に測定したい場合は，濃度をなるべく低く抑える．

表 7.5　溶液試料の濃度のめやす

フリーラジカル	約 10^{-4} mol/L
錯体などの金属イオン	10^{-3}–10^{-4} mol/L
hfs の測定	10^{-5} mol/L

(2)試料の温度

　電子スピンの作る磁化は，β スピン分布比が多くなる低温ほど大きくなる．したがって，特に実験上の問題がない限り，低温で測定するほうがスペクトルの強度が大きくなってよい．試料を低温にするため，低温の窒素やヘリウムガスを試料に吹きつける．このような温度調整装置は市販のものがあり，図7.9 のような液体窒素とヒーターの組合せで，–100 ℃から 100 ℃程度の範囲のガスを吹きつけることができる．

　この他，液体窒素に直接試料を入れて凍結させ，測定することもできる．この場合，図7.10 に示したようなデュワー瓶を共振器中に設置して用いる．市販のデュワー瓶が石英製の場合は紫外光を透過させることもでき，後述のような光照射下での実験も可能である．

　デュワー瓶を用いた液体窒素温度 77 K での実験では，デュワー瓶の外壁に霜がつく場合がある．このような水分は，共振器の Q 値を変えてしまい，ESR 測定感度を下げたり，測定信号ベースラインに緩やかな変動を与えてしまう．このため，共振器中に乾燥空気や窒素ガスを流通させ，共振器内を水分のない気体で満たす．液体窒素を用いた実験では，デュワー瓶の底から窒素が気化して泡立ってしまう．この現象は，Q 値のラ

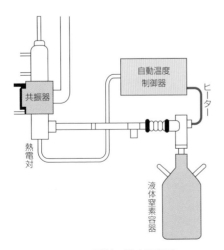

図 7.9　試料の温度調整器

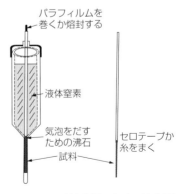

図 7.10　試料冷却のための液体窒素デュワー瓶

ンダムな変動につながり，ESR 信号を大きく上下に変動させる．そのため，常磁性種の ESR 信号を見分けられなくなる．このような窒素ガスの気化を防ぐため，デュワー瓶中の液体窒素をポンプで真空引きし，気化熱を奪うことで液体窒素を強制的に過冷却状態にする．液体窒素が過冷却の間は，気化は起こらないので，ESR 信号のベースラインが安定化する．

(3)試料の設置

　調整した試料は，ESR 測定用の試料管に入れて，マイクロ波共振器中に設置する．試料はマイクロ波の誘電損失をなるべく避けるため，マイクロ波磁場のみが強くマイクロ波電場が小さい場所に設置する．そのため，たとえば TE_{011} モードのユニバーサルキャビティでは，共振器の中心線（図7.11 右の実線[1]）の部分がマイクロ波の磁場成分（x 方向）のみ存在する空間であるため，ここに試料を置けるように，試料セルには円筒で半径の小さな石英管を用いる．

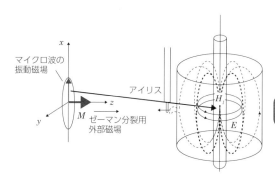

図7.11　共振器中に発生するマイクロ波の振動磁場 H_1 と試料管の設置位置

他のモードの共振器では，マイクロ波磁場成分のみの空間形状が異なっており，これに合わせたセルが望ましい．たとえば，TE_{012} モードの矩形キャビティー（図7.5）では，奥行きの短い長方形のフラットセルが望ましい．

　このような試料の配置に対し，ゼーマン相互作用を起こすための外部磁場は，電磁石によって Z 方向に作られている．マイクロ波振動磁場と外部磁場は互いに垂直であるのが一般的である．

7.5.5　溶媒

　液体試料の溶媒は，実験の目的に合ったものを選ぶのが第一であるが，ESR 測定の感度についても注意が必要である．測定用のマイクロ波は，その振動電場成分が溶媒と相互作用すると，失われる．これは共振器の Q 値の低下をもたらして感度が低下する．したがって，用いる溶媒はなるべく誘電率の低いものがよい．特に水は著しくマイクロ波を損失させるので，アルコールなどの溶媒では，脱水処理をするとよい．表7.6 に代表的な溶媒の性質について示した．

　溶媒の粘性は，分子の拡散運動に影響を与える．たとえば回転速度が遅くなると，試料分子の g 値や超微細相互作用の異方性が ESR スペクトルに現れる．また，スピン緩和時間にも変化が起こるため，スペクトルがブロードになる場合がある．このようなスペクトル変化が望ましくない場合は，なるべく粘性の低い溶媒を選ぶとよい．

　固相では，試料分子は回転や並進拡散することができない．これを利用し，デュレン，ナフタレンなどの結晶に有機分子試料をドープしたり，ポリエチレンなどの高分子中に試料分子をドープして延伸したりすることで，分子の配向を定めた ESR スペクトル測定を行うことができる．これは，分子内の異方的相互作用を知る際に役立つ．

表 7.6　主な溶媒の特徴

溶媒	沸点 (℃)	誘電率 ($\varepsilon_{25℃}$)	特徴
ベンゼン	80	2.25	極性小，溶解力大，毒性注意
トルエン	111	2.38	同上
ジメトキシエタン（DME）	85.2	5.50	メタル還元用
テトラヒドロフラン（THF）	66	7.58	溶解力大，アルカリに安定，メタル還元用
ジクロロメタン	39.7	8.93	電解酸化反応一般
エタノール	78	24.55	低温時，電解反応用
メタノール	65	32.70	同上
ジメチルホルムアミド（DMF）	153	36.71	極性大，電解還元用
ジメチルスルホキシド（DMSO）	189	46.68	極性大，溶解力大，電子移動反応用
アセトニトリル	81.6	37.5	極性大，電解反応一般
水	100	78.39	生体試料用，Q 値低下
硫酸	—	—	カチオンラジカル調製用，Q 値低下

7.5.5　試料の設置

共振器中にセルを設置する際は，分光器メーカーが用意したセル設置用の部品があり，これを用いるのが一般的である．設置の際，試料を電場成分が存在する領域に置かないことに注意する．設置の際は，ESR マグネット中に手を入れて作業するため，ESR の磁場がオンになっていないことに留意する．ドライバーなどの金属性道具をうっかり入れて，電磁石に引きつけられてセルなどを破損しないように注意したい．

　扱う試料が常磁性種であるため，キャビティー内で試料溶液をこぼしたり，固体試料を落としたりしないように注意する．キャビティー内にうっかりこぼした試料は，不純物ピークとして ESR スペクトルに現れ，スペクトルの解釈を誤らせる．万が一こぼしたら，キャビティーを解体して洗浄するか，業者に洗浄を依頼する．ESR は共通機器として使う場合が多いため，他のユーザーが不純物信号のために間違った結論を導くことがないように，キャビティーをクリーンに保つことを心がけたい．

7.5.6　一般的な注意点

　ESR 計測では，観測条件が多岐に渡るので，これらを記録しておく．以下の項目は特に重要である．

　測定日，測定者，試料名と濃度，溶媒，セルの形状（直径など），マイクロ波周波数と出力，変調磁場，時定数，アンプ倍率，中心磁場と掃引範囲，磁場掃引時間，共振器 Q 値，測定温度．

7.6　結果の見方と解析方法

　ESR スペクトルが観測されると，そのスペクトルパターンを解析し，観測対象の常

磁性種に対する情報を引き出すことができる．スペクトルには電子スピン状態のエネルギー分裂を反映したピークが現れるため，7.2.3項で述べた相互作用が関与したパターンが現れる．

以下に主な相互作用として，超微細相互作用 H_{SI}，g値に依存するゼーマン相互作用 H_Z，微細相互作用 H_{SS} について，ESRスペクトルにどのようなピークが現れるかを説明する．はじめに電子スピンが一つしかないラジカルを例にして基本的な事項を解説し，次いで電子スピンが複数ある場合を簡単に扱う．

7.6.1 ラジカルの超微細構造

水素や窒素，リンなどの核スピンをもつ原子を含んだラジカルを観測する場合，ESRスペクトルにこれらの核によるエネルギー分裂が観測される．この情報は，ラジカルの構造を推測する際に重要な手がかりとなる．核スピンをもつ原子の主なものについて表7.7にまとめた[1-4]．化学物質に含まれる ^{12}C や ^{16}O は，核スピンをもたないのでESRスペクトルに影響しない．

ここでは，いくつかの簡単なラジカルについて，そのスペクトル解析例を説明する．まずは，核スピンをもつ原子として水素のみをもつラジカルについて説明する[3]．

表7.7 主な原子のスピン量子数

原子核	スピン量子数(I)	原子核	スピン量子数(I)	原子核	スピン量子数(I)
^{1}H	1/2	^{16}O	0	^{55}Mn	5/2
^{2}H	1	^{17}O	5/2	^{59}Co	7/2
^{12}C	0	^{19}F	1/2	^{61}Cu	3/2
^{13}C	1/2	^{27}Al	5/2	^{63}Cu	3/2
^{14}N	1	^{31}P	1/2		

(1)水素原子

水素原子の気相におけるESRスペクトルを図7.12に示す．このスペクトルには508Gに分裂した2本のピークが現れている．これは，水素原子の核スピンが α か β かに依存して電子スピンのエネルギーシフトの向きが変わり，電子スピン状態の ΔE が水素核スピンに依存して異なることに対応する．これを図7.13に概念的に示した．

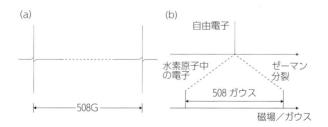

図7.12 水素原子のESRスペクトルとその超微細構造
(a)気相水素原子のESRスペクトル，(b)水素原子の超微細構造．

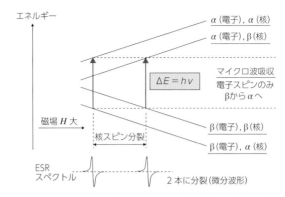

図 7.13　水素原子のゼーマンエネルギー準位と超微細構造

(2)メチルラジカル

　図 7.14（a）にメチルラジカルの ESR スペクトルとその構造を示した．メチルラジカルは図 7.14（a）に示した平面構造をもつ有機ラジカルで，三つの水素原子が等価であることが特徴である．スペクトルには 4 本のピークが現れ，内側の 2 本と外側の 2 本がそれぞれ等強度である．また 4 本のピーク間隔は一定になっている．このようなラジカルの超微細構造は，三つの等価な水素原子で図 7.14（b）のように説明できる．各水素原子はそれぞれ同じ大きさだけ電子スピン状態を分裂させることができる．したがって，図 7.14（b）の一番上の自由電子のピークに対し，一つ目の水素原子が分裂を与え，2 列目の 2 本ピークとなる．これが次の水素原子で同じ大きさだけ分裂するため，3 列目のような 1：2：1 の強度比のスペクトルを与える．以下，同じように三つ分の水素による分裂を考慮すると，最終的には 1：3：3：1 のスペクトルとなる．

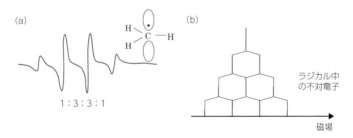

図 7.14　メチルラジカルの ESR スペクトル（一次微分）とその超微細
　　　　構造

(3)ベンゾセミキノン

　メチルラジカルと同様の考え方は，等価な水素がいくつでも成り立つ．図 7.15（a）は，ベンゾキノンを還元して作ったベンゾセミキノンラジカルの ESR スペクトルである．このラジカルでは，図 7.15（b）中に示した四つの水素が等価に不対電子と相互作用するため，メチルラジカルと同じように超微細構造を解釈できる．このラジカルの場合は，

1:4:6:4:1の強度比で等間隔に分裂したピークが観測される．このように，4本の水素が等価であることがESRからわかるため，ベンゾセミキノンラジカルの不対電子はπ共役系に広がっており，各水素のα炭素上の電子密度が等しいことが示唆される．

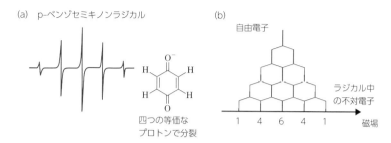

図7.15　p-ベンゾセミキノンラジカルのESRスペクトルとその超微細構造

(4)エチルラジカル

図7.16にエチルラジカル（$CH_3CH_2{}^\bullet$）のスペクトルを示す．不対電子のある炭素から見てα位の等価な水素二つと，β位の等価な水素三つが超微細構造にかかわる．この場合，まずβ水素で1:3:3:1に分裂し，さらにそのそれぞれがα水素によって分裂して1:2:1の強度パターンを与えると考えればよい．これに従うと図中の棒スペクトルが得られ，観測されたESRスペクトルの分裂パターンと比較して，αおよびβスピンの超微細構造定数を決定できる．

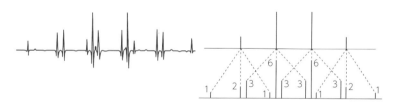

図7.16　CH_3CH_2ラジカルのESRスペクトル（二次微分）とその超微細構造

7.6.2　ラジカルの*g*値

電子スピンが外部磁場と相互作用してエネルギーをもつ際，同じ不対電子でも，その電子がどのような分子あるいは分子集合体に含まれているのかによって，磁場との相互作用の大きさが異なる．そこで，各物質固有の性質として*g*値と呼ばれる比例係数が評価される．*g*値は超微細構造がなかった場合に現れるスペクトルピークを推測して計算する．その共鳴ピークの磁場と周波数から，$h\upsilon = g\,\mu_B\,H$の式より*g*値を計算すればよい．*g*値は観測対象の同定をするうえで役立つことが多く，精密に測定することが望ましい．

7.6.3　ラジカルのスペクトル線幅

ラジカルの濃度が十分に低い場合，ラジカルは孤立した分子として扱うことができる．

その場合のスペクトル線型は，スピンの寿命で決まればローレンツ型，溶媒和などの大きさの確率的な分布で共鳴磁場がシフトする場合はガウス線型となる．しかし，電子スピンが他の電子スピンと相互作用したり，化学反応でスピンの寿命が変わると，線幅やスペクトル形状が複雑に変化する[9]．

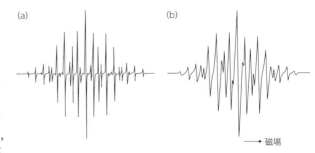

図 7.17　ナフタレンアニオンラジカルの ESR スペクトル
ナフタレン濃度が高い (b)2mM では，電子移動反応の影響で線幅が増大している．

図 7.17 は，ナフタレンアニオンラジカルの ESR スペクトルである．このラジカルはナフタレンの還元で生成させており，試料溶液には原料のナフタレンが残っている．ナフタレンアニオンは，ナフタレンと衝突すると電子をナフタレンに移し，自身はナフタレンに戻る．この過程では，ナフタレンアニオンの濃度は変化しないが，不対電子の存在するナフタレン分子が変わるため，電子移動反応がないときに比べて電子スピンの寿命が短くなる．これを反映し，高濃度のナフタレン溶液（図 7.17b）では線幅が増大する．

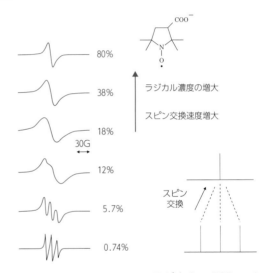

図 7.18　4–carboxyproxy ラジカルの ESR スペクトル形状のラジカル濃度依存性
高濃度でスピン交換が速くなると Exchange narrowing が起こる．

図 7.18 は，ニトロキシドラジカルの ESR スペクトルのラジカル濃度依存性である．低濃度では 3 本の N 核によるピークが見られるが，ラジカルの濃度が高くなると線幅が増大し，1 本のガウス線型のスペクトルになる．これはモーショナルナローイングと呼ばれ，高濃度試料中での高速の電子スピン間のスピン交換によって引き起こされる．N 核スピンの異なるラジカル間でのスピン交換で超微細構造が消失し，スピン寿命が短くなる効果から，線幅が広い 1 本のピークになる．

このように，ESR のスペクトルはラジカルの環境に依存して大きく様変わりする．したがって，できる限りラジカル濃度を低く抑えて測定することが重要である．

7.6.4 超微細相互作用や *g* 値の異方性（固体中や回転が遅い液体中）

　分子と磁場の磁気的相互作用には，等方的な成分と異方的成分がある．気体や液体中で分子が高速回転する場合，異方的成分が消失して等方的な成分のみが観測される場合が多い．一方，固体中では，常磁性種の回転が起こらないために異方的成分が消失せず，スペクトルにその影響が現れる．したがって，液体と固体では ESR スペクトルの解釈にあたって大きな違いがある．以下に，固体の場合と液体の場合について，注意点をまとめる[1]．

(1)固体中の配向とスペクトル

　観測対象分子のもつ磁気モーメントの異方的な相互作用は，超微細相互作用や *g* 値で顕著に現れる．これらは分子の対称性に依存し，三つの主値をもつか，そのうちの二つが同じになる場合がある．図7.19 および図7.20 は，粉末あるいは無配向固体におけるラジカルの ESR スペクトルの例である．図7.19 は超微細構造がないラジカル，図7.20 は水素原子を一つ含むラジカルのものである．図7.19 はゼーマン相互作用のみを反映したスペクトルになるが，*g* 値の主値のとり方によって複数のピークが現れる．図7.20 はさらに水素原子による超微細相互作用分裂が異方的に作用し，複雑なスペクトルパターンを示している．これらについて，以下に詳しく説明する．

　図7.19（a）は三つの主値が異なる場合で，3種類の主値である g_1, g_2, g_3 の値に基

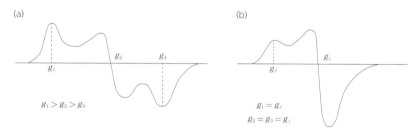

図7.19　モノラジカルの無配向試料の ESR スペクトルパターン
(a)三つの主値が異なる場合，(b)二つの主値が等しい場合．

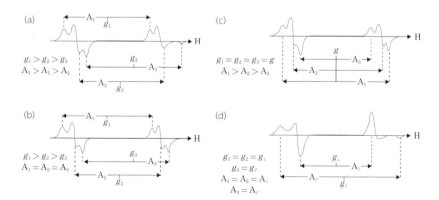

図7.20　超微細構造を示す1個の水素原子をもつモノラジカルの無配向試料の ESR スペクトルパターン

づき，3 本のピークが異なる線幅でずれて重なっている．対称性の低い分子で見られるスペクトルパターンである．一方，図 7.19（b）は二つの主値が同じ場合で，分子中のある平面で等方的になっている試料の場合である．この場合，2 種類の主値である $g\perp$ と $g//$ の値に基づき，2 本のピークが異なる線幅でずれて重なっている．

　図 7.20 には，g 値の主値のとり方と超微細構造定数の大きさの関係に基づいて，さまざまなスペクトルパターンを示した．よくある観測例は，超微細構造定数が g 値の差の影響よりも大きい場合で，図 7.20（a）に相当する．

(2)液体中の不完全な配向とスペクトル

　液体中では，分子回転が十分に速い場合，異方的相互作用が平均化して消失してしまう．その場合は，g 値と超微細構造定数のいずれも，等方的な一つの値のみになる．これがもっともシンプルなスペクトルパターンを与える場合である．しかし，溶媒の粘度が高かったり温度が低い場合，分子回転が遅くなり，異方的相互作用が平均化されなくなる．このような場合，異方的相互作用の影響がスペクトル上に現れる．

　図 7.21 は，さまざまな温度で測定したニトロキシドラジカルの一種である TEMPO の ESR スペクトルである．高温では，TEMPO が高速回転して N 核（S=1）の等方的相互作用のみ働くため，単純な 3 本ピークが観測される．低温では，低速回転のために N 核の異方的相互作用が消失せず，これを反映したブロードなスペクトルが得られる．このようなスペクトル形状の回転速度依存性は，ESR を用いた分子の回転速度の計測に応用されている．Kivelson らによれば，ニトロキシドラジカルの分子回転時間 l s は，以下の計算式で近似的に与えられる．

$$\tau_C = 6.0\times10^{-10}\left\{(h_0/h_{-1})^{1/2}+(h_0/h_1)^{1/2}-2\right\}\Delta H_{pp}(0) \tag{7.7}$$

式中のパラメータは，図 7.22 に示したニトロキシドラジカルの ESR スペクトルにおけるピーク強度や線幅である．ただし，このような単純な式で回転時間を近似的に解析できるのは，回転時間が 1 ns 程度より短い場合である．同様の回転時間によるスペクトルピーク強度の変化は他の常磁性種でも観測され，例として VO^{2+} の ESR スペクトルを図 7.23 に示した．VO^{2+} の場合，回転が異方的相互作用を消失させるくらい十分に速いとき，V 核スピンによる 8 本の超微細構造が等強度で現れる．しかし，回転が遅い水中では，異方的相互作用の影響で強度が一定にならない[8]．

7.6.5　複数のスピンをもつ分子の微細構造（遷移金属，ビラジカル，励起三重項）

　多くの遷移金属イオンでは不対電子が複数存在するため，電子スピンどうしのスピン双極子－スピン双極子相互作用が ESR スペクトルに分裂ピークを与える．これは微細構造と呼ばれる．不対電子を二つもつビラジカルや，分子を光励起した際にしばしば見られる励起三重項状態も不対電子間の相互作用を反映し，上述の分裂ピークを与える．

(1)遷移金属

　遷移金属のイオンや錯体は複数の不対電子が互いに平行スピンとなり，大きな微細構造分裂を示す場合が多い[1]．これらの常磁性種の共鳴磁場は，不対電子の $g = 2$ に相当する値から大きくずれる[1]．このような例として，高スピン状態をもつ Fe^{3+} のポルフィ

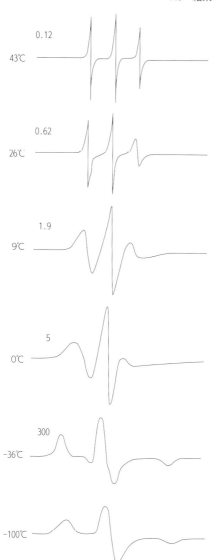

図 7.21 TEMPO ラジカルの ESR スペクトルの温度依存性

スペクトル形状から TEMPO の回転相関時間 τ / ns が計算できる(図中の数値).

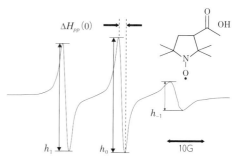

図 7.22 4–carboxyproxy ラジカルの ESR スペクトルと回転相関時間 τ の計算に必要なパラメータ

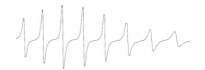

図 7.23 VO^{2+}水溶液の ESR スペクトル

回転運動による超微細構造に依存した線幅増大が見られる.

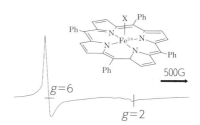

図 7.24 Fe^{3+} ポルフィリン錯体(S=5/2)の ESR スペクトル

リン錯体の構造とその ESR スペクトルを図 7.24 に示す.この錯体では,d5 電子配置の Fe^{3+} に五つの不対電子があり,これらの間にスピン軌道相互作用やスピン双極子－スピン双極子相互作用などが働いて,大きな分裂(ゼロ磁場分裂)を示す.そのため,g = 6 のピークのように,g = 2 から大きくずれた共鳴ピークが観測される.ゼロ磁場分裂は遷移金属イオン内の電子状態に大きく依存する.したがって,ESR スペクトルピー

クの g 値は試料によって大きく異なる.

(2)ビラジカルや光励起三重項

　二つの有機ラジカルを化学結合でつないだ有機化合物では，二つのスピンが平行になる三重項状態が最安定な状態(基底状態)となる場合がある．その場合，この物質は常磁性となり，ESR の観測対象となる．この二つのスピンの間には，スピン双極子–スピン双極子相互作用によるエネルギー分裂が観測される．通常，有機化合物のビラジカルでは，スピン間の距離が遷移金属内のスピン間距離よりも長く，相互作用の大きさは小さい．したがって ESR のスペクトルは $g = 2$ 付近に現れ，ゼロ磁場分裂によるスペクトル形状が図 7.25 のようになる．分子が異方性のない平面構造をとる場合，二つのピーク x と y が重なる．一方，分子の対称性が低くなると，x, y, z が異なるピークを与える．このような分裂を直感的に表すため，7.2.3 項で述べた D 値と E 値が使われる.

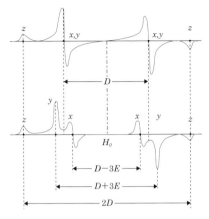

図 7.25　無配向試料における微細構造とゼロ磁場分裂定数 D 値と E 値

　同じような微細構造は，分子の光励起で生じた励起三重項状態の場合でも観測される[4,10]．ただし，励起三重項では，二つの不対電子が小さな分子内に存在して強く相互作用する場合が多く，D 値が 100 mT 程度とゼーマン相互作用に近い値を示す場合が多い.

(3)スピンラベルしたタンパク質

　三重項のビラジカルでは，二つのスピン間の距離に依存して D 値が異なる．これを利用すればスピン間距離を計測できる．このような方法は，タンパク質中の二つの部分構造にニトロキシドラジカルを化学修飾し，これら部分構造間の距離を測定するのに応用されている．二つのスピン間の距離 r は $D = 3\beta / r^3 = 2780 / r^3$ の式に従うため，これをもとにスピンを化学修飾した部分構造間の距離を決定する[10]．電子スピンの示すスピン双極子–スピン双極子相互作用は NMR での核スピンの場合に比べて大きいため，NMR が計測できる距離よりも長い距離に対して有効に働く．このため，ESR は数 nm 程度のやや遠い距離を計測するのに優れた方法である.

7.6.5　常磁性種の濃度測定

　ラジカルなどの常磁性種の濃度測定では，微分波形で出力される ESR スペクトルをコンピュータ上で積分曲線に変換し，スペクトルの面積を評価する．この面積の比が，各試料における濃度比に対応する．ただし，ESR 測定では強度を変えてしまう因子として，変調磁場，マイクロ波強度，共振器の Q 値などがあるので，測定条件はなるべく同じにする必要がある．特に，異なる溶媒を用いるときは，Q 値の違いに留意する．また，共振器中のマイクロ波磁場は位置によって大きく異なる．したがって，試料セルを設置する位置を観測ごとになるべく同じにする.

7.7　特殊な ESR 測定法

　ここまで，汎用の ESR 分光器による計測を概説した．しかし，これ以外にも研究目的に応じてさまざまな測定法が開発されている．ここではいくつかの方法を簡単に紹介する[1,2,10]．

7.7.1　X バンド以外の周波数 ESR 測定（凍結法）

　汎用の ESR 分光装置は，X バンドのマイクロ波を用いている．しかし，水溶液試料を測りたい，より高い g 値の分解能が必要，などの要望がある場合，X バンドとは異なる周波数のマイクロ波を用いた ESR 計測が有効である．表 7.3 に示したマイクロ波周波数は，現在市販されている主な ESR 分光器で使われているもので，それぞれの特徴を表にまとめた．

　水溶液試料は X バンド帯におけるマイクロ波の誘電損失が大きいため，X バンドESR の測定は容易ではない．一方，L バンド帯は誘電損失がほとんどないため，水溶液に対する測定では有利である．また波長がきわめて長いことも特徴で，大きなサイズの試料が観測対象となり得る．このような特徴から，L バンド ESR は生物試料の ESRイメージングにも使われる．

　観測試料の g 値の異方性を正確に測定する必要があるときは，高周波数マイクロ波のESR 計測を行うとよい．試料に印加する磁場が大きいほどゼーマン分裂エネルギーが大きくなり，異なる g 値のピークの分裂が大きくなる．したがって，X バンドでは g値の分裂が不十分な試料に対し，Q バンドや W バンドの計測は有利である．ただし，高周波 ESR になるとマイクロ波の波長が短くなり，試料のサイズを小さくしなければならない．また，一般に W バンドなどの高周波 ESR は装置のコストが高く，各研究機関で運用するのは難しい．したがって，共同利用機関に協力を依頼する．

7.7.2　ラジカル濃度の増強法

　ESR の観測対象は短寿命なラジカルが多く，希薄な試料になりがちである．したがって，観測対象の濃度を高める工夫が必要になる．その代表例として，以下のような方法がある．

(1)高速流通法

　ラジカルは，反応試薬の混合で生成する場合が多い．したがって，試料を共振器中に流通できるセルを用い，共振器に入る直前に二つの試薬を混合させるように工夫する．この場合，観測領域に入るときにラジカルが生成するため，短寿命ラジカルであっても高い濃度を維持することができる．計測では変調磁場を用いる場合が多いため，ラジカルの寿命としては 10 m 秒以上が望ましい．試料溶液は，流速 3〜5 mL / 分でフローさせ，試料溶液は 10 mL 程度は必要となる．

(2)電解法

　共振器中で，あるいは共振器に試料をフローさせる直前で，電気化学的方法でラジカルを発生させて ESR 観測する方法である．この方法ではアニオンやカチオンラジカルを生成させて高濃度を維持する．

(3)スピントラッピング法

　ニトロキシドラジカルは寿命が極めて長いことが特徴である．したがって，観測したい短寿命ラジカルをニトロキシドラジカルに化学的に変換して安定化させ，観測したいラジカルの構造をニトロキシドラジカルの ESR スペクトルから推測する方法がある．このような方法をスピントラッピング法と呼ぶ．

　図 7.26 および図 7.27 にニトロンおよびニトロソ化合物がラジカルをトラップし，安定なニトロキシドラジカルを与える反応式を示した．これらの試薬はスピントラップ剤と呼ばれ，市販されている．おもなスピントラップ剤について，表 7.8 にまとめた．

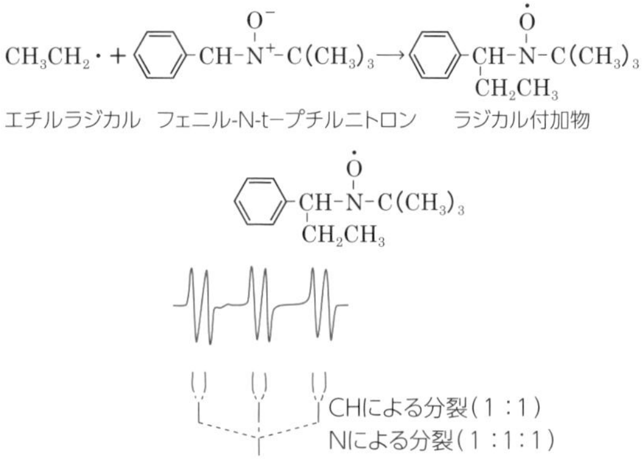

(4)光や放射線照射

　光や放射線は分子に高いエネルギーを与え，ラジカル解離反応を誘起する．これらの物理的方法でもラジカルを高濃度で供給することができる．光照射法では，光を導入する穴の開いた共振器を用い，ESR 観測位置に高圧水銀灯からの光を照射し，光反応によって直接ラジカルを生成させる．試料になるべく多くの光をマイルドな条

$$CH_3CH_2\cdot + \text{フェニル-N-t-ブチルニトロン} \longrightarrow \text{ラジカル付加物}$$

エチルラジカル　フェニル-N-t-ブチルニトロン　ラジカル付加物

CHによる分裂（1：1）
Nによる分裂（1：1：1）

図 7.26　ニトロンによるトラッピング
N により等価な 3 本に分裂した吸収線は β-H により，さらに 1：1 に分裂している．R・の区別はできない．

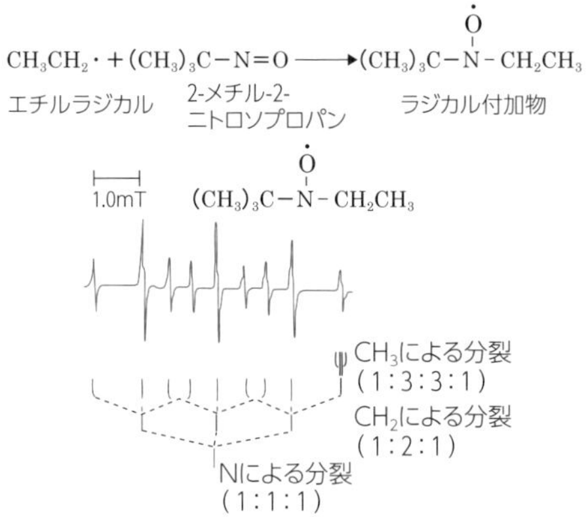

$$CH_3CH_2\cdot + (CH_3)_3C-N=O \longrightarrow (CH_3)_3C-\overset{\cdot O}{N}-CH_2CH_3$$

エチルラジカル　2-メチル-2-ニトロソプロパン　ラジカル付加物

1.0mT　　$(CH_3)_3C-\overset{\cdot O}{N}-CH_2CH_3$

CH₃による分裂（1：3：3：1）
CH₂による分裂（1：2：1）
Nによる分裂（1：1：1）

図 7.27　ニトロソ化合物によるラジカルのトラッピング

件で照射するため，平行平板セル中に試料溶液をフローさせる方法がよい．この場合，TE_{102} 矩形共振器を用い，マイクロ波の誘電損失を最低限に抑える．

7.7.3　パルス ESR 測定や時間分解 ESR 測定

　電子スピンの縦緩和時間 T_1 と横緩和時間 T_2 はラジカルの示す重要な磁気的性質であり，ESR 計測の実験条件設定においても重要である．これらの値は，パルス ESR 法を用いれば直接的に計測できる．その計測法は NMR における方法とほぼ同じである．T_1 については Inversion recovery 法，T_2 については，スピンエコーの減衰時間を計測する方法で求める[5, 9]．

　ESR 法は感度が低い計測法であるが，その原因の一つである α と β の熱分布比が 1 に近いことは，動的電子スピン分極（Dynamic Electron Polarization：DEP）の利用で回

表 7.8 主なスピントラッピング剤

	ニトロン		
トラッピング剤	 5.5-dimethyl-1-pyrroline-*N*-oxide（DMPO）	 phenyl-*N*-*t*-butylnitrone（PBN）	 3,5-di-*t*-butyl-4-hydroxy phenyl-*N*-*t*-butylnitrone（BHPBN）
用途	オキシラジカルとアルキルラジカルの区別	ラジカルの捕捉	オキシラジカルとアルキルラジカルの区別
生成ラジカル種			$RO^{\cdot}$（水素引抜き） $R^{\cdot}$（付加）

	ニトロソ化合物		
トラッピング剤	$(CH_3)_2C-NO$ 2-metyl-2-nitrosopropane（DNC）	 2.4.6-tri-*t*-butylnitrosobenzene（BNB）	 nitrosodurene（ND）
用途	アルキルラジカル（$R^{\cdot}$）の区別	ラジカルのかさ高さの区別	ラジカルの捕捉
生成ラジカル種		 （$R^{\cdot}$がかさ高いとき） （$R^{\cdot}$が小さいとき）	 熱や光に安定なラジカルを形成

避できる．ある種の有機化合物は，光照射で分解や水素引き抜き反応，電子移動反応を起こし，ラジカルとなる．この際，生じる電子スピンは熱分布から大きく外れた異常分布，すなわち DEP を示す．この DEP をもつラジカルは，熱分布のラジカルに比べて

はるかに強い ESR 信号を与える. したがって, 短寿命ラジカルが存在する時間帯のみの ESR 信号を計測する時間分解 ESR 法が可能となる.

このような ESR 測定の例として, 芳香族ケトンの光分解で生じたラジカルの時間分解 ESR スペクトルを図 7.28 に示す. この測定では, α スピン過剰な DEP をもつラジカルが生じ, マイクロ波の発光に相当する ESR 信号が観測されている. 慣用的に, 発光の場合はスペクトルを下向きに記している. この計測法ではパルス光を用いる必要があること

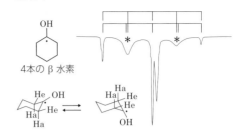

図 7.28　光分解で生じたラジカルの時間分解 ESR スペクトル
下向き信号は, ラジカルの α スピンが過剰状態を表す. 構造の異性化で線幅交代とよばれるブロードニングが * のピークで見える.

から, YAG レーザーやエキシマーレーザーといったナノ秒紫外線パルスレーザーを光源に用いる. この方法では, 変調磁場は用いず, $1\,\mu$ 秒以下程度の時間分解能で ESR 計測が可能である. ただし, DEP が強く発生する光反応を利用しなければならず, どのようなラジカルにも適用可能なわけではない.

7.8　おわりに

X- バンド ESR 分光器は機器分析のための汎用装置として広く使われ, 大学や研究所などさまざまな機関が独自に所有している. しかし, それ以外の周波数の ESR については個別の研究者あるいは共同利用機関などが装置を保守管理している場合が多い. 特に W- バンドの ESR は, 超伝導磁石を用いるため, 維持管理にコストがかかる. したがって, 共同利用機関に計測を依頼するのが原則である.

ラジカルや三重項など, 常磁性種の ESR スペクトルについては, その形状をシミュレーションするアプリケーションソフトがインターネット上 (http://www.easyspin. org/download.html) に公開されている. 現在, 広く重用されているものに Easy Spin があり, 無料で手に入れることができる. しかしこれを用いるには, 有料のアプリケーションソフトである Matlab が必要である.

【参考文献】

1) 大矢博昭, 山内淳, 『電子スピン共鳴』, 講談社サイエンティフィク(1989)

2) 工位武治編, 『電子スピンサイエンス&スピンテクノロジー入門』, 米田出版(2010)

3) 栗田雄喜生, 『電子スピン共鳴入門』, 講談社(1975)

4) A. Carrington, A. D. MacLauchlan, 『化学者のための磁気共鳴』, 培風館(1970)

5) N. M. Atherton, "PRINCIPLES OF ELECTRON SPIN RESONANCE," Ellis Horwood Limited（1993）

6) 山内淳, 『磁気共鳴― ESR』, サイエンス社(2006)

7) 日本化学会編, 『第 5 版　実験化学講座 9　物質の構造 I　分光(上)』, 丸善(2005)

8) 桑田敬治, 伊藤公一, 『電子スピン共鳴入門』, 南江堂(1978)

9) C. P. Slichter, 『磁気共鳴の原理』, シュプリンガー・フェアラーク東京(1998)

10) 泉美治他監修『第 2 版　機器分析のてびき 2』, 化学同人(1996), 9 章

索　引

■ 編者略歴

川﨑　英也（博士（理学））
最終学歴：九州大学大学院理学研究科博士後期課程修了
現在：関西大学化学生命工学部　教授
専門分野：界面コロイド化学・分析化学
研究テーマ：シングルナノ粒子の合成とその特異機能創出
　　　　　　ナノ粒子を用いた表面支援レーザー脱離イオン化質量分析

中原　佳夫（博士（工学））
最終学歴：大阪大学大学院工学研究科博士後期課程修了
現在：和歌山大学システム工学部　准教授
専門分野：ナノ材料化学・分析化学
研究テーマ：有機化合物によるシリカナノ粒子の高度機能化
　　　　　　ナノ粒子を用いる新規センシングシステムの構築

長谷川　健（博士（理学））
最終学歴：京都大学大学院理学研究科博士後期課程中退
現在：京都大学化学研究所　教授
専門分野：分光分析化学
研究テーマ：MAIRS 法の開発と薄膜構造解析への展開
　　　　　　有機フッ素材料の物性の分光学的解明

機器分析ハンドブック1　有機・分光分析編

2020 年 4 月22日　第 1 刷　発行
2024 年 9 月10日　第 5 刷　発行

検印廃止

JCOPY 〈出版者著作権管理機構委託出版物〉
本書の無断複写は著作権法上での例外を除き禁じられています。複写される場合は，そのつど事前に，出版者著作権管理機構（電話 03-5244-5088，FAX 03-5244-5089，e-mail: info@jcopy.or.jp）の許諾を得てください。

本書のコピー，スキャン，デジタル化などの無断複製は著作権法上での例外を除き禁じられています。本書を代行業者などの第三者に依頼してスキャンやデジタル化することは，たとえ個人や家庭内の利用でも著作権法違反です。

乱丁・落丁本は送料小社負担にてお取りかえします。

編　者　川　﨑　英　也
　　　　中　原　佳　夫
　　　　長　谷　川　　健

発行者　曽　根　良　介
発行所　（株）化学同人

〒600-8074 京都市下京区仏光寺通柳馬場西入ル
編集部 TEL 075-352-3711　FAX 075-352-0371
企画販売部 TEL 075-352-3373　FAX 075-351-8301
　　　　　　　　振　替　01010-7-5702
e-mail　webmaster@kagakudojin.co.jp
URL　https://www.kagakudojin.co.jp

印刷・製本　西濃印刷（株）

Printed in Japan　©H. Kawasaki, Y. Nakahara, K. Hasegawa 2020　ISBN978-4-7598-2021-8
無断転載・複製を禁ず